地域の未来・自伐林業で定住化を図る

技術、経営、継承、仕事術を学ぶ旅

佐藤宣子 著
NORIKO SATO

全国林業改良普及協会

はじめに

本書は、林業専門月刊誌の「現代林業」に２０１６年９月号から２０１９年12月号まで、40回にわたって連載した「自伐林業」探求の旅シリーズを書籍化したものです。旅では、17地域を訪問し、２００名以上の方へのインタビューの記録と地域ごとに考察を行いました（本書に登場する方の肩書・年齢は取材当時のものです）。シリーズ初期の地域は取材から3年以上を経過しているため、２０２０年3月段階の状況について追記しました。また、自伐（型）林業が農山村への定住促進に大きな役割を果たしていることから、まず第1章で、農山村への定住施策の視点から、自伐（型）林業を支援する方策についてとりまとめました。

「自伐林業」とは、主に家族の自家労働力によって小規模に木材を伐採・搬出する林業という意味です。チェーンソーや林内作業車といわれる小型運搬車、トラックなどを用いて、１９７０年代から普及しました。自家で山林を保有（所有または借入）する林家が、自らの山林で家族の労働力で伐採活動をしていたため、「自伐」とは、すなわち「自伐林家」を指していました。

しかし、近年、「自伐型林業」と称される新たな林業の形が各地で見られるようになっています。「自伐型」とは、山林を保有していない場合であっても、自治体や集落が有する山林や私有林を借りて、あるいは所有者から受託または請け負って、小規模な林業を行うことをいいます。そのため、山林をもたない移住者であっても参入可能です。そして、農山村への移住・定住促進の施策に自伐型林業を位置づける地方自治体が増加しています。

本書では、従来の自伐林家とともに、対象を自伐型林業にまで広げてインタビューを行いました。両者を指す場合には、自伐（型）林業と記しています。

ところで、「現代林業」でのシリーズ執筆を2019年末に書き終えた後、2020年になって新型コロナウィルスという感染症の危機が世界を覆っています。そうした中、「地域の未来」と題する本を出版することに、適切な時機なのか悩みました。しかし、「コロナ禍」後の社会のあり方を考えるべきという思いで、あえて「未来」のままとしました。今後、グローバル化と都市集中の方向ではなく、農山村地域への定住を進めることの価値が一層高まるのではないでしょうか。国連で推奨されているSDGs（持続可能な発展の目標）および家族農業の10年（2019年～2028年）でも第一次産業の家族経営の価値に注目しています。本書に収めた、17地域の自伐（型）林業現場でのインタビューの言葉の中に、定住促進とともに未来の地域社会や暮らしのあり方を考えるためのさまざまなヒントがあります。

本書が、森林・林業関係の皆さまや定住促進に取り組まれている自治体職員の皆さまの参考になれば、大変嬉しく存じます。

出版事情が厳しい中、書籍化してくださった全国林業改良普及協会に御礼申し上げます。

2020年4月20日

緊急事態宣言の中、色とりどりのツツジが目映い季節に　佐藤 宣子

目次

目次

第3章　自伐（型）林業と農山村地域社会

第5章　自立・持続への進化を探って「自伐林業の旅」を振り返る

本書で訪ねた
自伐(型)林業の現場

第1章

自伐型林業支援で定住化を図る地方自治体の取り組み

＊本章は、「現代林業」2018年5月号特集「自伐型林業が農山村定住化に果たす役割：U・Iターン者の働き方志向、支援策を考える」の記事を、加筆修正して執筆しました。なお、本書では、重要な引用箇所は本文中に出典を記載していますが、参考にした文献については巻末に一覧を記載しています。

1．U・Iターン移住の新たな動向と背景

自伐林家から自伐型林業へ、なぜいま、それが地域の未来として注目されるのでしょうか。自伐林家を含めた自伐（型）林業の農山村でのさまざまな役割については、次章からのインタビューと、考察ノートで地域別にみていきます。また、本書では全体を通じて自伐（型）林業者を第一世代、第二世代、第三世代に分けて考察しています。

本章では、その中でも今後の農山村地域の振興を考える上で重要となる、第三世代に当たる20～40歳代の移住・定住促進という観点で自伐（型）林業をみていきます。移住者の多くが山林を保有していないため、Iターンの自伐型林業者の移住・定住です。地方自治体、主に市町村の定住促進政策の中で自伐型林業をどのように位置づけうるのか、またどのような自治体の施策展開が全国的にみられるのかをとりまとめました。

農山村への「移住・定住」という視点でみるということは、地域政策に自伐型林業を位置づけるということです。自伐型林業というと、木材生産や資源管理という評価軸では小規模で生産性の低い林業形態であるとイメージされがちですが、農山村地域への定住という評価軸でみると施策の意義が高まります。

人口減少とそれがもたらすさまざまな影響は、過疎化が深刻な農山村自治体の大きな課題です。U・Iターン者など都市部からの自伐型林業への参入は、本人や家族という新たなメンバーを地域社会に迎えるという意味を持ちます。取材を通じてさまざまな地域を訪ねましたが、20～40歳代のU・Iターン者の方々が、自伐型林業の担い手として新たに林業に参入し、農山村への移住・定住化が促進されていることを実感しました。この傾向は、東日本大震災以降に強まっているとされる「田園回帰」の動きの現れでもあり、農山村に移住したいという人々が、仕事の1つとして自伐型林業を位置づけています。

田園回帰の動きは、国勢調査を基に総務省の「『田園回帰』に関する調査」でも裏付けされています。例

えば、都市部から移住者が増加している「過疎法」に規定された市町村区域数は、２０００（平成12）～２０１０（同22）年１０８区域から、２０１０（平成22）～２０１５（同27）年３９７区域へと、３・５倍以上に増加しています（図1）。また、都市部から過疎地域への移住は、振興山村あるいは離島といった条件不利な区域のほうがそれぞれの指定以外の区域よりも高くなっています（図2）。つまり山村や離島など条件が厳しい地域において、移住者の増加がみられることを示しています。

都市部から過疎地域への移住者を年齢別にみたのが、図3です。２０１５（平成27）年の国勢調査を組み替えて作成されています。定年退職した団塊世代の移住ではなく、「田園回帰」が20代と30代を中心とした動きだということがわかります。関東地域以外の地域では20代、30代が4割以上を占めています。何を求

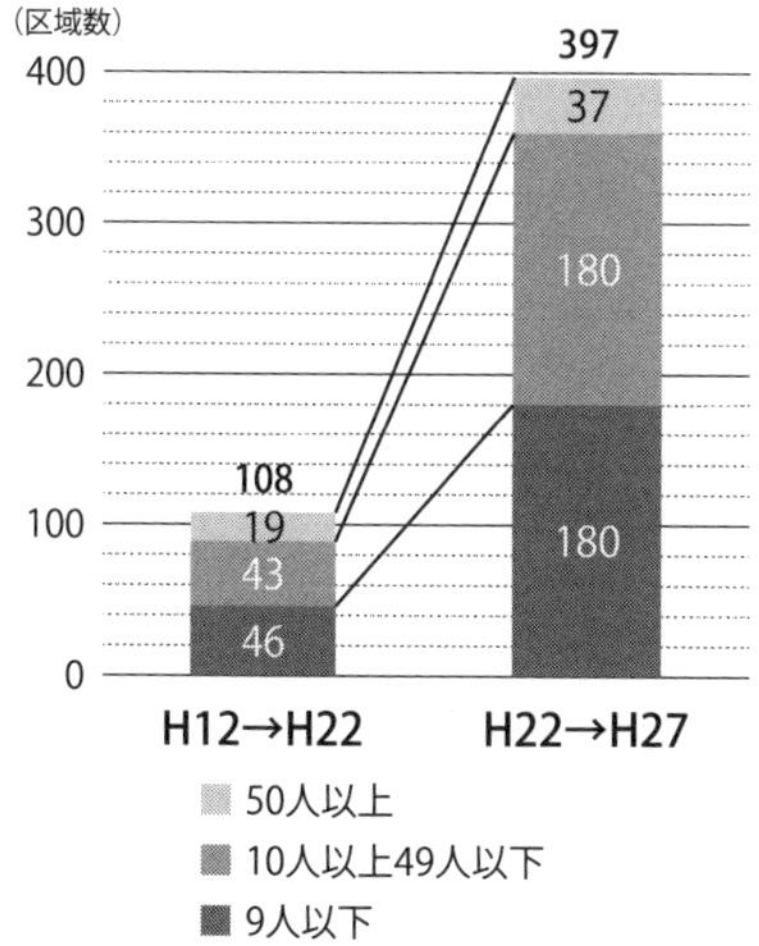

図1　都市部から移住者が増加している区域の数

資料：総務省「『田園回帰』に関する調査研究報告書」（2018（平成30）年3月）、9頁より作成

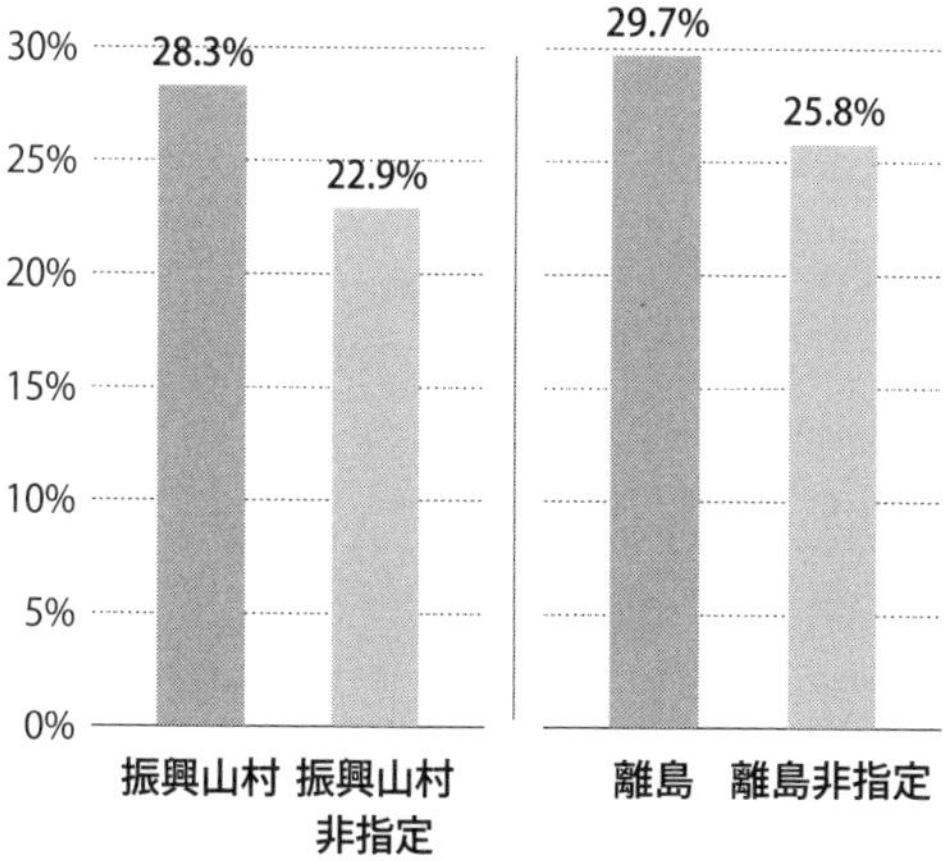

図2　振興山村／離島の地域指定別にみた都市部から過疎地への移住者増の区域の割合（H22とH27国勢調査の比較）

資料：総務省「『田園回帰』に関する調査研究報告書」（2018(平成30)年3月）、98頁より作成

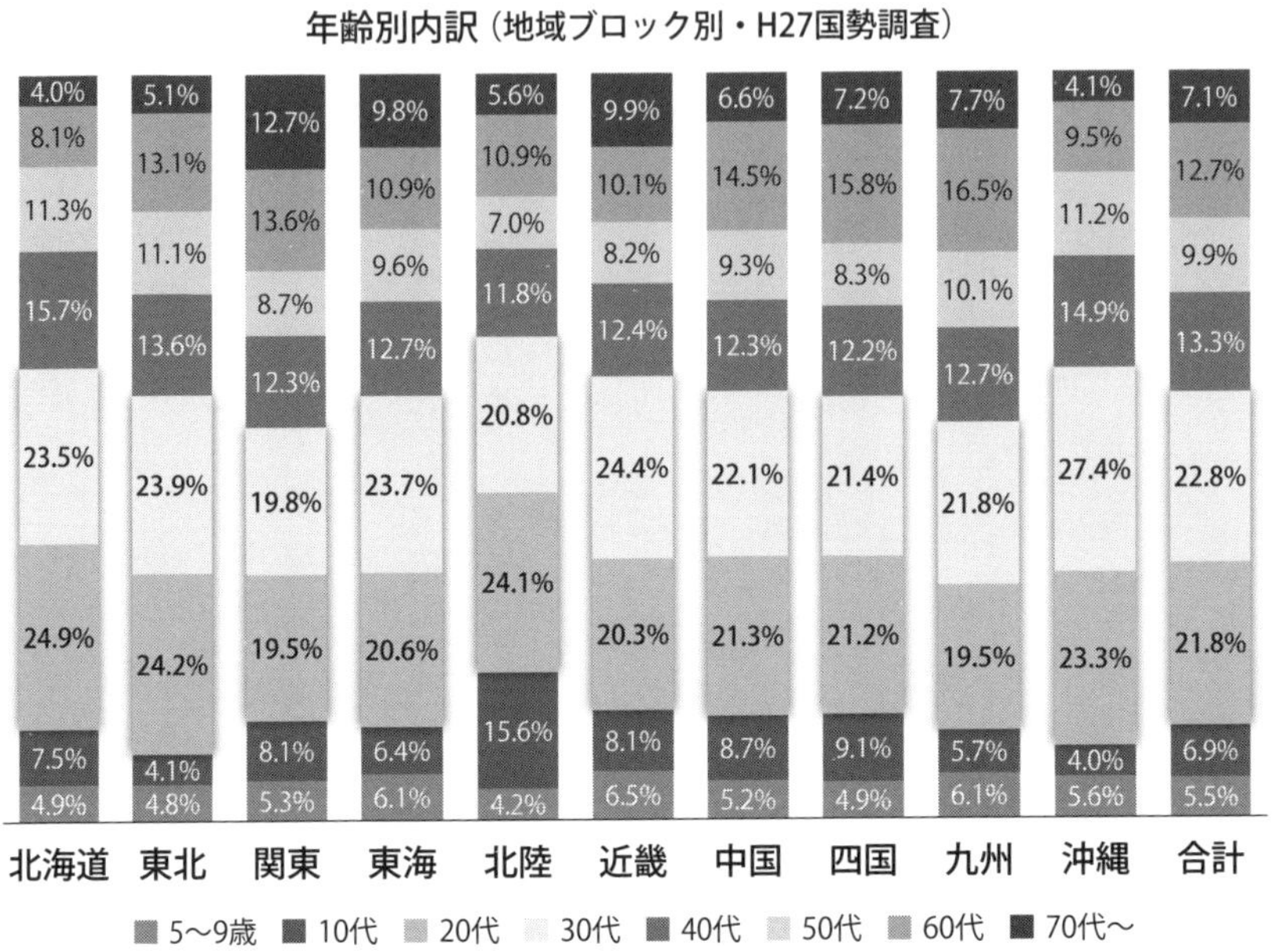

図３　都市部から過疎地域への移住者の属性（年齢別内訳）

出典：総務省「『田園回帰』に関する調査研究報告書」（2018（平成30）年３月）、５頁

めて若者たちは移住を選択しているのでしょうか？

総務省による移住者を対象としたアンケートで、「地域の魅力や農山漁村地域（田舎暮らし）への関心が転居の動機となったり、地域の選択に影響した」と回答した２７４人（移住者の27・4％）に対して、具体的な理由を尋ねた資料をみてみましょう（図4）。複数回答可の設問の中で、年齢に関わらず「気候や自然に恵まれたところで暮らしたいと思った」が最も多くなっています。また、50代以下では第二の理由として、「それまでの働き方や暮らし方を変えたかった」が続いています。30代では、「家族（配偶者、子ども、親）と一緒に暮らしたいから」、「豊かな自然に恵まれた良好な環境の中で子どもを育てたかったから」という子育てとの関連で移住を決めていることがわかります。10～40代の特徴は、50代以上と比べて、「アウトドアスポーツなど趣味を楽しむ暮らしがしたい」というのも高い傾向があります。また、「自分の資格や知識、スキルを活かした仕事や活動がしたかった」、「移住先の自治体が実践

年齢別	10・20代	30代	40代	50代	60代～
回答数（N）	72	74	37	36	54
1 ふるさと（出身地）で暮らしたいと思ったから	23.6	20.3	32.4	27.8	27.8
2 ふるさとではないが、なじみのある地域で暮らしたいから	16.7	12.2	10.8	22.2	18.5
3 家族（配偶者、子ども、親）と一緒に暮らしたいから	23.6	23.0	29.7	25.0	11.1
4 家族や親せきが近くにいるところで暮らしたいから	20.8	16.2	27.0	22.2	24.1
5 気候や自然環境に恵まれたところで暮らしたいと思ったから	40.3	48.6	54.1	47.2	51.9
6 環境にやさしい暮らし（ロハス）やゆっくりとした暮らし（スローライフ）、自給自足の生活を送りたいと思ったから	20.8	16.2	18.9	27.8	18.5
7 安くて新鮮で安心・安全な食料が手に入るところで暮らしたかったから	8.3	9.5	10.8	19.4	3.7
8 農林水産業など都市地域ではできない仕事がしたかったから	12.5	9.5	5.4	11.1	3.7
9 自分の資格や知識、スキルを活かした仕事や活動がしたかったから	15.3	18.9	18.9	16.7	11.1
10 都市地域より安くて広い土地や住宅が手に入るから	12.5	10.8	8.1	13.9	18.5
11 豊かな自然に恵まれた良好な環境の中で子どもを育てたかったから	11.1	23.0	21.6	8.3	0.0
12 アウトドアスポーツなど趣味を楽しむ暮らしがしたかったから	25.0	20.3	21.6	13.9	14.8
13 テレビや新聞、雑誌などを見て、田舎暮らしに魅力を感じたから	4.2	2.7	5.4	2.8	7.4
14 移住先の自治体が実施する移住・定住の支援施策に魅力を感じたから	6.9	6.8	21.6	5.6	3.7
15 それまでの働き方や暮らし方を変えたかったから	33.3	32.4	35.1	38.9	14.8
16 新しい土地で新しい人間関係を築きたかったから	11.1	12.2	13.5	5.6	11.1
17 都会の喧騒を離れて静かなところで暮らしたかったから	30.6	21.6	35.1	25.0	27.8
18 その他	6.9	9.5	5.4	11.1	0.0
無回答	1.4	2.7	0.0	0.0	0.0

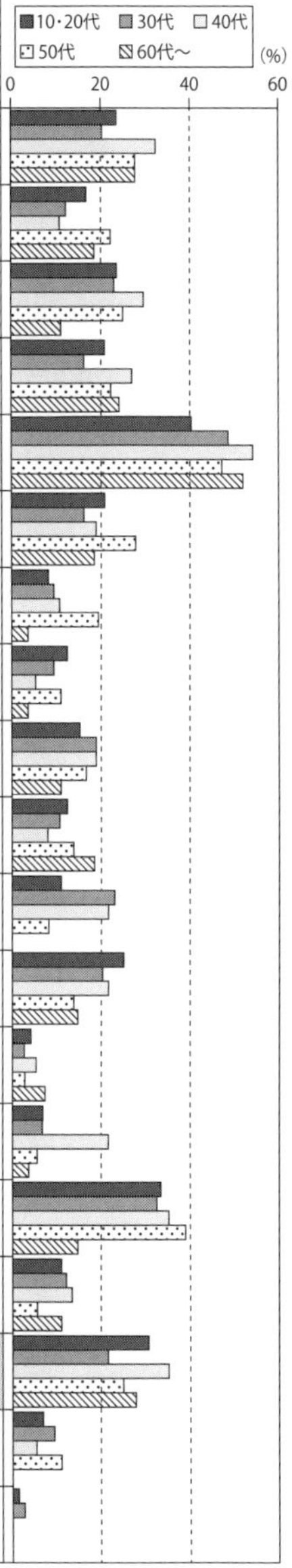

※上位３項目に網掛け

図４　年齢別にみた移住の理由

出典：総務省「『田園回帰』に関する調査研究報告書」（2018(平成30)年３月）、17頁

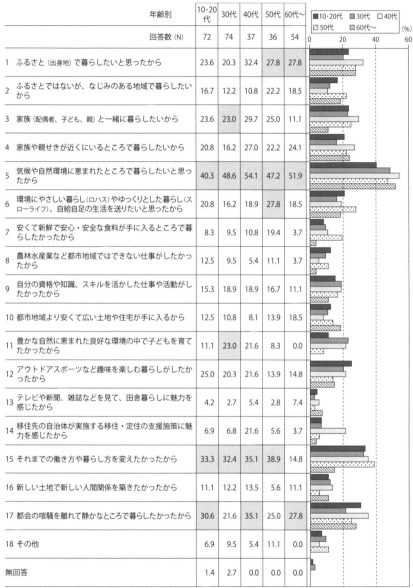

する移住・定住の支援施策に魅力を感じたから」というのも30、40代で高くなっています。

2．過疎市町村での移住・定住施策の特徴

行政はこうした新しい動きを捉えて、移住・定住施策を展開することが求められます。定住促進の施策は、過疎化と高齢化に直面している市町村にとって喫緊の課題になっています。本書でも、自伐（型）林業の支援をいかに市町村の定住施策に位置づけているかという観点から、多くの市町村の担当の方々に話を伺っています（鳥取県智頭町、静岡県静岡市、岩手県気仙沼市、群馬県みなかみ町、島根県出雲市、岡山県新見市など）。

表1は、市町村がどのような移住・定住促進施策を実施しているのか、過疎市町村を対象に総務省が実施したアンケートの結果を示しています。85％を超える市町村が移住相談窓口を設置している他、移住・定住フェアへの出展・開催、空き家バンクは7割を超える市町村が取り組んでいることがわかります。また、同市町村調査では、移住・定住支援施策を市町村が開始した年度が調べられており、ほとんどが２０００年代後半以降、とりわけ東京一極集中の是正を掲げた地方創生が打ち出された２０１４（平成26）年以降であり、今日多くの過疎市町村が取り組むようになっていることが報告されています。

また、表2は、実際に移住者が増加した区域を含む市町村の割合を、施策別また市町村以外の移住・定住支援実施主体の有無と支援主体別に集計した表です。市町村のみ（表では「行っていない」）だけでは、同じ移住相談の窓口の設置や体験活動などを行ったとしても、移住・定住の効果が限定的であることがわかります。「自治会、町内会等の団体」（農山村では集落や小学校区範域だと考えられる）が取り組んでいると特に高く、旧市町村単位だと思われる「地域運営組織」や「ＮＰＯ法人」も移住・定住支援に取り組んだ場合も高くなっています。個別相談会やポータルサイトの開設などでは地域おこし協力隊員による支援が効果を上げていることがわかります。

市町村の場合、広域合併しているかしていないかで

表１　過疎市町村の移住・定住促進施策の実施状況

大分類	中分類	移住・定住促進施策	全体 (N=817)
総合	移住や移住後の暮らしに関する総合的な相談窓口	移住相談窓口の設置	85.6
		移住相談員、定住コーディネーターの設置	38.2
		移住相談、支援等を行っているNPO法人等の支援	18.1
	移住先の地域や暮らしに関する情報の提供	個別相談会の実施	30.7
		ポータルサイト（移住・定住専用サイト）の開設	47.9
		ＳＮＳ、メールマガジン等の活用	33.0
		専用のパンフレット、ガイドブック等の配布	67.1
		移住・定住フェアへの出展、開催	77.6
移住・体験	「お試し居住」などの一時的な移住体験	地域内での移住体験の実施	51.9
		地域内の見学ツアーの開催	33.2
住まい・暮らし	空き家情報の提供や斡旋、紹介	空き家の斡旋	33.3
		空き家バンク制度	75.6
	公的賃貸住宅の優先的な斡旋	定住促進住宅の斡旋	23.3
		公営住宅の斡旋	25.0
	移住後の暮らしに対する支援	住宅の建築・改築（リフォーム）、購入に対する助成	67.7
		空き家改修経費の助成	55.9
仕事	移住後の仕事（働き口）の紹介	就職支援窓口の設置	25.3
		インターネットによる就職情報の提供	30.5
	農林水産業の就業体験や研修	農業体験等の機会の提供	44.1
		技術習得に関する機会の提供・補助金	40.3
	農林水産業への就業支援	就農者等に対する給付金・生活費支援	61.6
		受入農家等とのマッチング支援	30.5
	起業・創業の支援	起業・創業に対する金融支援・補助金（税の減免を含む）	64.5
子育て・医療	出産・子育てに係る費用の支援	出産・検診費用の助成	78.5
		子どもの医療費助成	95.1
教育	教育に係る支援	奨学金の貸与、返済補助	66.0
		保育料（保育園、幼稚園）の軽減、免除	81.5
高齢・福祉	高齢者・福祉に係る支援	高齢者に対する交通費（バス、タクシー料金等）の助成	53.9
関係人口	地域住民とのつながりづくり	菜園・田畑等の貸付（滞在型市民農園（クラインガルテン）を含む）	18.7
		都市住民との交流イベントの開催	29.5

〈質問〉以下の移住･定住促進施策の中で、市町村が実施するもの（市町村が業務委託するNPO等が実施しているものを含む）全てに「○」を入力してください。（複数選択可）

資料：総務省「『田園回帰』に関する調査研究報告書」（2018（平成30）年３月）、23頁より抜粋

表２　移住・定住施策実施市町村数に占める移住者の増加区域を含む市町村数の割合（市町村以外の移住・定住支援実施の有無・主体別）

移住・定住促進施策	ＮＰＯ法人	自治会、町内会等の団体	地域運営組織	地域おこし協力隊	行っていない（市町村のみ）
移住相談窓口の設置	51.9%	57.8%	53.2%	46.8%	33.1%
移住相談員、定住コーディネーターの設置	56.0%	58.1%	56.3%	45.7%	28.9%
移住相談、支援等を行っているNPO法人等の支援	47.4%	57.1%	52.4%	42.2%	28.6%
個別相談会の実施	54.8%	58.3%	48.1%	46.4%	33.8%
ポータルサイト（移住・定住専用サイト）の開設	50.0%	55.8%	53.9%	47.4%	34.1%
ＳＮＳ、メールマガジン等の活用	55.9%	56.8%	54.4%	47.1%	35.8%
専用のパンフレット、ガイドブック等の配布	49.5%	55.7%	55.6%	45.1%	35.1%
移住・定住フェアへの出展、開催	52.0%	57.1%	54.1%	45.5%	32.2%

資料：総務省「『田園回帰』に関する調査研究報告書」（2018（平成30）年３月）、25頁より抜粋

住民にとっての自治体の範域が異なります。広域合併している市町村では、役場職員が集落まで目配りできない状況も生じています。その場合は、地域運営組織やＮＰＯ法人などが地域運営の中核となり、森林の活用や自伐（型）林業支援までを担い、自立的に定住化施策を実践していくことが求められます。その好例が岐阜県恵那市のＮＰＯ法人の「奥矢作森林塾」です（218〜229頁参照）。本書では恵那市以外にも、若い移住者による自伐型林業者を支援する組織として集落やＮＰＯ法人を取材しています（福井市、静岡市、群馬県みなかみ町、岡山県新見市、福岡県八女市など）。

３．地域おこし協力隊制度を活用した自伐型林業への就業と定住の広がり

このような、「田園回帰」の動きや市町村の定住施策を後押ししているのが先述した地域おこし協力隊制度です。自伐型林業への参入という点でも大きな意味を有しています。

地域おこし協力隊制度は、総務省によって２００９

（平成21）年度に制度化され、都市地域から過疎地域等の条件不利地域に住民票を移動し、「地域協力活動」を行いながら、地域への定住・定着を図る取り組みを支援しています（※1）。2018（平成30）年度までに1061の地方公共団体（主に市町村）に延べ5530人がこの制度を活用して、都市圏から地方へ移住しています。地域おこし協力隊制度は、地方公共団体が実施主体であり、どのような応募条件にするのかは自治体で決めることができます。前述したように、市町村ではできない情報発信や地域づくりを地域おこし協力隊員が担っている事例もありますが、同制度を用いて、林業、あるいは自伐型林業への就業を募集要件にして移住者を受け入れている市町村がありま す。

2015（平成27）年に地域おこし協力隊を募集している市町村の調査を行いました（表3、※2）。調査時点で地域おこし協力隊を林業活動に限定して受け入れている自治体が高知県を中心に、西日本に9市町村ありました。うち4市町村は応募段階で「自伐型林業」を掲げていました。島根県の津和野町や高知県佐川町、本山町、滋賀県長浜市です。また、2016年（平成28）度採用に向けて募集あるいは選考している地域は、北海道から九州までに広がっていることがわかりました。本書では、高知県本山町を取り上げ、地域おこし協力隊の任期（最大3年間）終了後も同町に定住している事例を紹介しています（193～209頁）。

ここでは、2015（平成27）年時点で、地域おこし協力隊として自伐型林業者を受け入れるのに積極的な自治体として島根県津和野町を紹介します。写真1は、津和野町の地域おこし協力隊募集PRポスターです。「津和野型自伐林業」の仲間募集中というメッセージをPRするものですが、ポスターのデザインも斬新でインパクトがあります。

津和野町では、協力隊員の募集要項には自伐型林業を明記し、チームとして林業を実践し、3年間の活動終了後には、リーダーとなり「津和野型自伐林業」を目指すとあります。協力隊の期間中は、町が管理する町有林をフィールドとして自伐型林業を研修するとし

表３　林業活動を行う地域おこし協力隊を募集する市町村

（自）は自伐型林業者を募集

2015年調査時点で協力隊が活動していた自治体	調査段階で募集あるいは選考していた自治体
・滋賀県：長浜市 3名（自） ・京都府：京丹後市 2名 ・奈良県：曽爾村 2名 ・岡山県：新見市 3名 ・鳥取県：智頭町 ・島根県：津和野町 7名（自） ・高知県：佐川町 9名（自） 大豊町 1名 本山町 3名（自） 現在、協力隊終了し独立	・北海道：新得町 1名 ・岩手県：陸前高田市 2名（自） ・群馬県：中之条町 2名 ・奈良県：下北山村 若干名 天川村 2、3名 ・島根県：津和野町 4名（自） ・高知県：本山町 2名 ・宮崎県：えびの市 4名 ・長崎県：新上五島町 1名

資料：「地域おこし協力隊／JOINニッポン移住・交流ナビ」、各自治体ホームページより作成（片山・佐藤（2016））

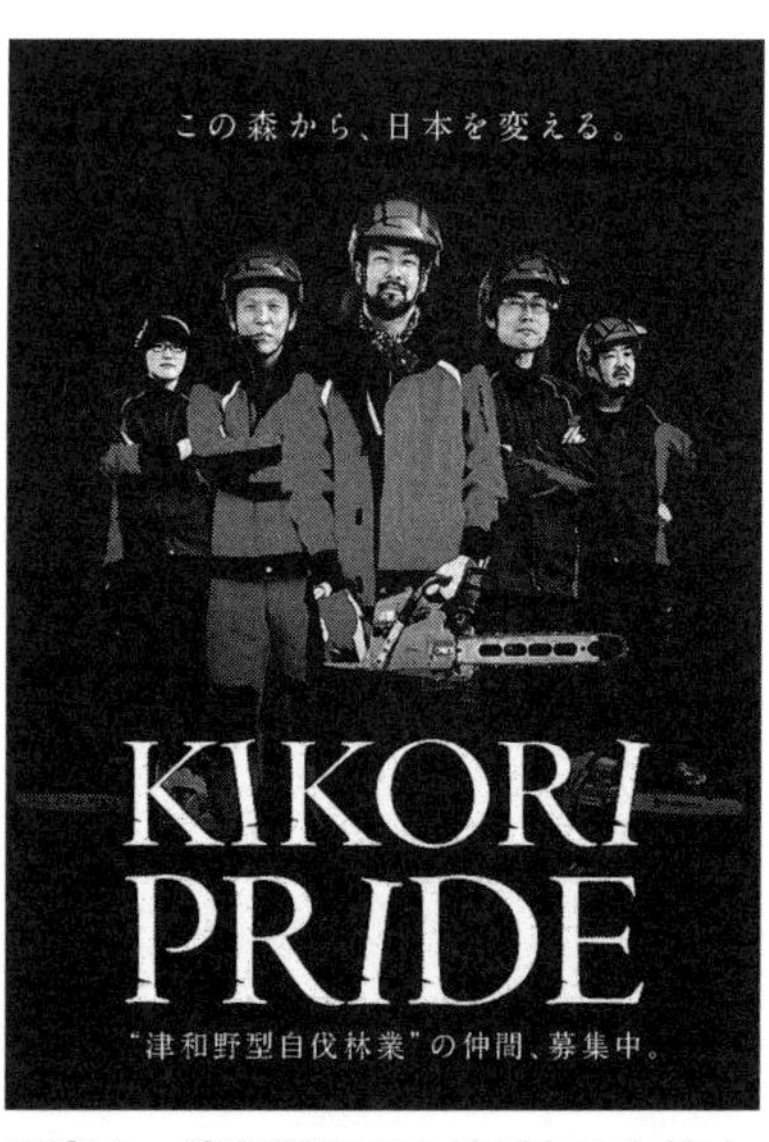

写真１　津和野町での地域おこし協力隊募集ポスター

ています。町が研修の場と研修機会を提供しています。清光林業㈱の相談役、岡橋清隆さん（349〜366頁参照）を講師に依頼して、津和野町内および吉野に行って研修を受ける仕組みを作っているのがポイントです。

また、募集要項に、「集落に溶け込み、地域の自治会活動に参加できる方」と明記されています。これは津和野型自伐林業の大きな特長です。協力隊の期間を通じて、施業地を確保できる能力も身につけることを目的にしています。さらに、同町は住居を斡旋し、家賃補助制度を設けています。林業に参入しやすいように、チェーンソー、チェーンソーのプロテクションウエア、レインウエア、ヘルメット、作業着、長靴など基本的装備は貸与しています。研修も旅費については町が負担しています。

地域おこし協力隊制度では、隊員が独立する場合には100万円の活動費を使って、機械の購入なども可能です。津和野町の協力隊任期を終えて独立した3人は、ワサビの食材流通とブランド化を主に自伐型林業を副業、狩猟と自伐型林業の組み合せという方向で取り組んでいます。

※1　総務省ホームページ「地域おこし協力隊について」（https://www.soumu.go.jp/main_content/000610488.pdf〈2020年3月30日閲覧〉）

※2　片山・佐藤（2016）を参照のこと。

4. 市町村による移住・定住に向けた自伐型林業支援の方法

市町村が自伐型林業への就業で移住・定住を図るためにどのような支援策を行っているのでしょうか。各地域の実態は次章以降でも紹介しますが、支援策をまとめると6つ挙げることができます（表4参照）。

(1) 技術習得機会の創出

まず第一は、「技術習得機会の創出」です。鳥取県智頭町では、町有林を「智頭ノ森ノ学ビ舎《や》」（175〜192頁）に管理委託して、ここでIターン者が林業技術を習得できるようにしています。チェーンソー伐倒と搬出の技術、作業道開設の技術習得が重要です。その点で、「NPO法人 自伐型林業推進協会（以下、自伐協）」による自治体とタイアップした研修は注目されます。伐倒や作業道の講師を自治体主催の研修に派遣しています。研修を実施している市町村は増加しており、本書でも群馬県みなかみ町（283〜306頁）を紹介しています。

表4　近年の市町村による自伐型林業の支援施策の事例

①技術習得機会の創出

○鳥取県智頭町：町有林を「智頭ノ森ノ学ビ舎」へ管理委託
　　　　　　　：Iターン者の訓練の場

○自伐協での自治体支援：伐倒・作業道の講師派遣

②施業地の斡旋、紹介

○高知県佐川町：町が所有者のとりまとめ、まとまった施業地を参入者に

○鳥取県智頭町：町の「山林バンク制度」を通じて森林所有者を紹介

○島根県津和野町：移住者が自ら確保、町は相談役

○高知県本山町：森林組合が森林経営計画策定地の一部を委託

③機械導入補助やリース制度

○高知県佐川町：町が購入、移住者にリース

○高知県本山町：森林組合に導入補助、移住者にリース

○島根県津和野町：地域おこし協力隊活動費で導入、独立時に永久貸与

④参入後の所得支援制度

○地域おこし協力隊の場合：3年間の所得保証（16万円/月程度）＋住居の斡旋

⑤販路の確保支援

○島根県津和野町、高知県本山町：薪販売、木の駅プロジェクト

○宮城県気仙沼市：バイオマス発電所での小規模事業者間伐をFIT対応の間伐材証明を条例で認める

○和歌山県みなべ町：温浴施設に薪ボイラー導入

⑥副業支援

○高知県本山町：ラフティング免許取得

注：「現代林業」取材での情報に加え、高知県佐川町と島根県津和野町は独自取材に基づいて作成

⑵施業地の斡旋や紹介

第二は、「施業地の斡旋、紹介」です。移住者にとって山林をいかに確保するかは、自伐型林業を始めるためのハードルともいえます。また、そこに森林所有者と移住者との社会関係が生まれます。一律にこうすれば良いというものではなく、地域によって異なります。森林所有者の林業経営状況や地域の林業の歴史にも規定されます。市町村はその地域にあった方法を見いだす必要があります。

高知県佐川町（※3）

では、町が所有者を取りまとめて、自伐型林業者へ山林を斡旋する仕組み作りを行っています。例えば収益の1割については所有者に還すという立木の価格設定までの協定を町と所有者で取り決めて、自伐型林業者に任せる仕組みを構築しています。

智頭町では、町が「山林バンク」制度という仕組みを作っています（184〜192頁）。同制度は、自分で山を管理できないので若い人たちに預けたい、あるいは山を売りたい人といった森林所有者と自伐型林業者とをマッチングするものです。智頭町は伝統的な林業地であり、造林と保育に熱心な所有者が多く、町の関与はあくまでも紹介です。立木価格や委託条件などは当事者間での摺り合わせが必要であるという地域の特性を踏まえたものです。

津和野町の場合は、前述の通り町有林でまずはしっかり3年間研修し、その後は集落に入って、基本的には移住者自らが施業地を確保していくというものです。町は施業地確保で困った時には相談に乗りますというスタンスです。

一方、高知県本山町の場合は、町と本山町森林組合の範域が同じことから、森林組合が施業地を取りまとめ、その一部を自伐型林業者に委託をするという形で斡旋をしています（193〜200頁）。

以上のように、施業地確保については、市町村が前面に出たほうが良いのか、あるいは黒子に徹して、当事者間で困った時に相談に乗る程度で良いのか、地域にあった方法を見いだしうるコーディネーター役の市町村職員の存在が大きなポイントになると考えられます。なお、市町村が介在していない場合、森林所有者と自伐型林業者の関係はさらに多様です。自伐型林業者が立木だけではなく山林を購入して、自分の山林で施業を実施する（高知県四万十市（389〜400頁））、あるいは将来良い森林にしてくれるのであれば立木代ゼロで若者に委せる（福井県福井市（165〜174頁）、岐阜県恵那市（218〜235頁））などです。木材価格の長期低迷と共に森林所有者の高齢化が進行する中で、森林所有や管理の世代交代をどのように進めるのかということとも、この点は関わっています。

※3　高知県佐川町と島根県津和野町については、「現代林業」での取材とは別途に調査機会を得て情報収集を行ったものです。両町の調査は、『「自伐型林業」方式による中山間地域の経済循環と環境保全モデルの構築」（JSPS-15H04562、研究代表者：家中茂氏）によるものです。

⑶機械導入補助や機械のリース制度

第三の市町村の自伐型林業の支援策は「機械導入補助やリース制度」です。自伐型林業は機械投資額が少ないとはいっても、軽トラまたは2ｔトラックは必須であり、林内作業車または小型のグラップル、作業道作りにはバックホーが必要です。

事例的に紹介すると、これについても佐川町はとても手厚く、町が機械を購入して、移住者に安くリースしています。本山町の場合は、森林組合に町が補助して機械を導入して、移住者に貸し出しています。津和野町の場合は、地域おこし協力隊の活動費で導入して、独立する時に使っていた機械を永久貸与するという仕組みを検討していました。

当然、施業を進め技術力がアップすると、自分に合った機械を買いたいという自伐型林業者からの要望も出てくると思われます。自己資金だけでは不足する場合を想定して、市町村は資金補助あるいは融資策などを検討する必要があります。

⑷一定期間の所得保証と住居の斡旋

第四は、所得保証と住居の斡旋についてです。先述した地域おこし協力隊制度を使えば、3年間を上限に一定の所得が保証されます。自伐（型）林業は自営業です。はじめに準備期間として、技術力を高める期間の保証があることは、参入を容易にしています。協力隊の任期終了後に、独立して生活できるように、林業技術の習得の機会を保証することが求められます。

また、移住・定住にあたって最初にIターン者が直面するのが住居の問題です。移住者への空き家の斡旋や情報提供を行っている自治体も増加しています。空き家の情報提供だけではなく、所有者との交渉なども発生しますので、市町村だけではなく、集落や地域運営組織、ＮＰＯ法人など、より地元に密着した組織と連携することが必要です。岐阜県恵那市旧串原村では、市から指定管理を受けたＮＰＯ法人が空き家改修プロジェクトを企画して、移住・定住に大きな役割を果たしています（227～235頁）。

⑸販路の拡大策

第五は、「販路の確保」です。自伐（型）林業者として独立していくためには、木材の販路確保は必須です。島根県津和野町や高知県本山町をはじめ、自伐型林業を支援する自治体の多くは、「木の駅プロジェクト」に取り組み、薪を集荷して、市町村が地域通貨券を発行しています。

和歌山県のみなべ町では、温浴施設に薪ボイラーを導入し、薪の出荷先を確保しています（236～244頁）。また、宮城県気仙沼市では、市町村が独自の条例を作って、木質バイオマス発電でのＦＩＴ法に基づく間伐材等由来の木質バイオマスの認証取得について、小規模林業者でもＦＩＴ認定が容易にできるようにしています（255～262頁）。東日本大震災後に、気仙沼市内に気仙沼地域エネルギー開発㈱が熱電併用の小規模発電施設を設立しました。そこに小規模な自伐（型）林業者からバイオマス材をよりたくさん集めて出荷できるという仕組みです。

しかし、自伐型林業者として収入を確保し、経済的に自立するためには、木材のエネルギー利用以外に、付加価値の高い木材の生産販売をすることが課題となります。広葉樹の割合が高い地域では、薪やチップ以外の広葉樹材の販路確保が課題です。

現在、高性能林業機械を用いる林業事業体の場合、２ｍ、３ｍ、４ｍの長さの規定で造材するのが主流です。そうした造材の仕方ではなく、設計者が求める長さの木材を供給するという方法も「自伐材」を差別化する方法です。詳しくは、熊本の山の木で家を造る会で紹介しますが（58～75頁）、小さくても信頼できるサプライチェーンの確立が求められます。地域の家づくりと結びついた売り方をする。自伐型林業は手造材が基本なので、設計士のオーダー通りに長さをきっちり合わせられる、伝統構法で要求される少し曲がった材を選べるなど、それを可能とする高い造材技術を極める方向です。

　こうした販路確保は市町村がやるべきことではなくて、自伐型林業者それぞれが工夫して見いだしていくべきことかもしれません。ただし、造材方法で価格形成が異なることを意識して自伐型林業者が技術を学べるように、造材技術の研修、原木市場や設計士・工務店との勉強会の企画などに対する行政の支援は重要です。

⑹副業支援

　第六に、「副業支援」です。自伐型林業専業で独立するのは、リスクがあります。副業を持つことが重要です。高知県本山町の場合、町内を流れる吉野川の清流を活かした観光の目玉として「ラフティング」に注目して、地域おこし協力隊の時にラフティングのインストラクターの免許取得を支援していました。

　次章からみる各地の事例でも、さまざまな副業のあり方を紹介していきます。移住者の方々は多様なキャリアをもっておられます。また、情報発信力が高い方も多いので、それぞれのキャリアを活かした副業を市町村担当者が一緒に考える中で新たな施策も見えてくるかもしれません。

　自伐（型）林業の大きな特徴は、作業時期に融通性があることです。農業の場合は、茶業であればこの日に茶摘みをしなければ商品価値が著しく落ちる、花卉栽培であれば何時に摘花したものでないと出荷できないなど適期の作業が必要です。自伐（型）林業であれば、伐採を次の日にしても商品価値が落ちることはありません。また高額な固定費となる大型機械を使わないため、機械費用を捻出するために生産を続けるという必要性もありません。もちろん、販路によっては定時、定量の出荷が求められますが、農業に比べると、自伐（型）林業は柔軟に他の仕事との組み合わせが可能です。

　その地に合った仕事の組み合わせを市町村が提案できれば、移住・定住を進めることができます。この点は、群馬県みなかみ町の取り組みが参考になります（283～306頁）。アウトドアスポーツのインストラクター業と自伐型林業を組み合わせることで、年間就業が可能となり定住化も進む、と自伐型林業の研修を企画していました。

5. 労働安全対策の重要性

最後に、自伐（型）林業を支援する上での課題である労働安全について、指摘しておきます。

労働災害がひとたび起これば、死亡事故になりかねないのが林業です。自伐（型）林業者はボランティア保険や一般的な生命保険で事故対応している状況もあります。労働安全については、愛媛県西予市の菊池俊一郎さんの章を参考にしてください（144～153頁）。自治体には、安全な伐倒方法などの研修と共に、事故が起こった場合を想定して、一人親方組合（一人親方の労災組合）への加入を呼びかけるなどの必要があります。

なお、近年、自伐（型）林業者が増加している高知県では、県の施策として小規模林業者の総合傷害保険加入に対して掛け金の半額補助を行っています。市町村だけでは対応できないことを国や都道府県の施策体系に位置づけることができれば、総合的な自伐（型）林業支援が可能となります。

以上、第1章では、自伐（型）林業と市町村の移住・定住施策との関連をみてきました。次章からは、自伐（型）林業者および支えている関係の方々のインタビューを通して、地域の条件や自伐（型）林業者の技術習得、経営、生き方、考え方を考察し、自伐（型）林業の役割について考えていきます。

第2章

自伐(型)林業の技術と経営スタイル

静岡県　静岡市編1

「山と地域を守るための林業」を伝える

――「自伐林家」後継者たちの自負

旅の記録

林業研究グループとしては若い会長と2人の副会長（いずれも30～40歳代）が引っ張る静岡市林業研究会。会員44人のうち自伐を含め25人が材を生産、販売しています。日本で初めて林研としてSGEC森林認証を取得した「森林認証部会」、都市の公共空間・商業空間に地域材利用を提案する「都市の木化構想部推進会」など、外に向けた活動も活発です。そこには、林家だからこそできること、大事な役割があるという思いが込められています。メンバーの方々を訪ねました（2016年5月取材）。

「自伐」ではなく、山を管理するのが林家

これまでの林業研究グループの枠を超えた活動を展開している静岡市林業研究会。活動を牽引する3人のリーダー、小林誠司会長（38歳）、安池勘司副会長（47歳）、片平有信さん（39歳）に話を伺いました。

佐藤　静岡市という都市圏で、若い林家後継者がこんなに元気に活動をしているのはなぜでしょうか。

小林　みんなの親も林業経営者の会や林研に入っていて、親の代からの繋がりがあります。

片平　代々管理してきた歴史を持つ山があるから、ぶ

左から、安池勘司さん、著者、小林誠司さん、片平有信さん

れないでやっているんだと思います。

安池　自分が林業を辞めたら、うちの山で働いてくれた親方たちの仕事が無駄になるので、植えてくれた木を守り、恩返ししたいという気持ちはしっかりあります。最近、「自伐林家」という言葉が使われますが、どうも伐るだけの林業に聞こえるので、僕たちはそう呼ばれることに抵抗を感じます。

片平　僕は自伐ではなく、山の管理をしていると言っています。山の歴史が60年あったら、伐採は最後の5分だけですよ。それと小ロット生産だったり、家族中心の経営の良さを評価してほしいですね。

安池　大規模ロットで工場に出さないかと私も提案されたことはありますが、それでいいのかなと。

佐藤　植えた人や未来の人に思いを馳せた施業ではなく、今だけ、自分だけ、というような林業を最近はよく見聞きします。

片平　いっぱい材を出すなんて、ひどいやり方をすればいくらでもできますよ。僕たちは、山を守るために業としてやっているんだから、山が壊れたら本末転倒です。

一般企業に伝わる林研の広報力

佐藤　林業の普及活動にも熱心ですね。

小林　一般向けの間伐体験や学校への出張講座などをしています。指導役は片平君が飛び抜けて上手いので、彼が中心です。子供対象の林業教室では、静岡大学の先生から、「子供たちを将来の消費者として見るのではなく、子供たちが健やかに育つための森に親しむような教室をやってほしい」と言われて心がけています。

佐藤　林研のポスター（38頁参照）もユニークですね。

安池　静岡市で注目されている写真家の方に撮っていただいたものです。こうした写真を加えながら、「年輪」（林研の機関紙）を刷新したところ、今までと違い、さまざまな地元企業の方々に興味を持っていただけるようになりました。企業との繋がりを得たことで、大勢の方に地域材である「オクシズ材」（静岡市産材）を知っていただく機会が増えてきたように思います。

片平　少し前までは林研の大きな目標として、林業や山をアピールすることで自分たちの地位を高めるということを掲げていました。でも、外に向けた活動ばかりだとイベント屋になってしまうので、林研のSGEC認証部会や木化構想部会で自分たちを高めて、良い山をつくることも大事だと思っています。

集落を守るために暮らして林業を興す

静岡市林業研究会は、林家の後継者が中心となって構成されていますが、近年、Iターン者もメンバーに加わりました。原田さやかさん（37歳）です。地域情報誌のカメラマンとして、静岡市葵区玉川地区のおばあさんとの出会いから「この暮らしと文化を残したい」と玉川に移住。２０１４（平成26）年に林業を中心とする「㈱玉川きこり社」を、元同僚の繁田浩嗣さん（32歳）と起業しました。静岡市林業研究会の会員として広報を担当し、２０１５（平成27）年には副会長に就任。林研のイベントでは、前職の専門性を活かしたデザイン性に富んだ展示を担当するなど、林研の高い広報力の一翼を担っています。

佐藤　林研に入られた経緯は？

原田　林業を起業したけど何もわからずにいた時に、玉川地区の林研メンバーから誘われました。最初から皆さんに温かく迎え入れてもらって、こんなに素晴らしい人たちがいることを広く知ってもらいたい、木こりをあこがれの存在にしたいと広報担当になりました。

佐藤　玉川きこり社の仕事内容は？

原田　林業で発展してきた玉川の山村文化を受け継ぐ仕事として林業を選択しました。林業をベースに、製品販売と地域デザインと家づくりの３本柱です。特に、前職の経験を活かした地域デザインが私たちの強みになっていて、玉川地区のホームページや林業に関するパンフレットづくり、県産材の展示企画などを行ってきました。

佐藤　林業の仕事内容は？

玉川きこり社の原田さやかさん（左から２人目）と繁田浩嗣さん（右）（中央はお友だちのお子さん）

原田　山仕事を実際にやるのは繁田です。彼は開業の半年前から地元の一人親方に付いて修業を始めました。

繁田　親方がお茶の仕事が忙しくなって、そのまま半年で独立する形となりました。今は、玉川地区の萩原康さんの山（所有林２３２ha）で、日当制で、利用間伐を中心にやらせてもらっています。去年は４００㎥を出しました。技術的には、架線も覚えたいし、もともとロッククライミングをやっていたので特殊伐採もやっていきたいです。

佐藤　収入面など前職と比べてどうですか。

繁田　営業をしなくても仕事はあるので助かります。

原田　収入は前とそんなに変わってないです。これからは移住推進のための仕事として、子供に関する支援に力を入れたいと思っています。

佐藤　高齢の独居女性が多い地区ですが、地域を守るためには、子育て世代へのアプローチが必要ということですか。

原田　そうですね。30代の人でこういう所に住みたがる人が増えてきていて、他の地域でも森の幼稚園があれば移住したいという人もいます。それで去年から幼児対象の「きこりじゅく」も始めて、ゆくゆくは保育施設がつくれたらと考えています。

行政から信頼される林研の伝える力

林研の皆さんへのインタビューでも、行政との連携が話題になっていました。静岡市中山間地振興課森林・林業係長の小山敬久さんと、林研担当の大須賀紀夫さんにお話を伺いました。

佐藤　スピード感のある活発な林研ですね。

大須賀　伐倒技術を持ち、それを一般市民にわかりやすく伝える能力が非常に高くて、林業がかっこいいんだよ、ということを伝えてくれます。僕も初めて林研担当になって話を聞いたときは感動しました。

小山　林研には市有林での林業教室の運営を委託していますが、子供の対応にも慣れていて、全幅の信頼をおいてお任せできます。

佐藤　原田さんが林研の副会長になられるなど、組織の柔軟性も高いですね。

大須賀　原田さんは町中のお花屋さんなど異業種との関係づくりを進められたり、安池さんを中心に伊勢丹や銀行などの企業との繋がりをつくられて一緒にイベントをされています。伝え、繋がることで、市産材を、さらには認証材を活用してもらいたいと考えているのだと思います。

旅の考察ノート

自伐（型）林業を探求する本シリーズを始めるにあたって、静岡県への訪問は必須だと考えていました。静岡県は主業的な自伐林家が多く、県独自の中山間地域振興施策（林家グループを対象にバックホーなど林業機械の購入を補助）の後押しもあって、1990年代から林家グループが県内各地に立ち上げられているからです。どこを訪問しようかと考えていた時、静岡市林研グループの機関誌「年輪」を目にしました。表紙を見た瞬間、ここに行きたいと思いました。斬新な写真構成で、強いインパクト。新しいことが始まっているにちがいないと確信しました。

「自伐」で括られることへの違和感

企業を巻き込んだユニークな活動の意義は後述するとして、ここではまず、自伐の意味について歴史的に考えてみたいと思います。

本取材を受けるにあたって、「旅の記録」冒頭で登場いただいた林家後継者の3人（林研の歴代会長）は事前に、「自伐って何だ」と話し合ったそうです。伐採を所有者である自分たち（家族のみ、または雇用者も一緒に）でやっていることは確かだが、それは森林管理の一部でしかない、と「自伐」で括られることの違和感が語られました。

「自伐」の歴史を辿る

「自伐」という言葉を最近よく聞くようになった、という読者が多いと思いますが、研究者の間では1970年代後半頃から使用されています。戦後造林木が間伐期を迎え始めた頃で、林内作業車が開発され、伐出を行う中小農林家の存在が注目されます（第一世代）。「育林だけではなく伐出を担っている農林家の出現」の意味で「自伐」という言葉が使われたのです。

それは、1964（昭和39）年の林業基本法制定を前にして、林業の担い手について林業界をあげて議論されたことと関連しています。戦後の拡大造林が中小農林家によって活発になされたため、家族経営的林業を林業の主な担い手とする見解（1960（昭和35）年、農林漁業基本問題調査会答申）が出されました。それに対して「農林家は、育林はできても、伐採は家族ではできないだろう」「伐採ができて初めて林業の担い手だ」という否定的な意見が多く出されました。つまり、家族経営で伐採を担う林家の存在は発見であり、それを表す言葉として「自伐」が用いられました。

その後、90年代になって木材価格が低迷する中で、それまでは雇用労働力に依拠していた中規模な林家の中に、雇用の割合を減らし家族経営化する動きが注目されます（第二世代）。筑波大学の興梠克久先生によって、高密路網とクレーン付きのトラック等の小型機械を利用し、生産性の向上を実現している林家が詳しく考察されました（巻末参考文献の興梠（１９９６）参照）。家族経営化（＝自伐化）への転換が世代交代を伴っていること、環境保全意識が高く、集落の山や他の所有者の森林を受託する自伐林家の存在も指摘されています。今回お話を伺った３人のお父さん世代に当たります。

第三世代「自伐」林業と括る意味

２０００年代になると、政策的には提案型集約化施業が進められ、林家は生産の主体ではなく、林業事業体に委託する客体として論じられるようになります。人工林が本格的な利用段階を迎える中で、施業地をまとめて、高性能林業機械化によるコストダウンが課題とされます。近年では搬出間伐から主伐へと、主伐の比率が高まってきています。

そうした大規模で委託型の伐採方法に対するアンチテーゼとして、「自伐」が三たび注目されているのです。小規模で分散的な施業であるため、環境保全的であると主張されています。また、山を保有する林家だけではなく、山を持たないＩターン者が山村に定住して実施する「自伐型林業」が広がっているのが大きな特徴です。この第三世代の自伐型林業がどのような条件で、どのような地域で広がるのかを探求したいというのが、本書の目的でもあります。

したがって、片平さんの発言のように、長い森林経営の中で伐採部分のみをみて「自伐」と区分される違和感があるのは承知しつつ、第三世代の自伐（型）林業と括ることで特徴を観ていきたいと思います。静岡市の特徴は、地域に根ざす「林業主業の自立経営林家」

静岡市林業研究会のポスター。
さまざまなイベントでも活躍している

が多く、世代を継承していることです。そうした林家が核となっているからこそ、さまざまな林研の活動が可能となっています。

自らの言葉と腕で林業を伝える

都市にある林研として力を入れているのが、市民、特に子供たちに林業の役割や格好良さを伝える活動です。林家後継者が自らの言葉と腕で伝える能力を有しています。

㈱玉川きこり社の原田さんという強力な助っ人を得たことで、市民に見える活動に広がっています。Iターン女性の原田さんを副会長に迎えるという組織の柔軟さも、当林研が活発に活動しえる要因だと感じました。

山村の暮らしと林業を総合プロデュース
～㈱玉川きこり社の役割～

人口70万人の静岡市ですが、山間集落は過疎・高齢化が進行しています。山村の文化が受け継がれていってほしいと空き家を借りて活動しているのが、㈱玉川きこり社（２０１４（平成26）年設立）です。素材生産の他に、木材加工品や家造り、地元企業ディスプレイの提案、集落支援員としての移住促進、地域新聞「玉川新聞」の発行援助など多彩な事業を行っています。親子が気軽に遊びに来ることができる環境の整備も進めています。これまでの地域情報誌の編集で培った能力を活かし、山村の暮らしと林業を総合プロデュースする役割が期待されています。

素材生産面は、現在はまだ山主さんに日給で雇用されるという関係ですが、将来的には山を委せてもらえるように、所有者に信頼される技術習得を目指しています。自伐型林業が指向されているといえます。

このように、自立的な自伐林家の活力が高い静岡でも、Iターン者との連携で林研活動が活性化していること、そして山林を所有しない自伐型林業が生まれつつあることがわかりました。

「繋ぐ役割」を担う

——林家から発信する林業マーケティング

旅の記録

本節は、静岡市林業研究会を訪ねて紹介した前節に引き続き、地域材活用のマーケティングに関わった静岡ガス㈱、静岡市の製材業社のネットワーク組織「オクシズネット」、家具・玩具メーカーの㈱ナナミを訪ねました。

行政や製材所を巻き込んだ営業活動

静岡市林業研究会の「都市の木化構想推進部会」では、地域材活用に向けて林家が自ら企業に営業をかけるなど、独自のマーケティングを行っています。

その展開の契機となったのは、静岡ガス㈱の新社屋（２０１３（平成25）年3月竣工）の見学会で、社屋建替えの担当者だった佐野真浩さん（静岡ガス㈱コーポレートサービス部課長）と出会ったことでした。林研の安池勘司さんの案内で佐野さんを訪ねました。

安池　外観に木材が使われている静岡ガスの新社屋は素晴らしかったんですが、使用されていたのは、県産材ではありましたが他地域の材でした。それで佐野課長に、静岡市産材の活用について話をしたところ、隣にＮＨＫのビルができる情報や、「もし、ＮＨＫに営

左から静岡市林業研究会の安池勘司さん、著者、静岡ガス㈱の佐野真浩さん

業する気があるのならサポートする」という言葉をいただき、教えを受けるようになりました。

佐野　営業のタイミングなどの相談を受けたので、建設の企画段階から動く必要があることや、こういう論点で話したほうがいいですよとシナリオを作ったりもしました。それと、NHKとのパイプ役として、林研や製材関係者、県や市の方など10名くらいを、東京のNHK本部にお連れしました。

佐藤　企業の仕組みを熟知された方の助言は大きいですね。

佐野　設計者は、発注者の意向を無視できませんから、発注者と山側がどう結び付くかが大事になります。単なる（木材という）商品のPRではなく、地域ブランド材の活用で地域振興に協力を、と訴える観点から産地生産者や行政がアプローチすれば反応は違ってきます。企業は、地元を無下にはできないですから。

安池　木を使ってもらえるチャンスを自分たちで作っていかないと、需要拡大はできないと、佐野課長に出会って痛感しました。それで、森で木を伐るだけではなくて、木材の需要に向けてコーディネートする、提案する、そういうことも林業の仕事ではないかと考えるようになったんです。

佐野　木の利用や地域産物を使うことを否定する人はいません。でも、木材流通では土俵に乗る前に外材に決まってしまう。地元にはこういう木がありますよという絶え間ないPR活動、宣伝活動を続けていくことが大事ですね。

木材のプロモーションに山は欠かせない

林研の考える都市の木化構想、地域材利用促進のためには、製材業との連携が重要になります。静岡市の製材業者のネットワーク組織「オクシズネット」の代表幹事である影山秀樹さん（影山木材㈱社長）に話を伺いました。

佐藤　オクシズネット設立の経緯を教えてください。

影山　静岡市は中山間地域を「オクシズ」という名称で振興しています。そこで静岡市産材をオクシズ材として売り出していこうと、静岡市の製材業者16社で2015（平成27）年にオクシズネットを設立しました。主な活動は、オクシズ材の①プロモーション、②ブランド化、③SGEC材の提供ですが、プロモーションが中心です。静岡県の木材といえば、天竜が有名です。でも、静岡市内にも天竜に負けない規模で木材を供給できる業者があるということを知ってほしいと思っています。だけど、一般の方に対する訴求力は、木材にはあまりなくて、やはり山なんですね。

佐藤　山と繋がっていると、プロモーションとしてもやりやすいと。

影山　プロモーションに山は必須ですね。静岡市は市街地から山の現場まで30分で行けます。狭い範囲に供給地から消費地までが全て揃っているんです。加えて、東京と名古屋という大消費地とも比較的近いことも利点です。一方、そのため人件費等がコスト高です。コストで九州や東北とは競えないので、地理的なアドバンテージを活かして、消費者を山にお連れすることを頻繁にやっています。

佐藤　林研の方たちと一緒にオクシズ材のPRイベントをしたと聞きました。

影山　静岡伊勢丹のエントランスのディスプレイを任され、うちで木の格子を作ったり、林研さんが山から採ってきたスギやヒノキの葉や樹皮を、一緒にセッティングしました。来月からは信用金庫の展示用ウイン

静岡市の製材業者のネットワーク組織「オクシズネット」代表幹事で影山木材㈱社長の影山秀樹さん（左）

ドーを2年間ほど借りて、林業と製材に関する展示をします。デザインは玉川きこり社が担当する予定です。

地域材への熱意が企業を動かす

安池さんたちの働きかけは製材業だけにとどまりません。消費者と直接繋がる企業と連携し、オクシズ材商品を伝えるきっかけづくりを進めています。その1つである家具・玩具メーカー㈱ナナミの経営企画部長の名波亮佑さんを安池さんと一緒に訪ねました。

家具・玩具メーカー㈱ナナミ経営企画部長の名波亮佑さん（右）

名波　多くの人の手に触れる文房具を、オクシズ材を使って商品化しているところです。この企画は、林研の方の山での林業体験がきっかけでした。顧客に商品の価値を知ってもらうためには、作られる過程を説明できることが重要です。そのためにも、市産材への思いの強い安池さんのような、材の生産者との繋がりは、メーカーにとって大事なことです。

安池　ナナミさんのような、技術力の高い木材加工メーカーが静岡市にあることが嬉しいですね。いろいろお話を伺うと、林業だけではわからない発想や、都市側からの山への思いを聞くことができます。都市の木化構想を一緒にやっていけたらと思っています。

自伐林家は、地域林業の総合コーディネーター

林研の活発な活動を後方支援している、静岡市中山間地振興課森林・林業係長の小山敬久さんと林研担当の大須賀紀夫さんにお話を伺いました。

佐藤　林研では、製材業や一般企業との繋がりも開拓されていますね。

大須賀　ＮＨＫに営業に出向くにあたり、説得力を増

すために製材業と連携を図られました。市としては立ち位置が難しいですが、NHKにも同行させてもらいました。

小山　市産材活用に向けて、行政が民間を直接支援するのは難しいですが、林研が頑張られている部分を黒子に徹して支援したいと思います。

佐藤　繋がることで有利な点が生れていますね。

大須賀　NHK社屋の設計士さんは当初、地域指定材はコスト高だと否定的だったようですが、林研メンバーの山で林業体験をしてから気持ちが変わられたようです。

静岡市中山間地振興課森林・林業係長の小山敬久さん（左）と林研担当の大須賀紀夫さん（右）

佐藤　林研の皆さんが、若いのに地域のためにという思いが強いのに驚かされます。

小山　お子さんと一緒に地域に暮らしているからでしょうか。自伐林家は地域林業の主力になっていますし、山林所有者についての知識があり、道付けの調整役などを担ってくれています。自伐林家は、地域林業の総合コーディネーターだと思います。

旅の考察ノート

自伐林家の存在は農山村においてさまざまな面で意義がある、私はそのことを本書で伝えたいと思っていました。しかし、静岡市林研を訪ねて、農山村に限定されない、さらに広い視野から自伐（型）林業の可能性を論ずることができると感じました。自伐林家が、異業種の企業と行政を繋ぎ、木のあふれる街づくりが静岡で始まっていました。

森と木のある空間を提案する

静岡市林研の「都市の木化構想推進部会」（以下、木

化構想）の活動は、部会長の安池さんの言葉を借りると「地域の皆さんに森の空間と木のある空間を提案する」ことが目指されています。

市内製材業者は「オクシズ」地域材のブランド化のためにネットワーク組織を設立しています。また、建築材の生産者と消費者という繋がりだけではなく、静岡市民全体を対象とした活動に広げているのが、近年の特徴です。伊勢丹デパートでのディスプレイを林研グループとオクシズネットが協力して担当しました。保育園等のオーダーメード家具や文具製造で有名な地元企業㈱ナナミとの連携では、オクシズ材を活用した新製品を検討。さらには、建設予定のＮＨＫ社屋に対して、内外装にオクシズ材の活用を検討してほしいと企業提案を行っていました。

何が新しいのか

連携、ネットワーク、協働は森林・林業政策はもちろん、地域振興策のキーワードとなっています。しかし、多くは行政主導、あるいは川下の大手木材産業による川上の素材生産事業体や林家の組織化を指す場合がほとんどです。

静岡市林研の木化構想の新しさは、多様な主体を結びつける核に自伐林家が位置づけられていることです。いや、位置づけられているという受け身ではなく、自伐林家が林研活動の一環として、主体的に地元の企業や行政との連携を追求しています。

企業まで巻き込んだこうした林研活動が、なぜ可能だったのでしょうか？　同じ自治体の中に山村と都市があり、顔の見える関係が作りやすいという静岡市の立地もあります。しかし、立地の問題だけではなく、自伐林家の後継者のモチベーションは何か、地元企業が自伐林家と連携する理由は何か、が重要でしょう。

市民権を持った林業に

部会長である安池さんに木化構想部会を始めたきっかけについて伺うと、3年前に1人で自家山林を下刈りしていた時に、手を休めて考えたことに話が及びました。管理する山林面積が約２４０haの安池さんは、属人で施業計画を作成し、SGECの森林認証を取得していました。しかし、森林経営計画に制度が変わり、条件に合う所有林部分だけを対象にして、林班計画に参加することにしました。「森林経営計画の仕組みを見ると、林家は林業には必要ないと否定された気持ちになり」、「自分のやっていることは、社会に必要なことなのか」を自問したそうです。

その答えが、森の空間、木のある空間を地域に提案して、選んでもらえる林業でした。そのことが林研の仲間にも理解され、具体的な活動に発展してきました。つまり、木化構想の背景には、市民権を持った林業にしたいという林家後継者個人の強い思いがありました。

地元企業にとって、自伐林家を応援する意味

今回の旅では、静岡市林研からの木化構想の働きかけを、企業や行政が受け止め、さまざまな方が構想を形にしたいと応援している姿がとても印象的でした。

製材業界としては、オクシズ材をブランド化できれば、商圏が広がるという意味があります。静岡の地の利を活かした林業と製材業の展開に期待が寄せられていました。その際、木材のPRではなく、山と繋いで語ることが欠かせないとのことでした。

しかし、静岡ガス㈱にとっては、社屋はすでに建設済みであり、当面木材の利用も考えられません。当初、静岡ガスの佐野課長がNHK本社まで林研やオクシズネットワークのメンバーに同行して、地域材の利用を促進しようとする理由が理解できませんでした。お話を伺うと、ガス会社は地域のインフラを支える企業であり、地域の活性化は不可欠であるとのこと。そして、代々山を引き継ぎ、林業を経営している自伐林家を応援することは、目に見える地域貢献のシンボルになるということでした。若手後継者によって目に見える林研活動をしてきたことが木化構想に繋がったといえます。

㈱ナナミにとっても同様です。同社は、これまでオーダーメード家具作りでは社名を出さずに物作りを行

ってきたそうですが、オクシズ材の新製品開発では企業名を出して応援したいということでした。

このように、自伐林家と連携することは企業価値を高めることになるのです。同時に、組織の中の個人の感動が連携を進める力になっていました。インタビューをした企業担当者の皆さんから林研メンバーの山に行って、感動したという話を伺いました。

本格的な異業種連携に向けて

今後、活動を継続、発展させるためには、「オクシズ材」利用を広げることで参加主体に経済的なメリットが必要であることも事実です。本格的に材が動きだすと、素材価格をどのように設定するのか、誰がどのくらい素材供給を担当するかなどを調整することも必要になってきます。

静岡市の素材生産量は現在約5万㎥です。静岡市中山間地振興課によると、そのうち林研グループ会員の自伐林家12戸が生産しているのは、約1割の５０００㎥程度です。家族労働力で林業を行っている林家数と生産量をまとめた資料が市役所で作成されていたのには驚きました。行政にとって、特に林業を所管している中山間地振興課にとって、「地域林業の総合コーディネーター」という言葉に表れているように、生産量1割の数字以上の役割が自伐林家にはあると位置づけられています。

同時に、「オクシズ材」を広げるには認証材生産を増やし、注文に対して安定的に応えられる体制を整えることが必要になっています。今回は話を伺っていませんが、森林組合がどのように木化構想の連携に関与できるのかもポイントではないかと感じました。

「守る役割」を担う
——面で維持する地域の林業

旅の記録

静岡市編1、2と続き、3回目となる本節では、静岡市林業研究会のメンバーであり、鈴木林業を経営する鈴木英元さんを訪ねて紹介します。

植林から伐出まで、地域の山を集約化して面で管理

安倍川の源流、静岡市葵区の梅ヶ島地区で鈴木林業（従業員11名（期間雇用含む））を経営する鈴木英元さん（48歳）。所有林380haに加え、梅ヶ島地区の民有林を取りまとめて約1300haの経営計画を策定（2015（平成27）年）し、2018（平成30）年までには2000haまで面積を広げる予定です。静岡市林業研究会の活動では「森林認証部会」を立ち上げ、仲間と共にSGEC森林認証を取得しています。自伐林家として施業を行ってきた鈴木林業が、集約化を図りながら地域を面として、管理を目指すに至った想いを、鈴木さんに伺いました。取材には、総務担当の森剛彦さん（59歳）にも同席いただきました。釣りが趣味だった森さんは、清流のある梅ヶ島に魅せられて、21年前に移住。自然環境への関心から、鈴木林業の理念に共感して入社したIターン者の先駆けです。

佐藤　通年雇用されている現場スタッフは？

鈴木　7名で、そのうち4名が就業1～2年目です。

佐藤　4名はIターン者ですか？

森　そうです。一昨年から募集したところ、この地域に住み着いて林業をやるんだと来てくれました。鈴木林業は、森林の多面的機能といった公益を守ることに対する使命感があって林業をやっている。厳しい状況だけれどもそこを目指しているという思想性まで話をした上で、そこに共感してくれた人たちです。

左から、鈴木英元さん、著者、森剛彦さん

佐藤　現在の素材生産量はどのくらいですか？

森　一昨年が１０００㎥で、昨年が８７０㎥ほど、今年は２０００㎥くらいになりそうです。

佐藤　１haを主伐した場合に想定されるコストは？

鈴木　急峻な地形なので施業の8割は架線集材になり、中間土場までで1万円／㎥を超えます。４tトラックしか入らない所が多く、小出しする必要があって、コストが下がらないです。

森　15年前くらいまでは、主伐が6～7割でした。当時、３８０haの所有林の他に、預かっていた近隣の山があったんです。鈴木家は江戸時代からの林家で良い木もあるけど、地域全体となったときに悩んだんですよ。このままでは、３８０haの所有林もだめになると。それで、ここは静岡市の水源ということもあって、素材生産よりも森林整備事業で計画を立てて、地域全体で面として管理をしようと考えました。

鈴木　預かっていた山は、静岡市の森林環境基金を使って、素材業者が伐出した後の植林や下刈りをしていました。その経験からも、自分たちで伐出から育林までを面で管理するしかないと思うようになりました。

森　彼は、地域の山を歩き尽くしていて、山林所有者も境界もわかっていました。ゾーニングの必要性も感じていたので、山林情報をデータベース化していたところに、森林経営計画の制度ができました。

佐藤　制度が後からできたのですね。

森　東京の所有者を訪ねたり、地元では鈴木林業に対する信頼があったので、案外、経営計画への同意がすぐもらえました。計画の際は、山主さんには大枠の方向性を最初に示して、どこから伐りたいですか、といった希望を聞いています。

生活の中、コミュニティの中にある林業

鈴木　地域の山をゾーニングして、誰もが閲覧して施業できるようにする必要があると考えています。2017（平成29）年までに経営計画の対象林を2000haまで広げる予定で、そこを面として、持続可能な森林管理や安定的な材の供給、雇用の確保に繋がるという林業のスタイルを作ろうと取り組んでいるところです。今はその過程にあって、今後のゾーニングでは、山主さんにとって嫌な提案もさせてもらわないといけないと思っています。

佐藤　環境林ばかりになるところも出てくると思いますが。

鈴木　それを含めて提案していく必要があると思っています。

佐藤　路網密度が低いですが、路網を入れるお考えは？

鈴木　急峻な地形なので、まずは主幹道を行政に入れてもらってから、枝線を伸ばしたいと思いますが、崩壊に繋がる危険もありますし、採算が合う山だけではなく、環境林のような山を含め、すべて一体とした面で管理する経営を考えていますので、架線を中心に考えています。架線は意外と燃料を食いませんし、環境への負荷も小さいですし。

佐藤　鈴木林業は「自伐」では括れず、地域の森林を管理する事業体のようにも思います。それは、森林組

合とどこが違うのでしょうか。

森　私たちには地域の生活感があるということでしょうか。代々地域に暮らしてきた継続性や子供の頃から山を歩きまわってきたからわかる育林の仕方とか。生活の中に林業がある、コミュニティの中に事業体があるということですね。

佐藤　だから、社会事業体みたいなイメージがあるんですね。

森　経営的には不安なところはあります。収益の上がる山だけを対象にすればいいけど、面的に管理と訴えている以上それはできない。

鈴木　その前提は譲れない。次世代のニーズを損なうことなく、今の世代のニーズを満たすことを目指しています。

自伐林家による、地域での方向性の確認が必要

佐藤　林研で、SGEC森林認証を取得したのはいつですか？

鈴木　10年前ですね。森林認証を取得するのはコスト的にも厳しいと思っていたところ、林研メンバーに同じ意向の仲間がいて、6名のグループで申請することにしました。

佐藤　仲間がいらっしゃるのがいいですね。静岡市の自伐林家は、お父さんと息子さんが一緒に林業をされている世帯が多いです。他の地域の後継者たちは、林業技術や思想性を他地域や本から学ぶしかないんです。

鈴木　これからは、その次の世代のことを考えないといけないと思います。生き残った自伐林家が同じ方向を見て、同じことを語れるように、考えを確認しあっていく必要があると思います。

佐藤　国の林業政策の方向性が変わったとしても、自伐林家は、それに左右されない人が多いように思います。

鈴木　変わらない普遍的な林業の形として自伐林家は残っていてもらいたい。その基盤をおろそかにしたら日本の林業は総崩れになると思います。森林は多種多

様なのだから、いろんな自伐林家のかたちがあってもいい。でも、その地域地域の長期的に見た方向性は必要で、そこの調整はすごく大事だと思います。

佐藤　地域の方向性といったことは、林研内で話をされていますか？

鈴木　そこまでは踏み込めてないですね。林研の森林認証部会では、森林の環境性（水源涵養や生態系保全等）についてはは確認できたし、メンバーの方向性は同じです。ただ、経済性や社会性（人材育成、雇用創出、地域コミュニティづくり等）に関しては確認が取れてない。そこは時間をかけて、意見を出し合って、足元を見つめながら確認していかないといけないと思っています。

旅の考察ノート

本書では自伐林業の担い手を3つの世代に分けて、特に第三世代の登場に注目しています。その世代の少し上、現在40歳代後半は第二世代と第三世代の狭間に当たります。この年代が職業選択をした頃はバブル経済期でした。他産業への就職状況が良かったこともあり、40歳代の自伐林家の経営者に出会うのはとても稀です。しかし、浮かれた風潮に流されずに林業を選んだこの世代は、気概を持った方が多いと感じていました。鈴木英元さんはまさにその世代に当たります。

森林管理の理想を胸に

鈴木さんは子供の頃から家の生業である林業を継ごうと思っていました。父親と一緒に働いていた地区の人々が、山での楽しさを語り、仕事をしていた背中を見て育ったからだと言います。高校時代の恩師の勧めもあって大学卒業後、林業の修業をするために渡米しました。2年間林業会社の研修生となり、フォレスターと寝食を共にする生活を送りました。森林管理の考え方と、常に研鑽するフォレスターの姿から多くのことを学びました。

理想を胸に静岡市梅ヶ島（明治時代の旧村）の故郷に

戻った鈴木さんですが、自家の経営ではなく、素材生産の会社にいったん就職。伐採する木にロープを張って伐倒方向を指示する「引っ張り子」という仕事に6年間従事しました。その間、地域の山をくまなく歩き、地形や植生、所有界を身体感覚として記憶しました。

考え抜いた経営のあり方

林業を継ぐことになった鈴木さんは所有林のことだけではなく、安倍川源流域の地域とその森林を守るためにはどのような林業が必要なのかを考えました。南アルプスの南急斜面で崩壊危険箇所も多くあります。地域は過疎化が進み、小中学校生の数も減少しています。

考え抜いた結果、①所有林だけではなく梅ヶ島の森林を面として管理する、②森林認証を取得し社会に認められる林業を行う、③雇用者を増やし、梅ヶ島の定住者を増やす、という林業経営を目指すことにしました。それら3つを実現するためには、機械費用（現有は集材機、グラップル、バックホー、4tトラック）と雇用賃金などの固定的な費用に対して、それを上回る売り上げが毎年必要です。低投資で労働投入量を調整しうる個別林家での自伐を変動費型とすると、鈴木さんの表現で言うと「固定費型の林業経営としての道を歩む」という選択を意味します。今後は生産性を上げていくことも課題となっています。ただし、大きな固定費となる高性能林業機械を一気に導入することはなく、プロセッサやタワーヤーダ、H型架線集材など利用可能な場所と投資額を比較して、導入すべきかを見極めてからと慎重で、規模拡大ありきではありません。

面として森林を守るために

次世代に森林を繋げるという鈴木林業の理念の実現に不可欠なのが、採算にあう人工林だけを対象とするのではなく、条件の悪い人工林や天然林を含めて森林を面として管理することです。梅ヶ島は静岡市の水源地であり、面的な森林管理が社会的な使命だと考えています。現場に張り付いて、その地域の条件の中で森林管理をトータルに行う。理想とするフォレスターへの求道者のようだと感じました。

鈴木林業の取り組みは森林経営計画の本来あるべき姿だともいえます。面として森林を守るために、具体的には、森林の状況を数値化して誰でも閲覧できるようにする、森林をゾーニングして管理方針を定める、広葉樹が多い梅ヶ島の特性を活かして広葉樹の活用と萌芽更新の促進などが計画されています。その中で最も難しいのがゾーニングです。災害復旧の必要性や災害リスク、生態系としての評価、経済性などの現況から考えたゾーニング、地形と土地条件を考慮した将来的な森林利用目的からのゾーニング、その双方から考えて、必要な施業を提案していくという考え方です。将来的なゾーニングとしては、藤森隆郎先生の考え方（※）も参考にしながら、生産林と環境林に分け、生産林をさらに経済林と生活林に分けるという考えです。

※藤森隆郎「新たな森林管理—持続可能な社会に向けて—」全国林業改良普及協会、２００３

社会的な事業体として、自伐林家のスタンスを貫く

鈴木林業は家族経営の林家ではなく、雇用主体の認定林業事業体です。しかし、鈴木さんは林研グループの会員で会長職の経験もあり、グループ内の自伐林家と共に森林認証に取り組んでいます。梅ヶ島という固有の場に生活と生産の場を定めている、という点では自伐林家のスタンスを貫いているといえます。

２０１５（平成27）年度までに１０３名の所有者から森林を受託し、面的な集約化を順調に進めています。それを可能とする理由をIターン者の森さんは「生活感」という言葉で説明しました。生活感とは、森林を単なる資源（モノ）として見るだけではなく、背景にある営みまでを理解しているということではないでしょうか。ゾーニングの提案においても、植林地を環境林にゾーニングされる所有者の切なさにも思い至ることでもあります。

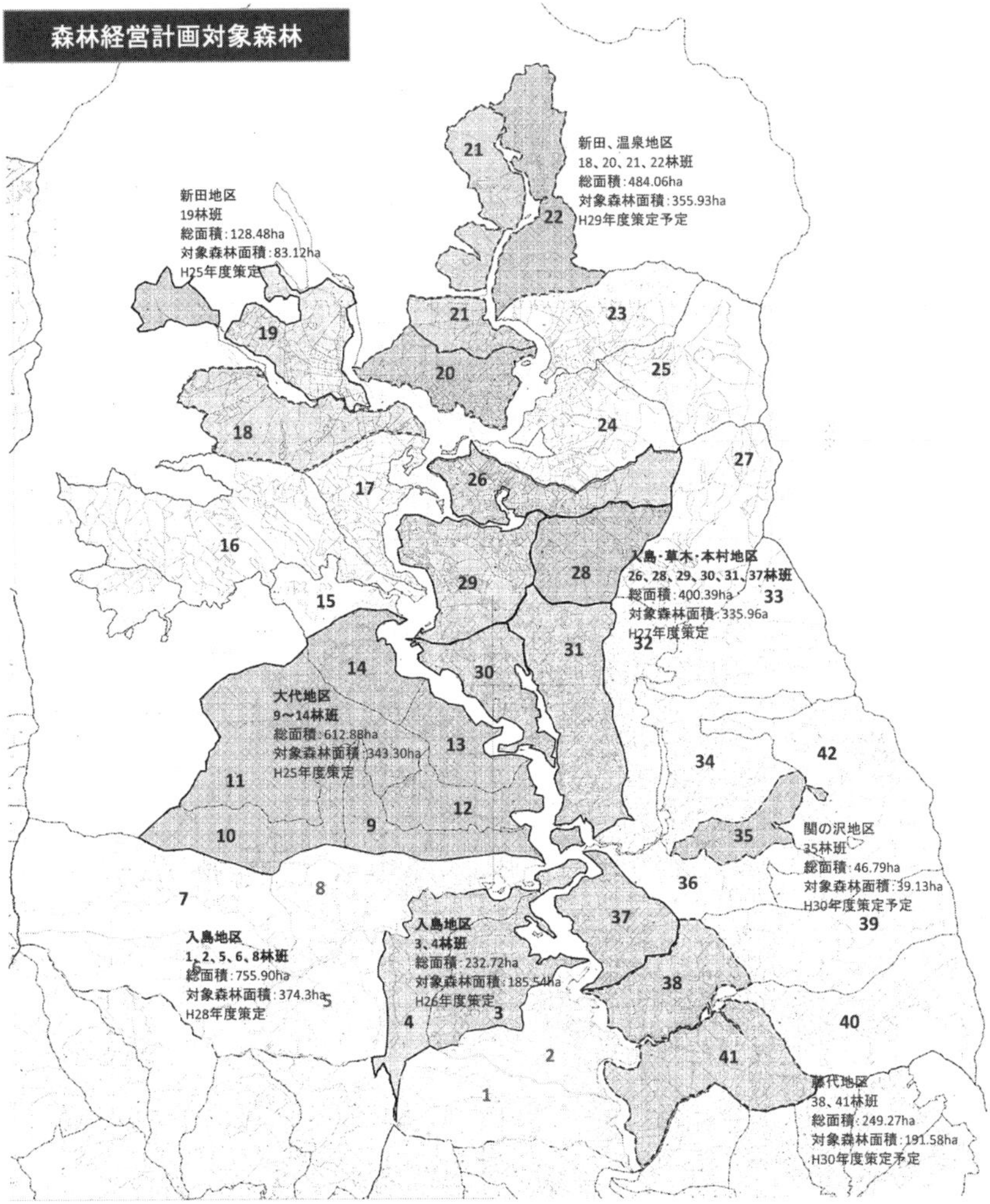
森林経営計画対象森林
新田、温泉地区
18、20、21、22林班
総面積：484.06ha
対象森林面積：355.93ha
H29年度策定予定
新田地区
19林班
総面積：128.48ha
対象森林面積：83.12ha
H25年度策定
入島・草木・本村地区
26、28、29、30、31、37林班
総面積：400.39ha
対象森林面積：335.96a
H27年度策定
大代地区
9～14林班
総面積：612.88ha
対象森林面積：343.30ha
H25年度策定
関の沢地区
35林班
総面積：46.79ha
対象森林面積：39.13ha
H30年度策定予定
入島地区
3、4林班
総面積：232.72ha
対象森林面積：185.54ha
H26年度策定
入島地区
1、2、5、6、8林班
総面積：755.90ha
対象森林面積：374.3ha
H28年度策定
藤代地区
38、41林班
総面積：249.27ha
対象森林面積：191.58ha
H30年度策定予定
21
22
21
23
19
20
25
18
24
27
26
17
16
28
29
33
15
32
31
30
14
13
34
42
11
12
35
10
9
8
7
36
37
39
38
4
3
5
40
2
41
1

地域の民有林を取りまとめ、2018年までに2,000haの森林経営計画の策定を予定している

次世代への橋渡し役として

40歳代の鈴木さんは、次世代への橋渡し役としても大切な存在です。1つは林研グループの若い世代と共に森林認証の水準を高めていくこと。もう1つは、雇用者に架線集材技術を伝えていくことです。架線集材の継承者が少ないといわれる中で、鈴木林業には30歳代のIターン者が入社し、梅ヶ島への定住が進んでいます。

静岡県の森づくり県民税による「森の力再生事業」も活用している

求められる条件不利森林への政策

最後に政策面についてです。鈴木林業は国の直接支援事業の他、TPP対策としての合板工場への出荷助成、「森の力再生事業」という静岡県の森づくり県民税による間伐と間伐材の林内集積事業などを活用しながら経営されています。また、静岡市は森林認証費用の半額を助成しています。しかし、架線集材しかできない条件の厳しい地域で、環境林にゾーニングせざるを得ない森林そのものを対象にする支援はありません。鈴木林業の管理山林を見学しながら、条件不利森林への政策についての議論が必要だと改めて思いました。

●今、そして明日へ

森林環境譲与税の特徴ある取り組み

静岡県および静岡市での新たな森林管理制度および森林環境譲与税の特徴ある取り組みについて紹介しておきます。静岡県は、都道府県が選定することになっている「意欲と能力を有する林業経営体」へと育成する経営体一覧を公表しています（２０１９（令和元）年7月3日付け）。素材生産事業体や森林組合の他に、個別林家（紹介した静岡市林研メンバーも）、林家グループ、「玉川きこり社」など多様な担い手１０６者が対象となっています。１０６者のうち、静岡市が36者です。小さな林業の担い手へも目配りがされていることがわかります。

また、静岡市は森林環境譲与税（２０１９年度、約1億円）を用いて、川上から川下までをカバーする事業を実施しています。同市中山間地振興課によると、自伐林家支援に繋がるものとして、林業関連の資格取得支援、私有林整備補助、小学校の林業教室の講師派遣事業が挙げられるとのことです。また、公益的施設や商業施設への地域材利用促進を実施しています。２０２０（令和2）年度からは木育玩具等の製品開発事業も計画しているとのこと。静岡市林研の取り組みとも繋がります。山間部と都市部が近いという同市の特性を活かした市民に見える森林環境譲与税の使途だと思いました。

熊本県　芦北町・水俣市編1

地域ビジネスモデルとしての自伐型①

住宅材の受注生産を可能にする自伐林業の力

旅の記録

林業という産業は、伐出生産した材をどこかで買ってもらう見込生産方式で、受注生産は難しいとされてきました。しかし、顧客（施主）起点の受注生産を実現する事例が存在します。林家による自伐材が〝孫請け〟生産ではなく、施主が直接購入・支払う仕組み、そしてスギ原木価格2万円／㎥という固定価格取引が可能なのはなぜなのか。受注生産を実践する林家である池松さんご夫妻、吉井和久さんを訪ねました（2017年3月取材）。

自伐林家が行う受注生産
～「熊本の山の木で家をつくる会」の産直の仕組み～

林家、製材業者、工務店（大工）がネットワークを組んで「顔の見える木材での家づくり」を行っている「熊本の山の木で家をつくる会」。2003（平成15）年の発足以来、60棟の実績を上げています。

伝統的構法の家づくりを行っている設計士の古川保さん（すまい塾・古川設計室㈲）が、家一棟分の材の明細書を製材所（岩本倫明さん／㈱岩本木材店）に送り、それを製材所が丸太に換算して林家に送ります。その、長さや末口の径、中には赤身の径まで細かく指定してある原木のオーダーに対応しているのが、自伐林家の池松重孝さんと吉井和久さんです。

左から池松恵子さん、著者、池松重孝さん

原木は施主が林家から購入し、製材は施主が賃挽きに出すという形式をとっているので、代金は施主が林家や製材所に直接支払います。ネットワークの会員間で金銭のやり取りが発生しないのが大きな特徴となっています。

感激がきっかけに

池松重孝さん（65歳）、恵子さん（60歳）ご夫妻は、2人で山仕事を行う自伐林家です（所有林200ha／芦北町）。最近、体調を崩した恵子さんは、山に入る時間がめっきり少なくなりましたが、それでも産直材の注文が入ると、選木などの作業を手伝っています。体調を押してでも、「手間がかかって面倒くさい」作業でも、産直に取り組む理由をご夫妻に伺いました。

佐藤　産直を始めたきっかけは？

恵子　熊本県主催の研修会で、古川先生の講演があって、「木の割れや反りについてきちんと説明をして、それでも建てますか？とお客さんに聞く」と言われていました。そういう姿勢に感激して、主人と2人で後日、先生の事務所に押しかけたんです。その時は、自分たちが産直をやるとは思っていなかったんですが。

池松　1棟だけ試しにやってみることになり、古川先生から「一緒にやる製材所は山側（林家）が信頼できる人を選んだほうが良い」と言われ、県の職員と一緒に製材所を探しました。断る製材所もあった中、岩本さんは「自分も興味を持っていた」と快諾してくれました。

佐藤　産直の醍醐味は？

池松　この間も新築祝いに招待されましたが、梁など、自分の家の木だとわかるのが嬉しいですね。

恵子　お施主さんには、山ツアーに参加してもらって、自分の家で使う木の伐倒を見てもらっています。木の元口には施主さん自身で名前を書いて、山との繋がりを持って家づくりをしてもらっています。

池松さんの山林で
産直用に伐採された材

スギ2万円、ヒノキ3万円の固定価格販売
――受注生産の実際

佐藤　材の価格設定はどうなっていますか？

池松　価格は全部一緒で、㎥当たりスギは2万円で、ヒノキは3万円です。この価格設定はありがたいです。

恵子　高いように思われるかもしれませんが、立木の中から（発注表に合う）木を、輪尺を使って1本1本探さないといけないので手間がかかります。

池松　産直用に必要なのは、ほとんどが胸高40㎝くらいの木です。このサイズばかり伐るので、だんだん道から遠い林分から出さないといけなくなりつつあります。それもあって、最近植林する時は、成長の良い品種を選んで、早く大きくしてもう1回伐りたいなと思っています。

佐藤　乾燥は？

池松　製材所で挽いたものを天然乾燥しています。葉枯らしもやってみましたが、間伐だと効果が出なかったですね。

佐藤　以前はもっと多くの自伐林家さんが材を出されていたんですよね。

池松　初めの頃は、林研（芦北地域林業研究グループ）のメンバーに呼びかけて6名で取り組んでいたんですが、だんだん高齢になったりで、今はうちと吉井さんだけです。多い年には6棟も注文があったので、部材ごとに、みんなで分担できて助かっていたんですが。

佐藤　誰がどれだけ出すかという割り振りは？

恵子　1本の木から大きい材から小さい材まで、全部使えるような木取りをして、皆さんが同じような材積量になるようにしていました。今は2軒の林家だけで大変なので、知り合いの林家にも声をかけるけど、手間がかかるので受けてもらえませんね。

自伐経営での受注生産の位置づけ

佐藤　年間の生産量のうち、産直の割合は？

池松　約400㎥を生産して、そのうち産直は2～3割くらいですね。

恵子　1棟分が50～60㎥で、吉井さんとだいたい半分ずつ出しています。

池松　材の売り先として以前は、合板会社に直納もしていましたが、今は、バイオマス用のチップ材に出しています。（産直ではほとんど使用しない）ヒノキとスギの大径で特に良い材は、市場に出しています。

池松さんと一緒に、産直に取り組んでいる吉井和久さん（56歳／水俣市）にも話を伺いました。吉井さんは、環境に配慮した農業と自伐林業に取り組む専業農林家です。

佐藤　年間どのくらい材を出していますか？

吉井　約300㎥くらいですね。産直は、そのうちの100㎥弱くらいです。

佐藤　林業経営における産直のプラス面は？

吉井　一番は、売り先が確保できることで、毎年、確定した金額で確実な注文が2～3棟あって、それは大きいですね。それと、市場に出したら終わりではなくて、製材所や施主さんなど、いろいろな繋がりができて、顔が見えるようになったこともすごく大きいです。なんといってもモチベーションが違いますから。

佐藤　2軒の自伐林家だけで産直材を所有林から伐り出していると、適材が不足してくるのでは?

吉井　それはないですね。うちの約50haの所有林には比較的高齢の木があります。加えて、所有林と併せて80haの経営計画を立てていて、今年も5haの間伐をしますから、その中から産直用の材を選ぶこともできます。

吉井和久さん

約50haの吉井さんの山林。産直用の適材となる比較的高齢の木にも恵まれている

佐藤　産直において、製材所の役割は大きいですね。

吉井　（製材工場の）岩本さんは非常に厳しいですよ（笑）。一昨年の台風直後は、半分以上の材が岩本さんにはねられました。ところが、はねられた材を我々が見ても、どこに傷が入っているのかわからないんです。乾燥したら傷はわからなくなるそうで、挽いている岩本さんしかわからない。オートメーションではなく手仕事だからこそなんです。そこまで厳しいので、こっちは大変ですけど（笑）。

佐藤　それでも対応するのは信頼があるからですか。

吉井　もちろんそうです。山ツアーで施主とお会いしていますし、絶対良いものしか納めないという彼のポリシーがありますから。

旅の考察ノート

自伐林業の経営安定のためには、建築材として木材をどのように販売するかが重要なポイントです。「熊本の山の木で家をつくる会」（以下、「つくる会」）による産直・受注生産による家づくりネットワークの仕組みは、自伐林業の特性を活かした今後の木材流通を考える上で、多くの示唆がありました。

受注生産で指定される材について

「つくる会」は、伝統的構法住宅の設計士である古川保さんとの出会いから始まりました。伝統的構法の住宅には、3、4、6mといった規格品ではなく、仕口や継ぎ手部分を見込んだ長さ4・5mや5m、7mが必要です。蒸し暑い熊本の夏を快適に過ごすには、軒を長くした住宅が効果的とのこと。古川さんの設計では垂木の長さ5・5mや7mの材が多用されています。こうした材を既存の流通の中で入手するには非常に高価なものになり、材を余らせることにもなります。自伐林家への受注生産はこうした設計の課題を解決することに繋がっています。

林家への受注は、設計の木拾い表から、製材担当の岩本製材所が山側に必要な材の条件を換算して、指定します。自伐林家はそれに合う材を山から搬出し、岩本製材所に出荷します。長さと末口直径の他に、破風板（屋根の妻側に付けられる板）用には腐れにくい赤み部分の直径（例えば18㎝や24㎝）が指定されています。

手間ひまがかかるからこそ

こうした細かな受注に対応するには、間伐した材から より分ける、あるいは注文に合う木を山林で見つけて択伐するなど、手間ひまがかかります。特に、池松さんだけで出荷した1棟目の時には、受注生産の対応の煩雑さに音を上げそうになったそうです。それに対して、設計士の古川さんは「誰でもが真似できないから価値がある」と言って、継続することを提案しました。最近はある程度、受注される部材の内容も予想できるようになったそうです。

さまざまな受注に応えられる体制は、時間当たり生産量を上げて量で勝負する形ではない自伐林家だからこそ可能な仕組みともいえます。ただし、高齢化や家庭的な事情などで、6戸あった出荷者が現在は2戸となっており、受注生産に対応しうる自伐林家の継承が課題となっていることもわかりました。この点は、節を改めて考えたいと思います。

伝統的構法住宅の設計士である古川保さん

受注をこなす調整の要

林家グループが協力して、長さや径級が指定された材を納品するためには、林家側で受注材を割り振り、責任をもって製材所に納入することが必要です。その調整の要が池松恵子さんです。恵子さんは近年、山での作業は控えておられますが、各林家の材の特徴や農業などとの関係で出荷できる時期なども考えながら、割り振りを行っています。

「つくる会」の発足も、恵子さんが伝統的構法の講演後に、古川さんに相談に行ったことがきっかけです。感激をすぐに行動に繋げた女性パワーあってのネットワークだと感じました。

自伐林家の経営安定と仕事の誇り

自伐林家にとって、丸太価格の固定と、製材所に出荷した段階で、施主から林家に代金がすぐに振り込まれる仕組みが大きな意味を持っています。年間の材積にすると1戸当たり100㎥（＝200万円）に満たないものの、価格が不安定な農林産物の中で、確実に見込める収入の存在は経営の支えとなっています。

さらに、今回の旅では、責任をもって確かなものを供給する、そこに単に経済的な安定というだけではない、仕事の誇りが産み出されていることを強く感じました。山ツアーでお施主さんを案内し、誰の家かを知って生産し、上棟式や新築祝いの席に招待されます。長年育ててきた材が、どこで、どのように使われているのかを知ることができます。現しで使われた柱や梁について、育ててきた歴史も語ることができ、お施主さんとの話も弾みます。

信頼できる製材工場との関係

「つくる会」による産直住宅の仕組みが細々ではあっても、15年も続いている理由はどこにあるのでしょうか。山の材を消費者に届ける産直住宅はこれまでにも多く試みられています。流通経費を抑え、確実な販路を確保したい山側、供給元がはっきりし、ストーリー性のある家づくりで差別化を図りたい設計士や工務店の間で顔の見える関係の構築が目指されてきました。しかし、全国的に見ると長続きしていない産直住宅の事例も多々あります。その原因の1つは、山側と設計・工務店を繋ぐ製材所が産直住宅の流れの中に位置づけられていないことにあります。

通常、自伐林家と製材所は丸太価格を巡って利益相反の関係にあります。しかし、「つくる会」には両者が信頼関係を構築できる仕組みがありました。会の目的に賛同し、受注生産に対応してくれる製材工場を自伐林家の池松さん自らが選定しました。そして、製材所には製品を納入すると、賃挽き料が施主から直接振り込まれます。賃挽き料は㎥当たり2万円で、透明性があり、お施主さんにも理解してもらえるとのことでした。つまり、自伐林家と製材所が疑心暗鬼になることなく、お施主さんに責任をもてる材料を届けるという職人としての目標を共有することができる仕組みだといえます。

木材の専門家である岩本さんからは時として厳しいチェックが入りますが、家を建てる段階ではなく、製材段階でのやり直しは他用途への変更で対応が可能です。

こうした仕組みの構築は、設計士の古川さんに拠るところが大きく、施主への事前の説明とお金を準備してもらうことも必要です。しかし、十分な説明がなされれば材の受注生産による家づくりが可能なこと、そして自伐林家にもメリットが大きいことがわかりました。

今回は、設計士が必要とする受注材を供給する自伐林家の側から、産直住宅の仕組みを見てきました。次節では、知恵と技術を出し合って、自伐林家の材を家づくりに活かすための、製材と設計の工夫を紹介します。

㈱岩本木材店の岩本倫明さん

熊本県　芦北町・水俣市編2

地域ビジネスモデルとしての自伐型②

製材技術と設計者が繋ぐ信頼のサプライチェーン

旅の記録

住宅施主が払う木材（製材品）代金が高止まりなのに丸太価格が低いのはなぜか、もっと評価されてもいいのでは、という素朴な疑問が山側にはあります。その答えの1つが、施主が直接山側（自伐林家、地元製材工場）から材を購入・早期決済し、山側の利益を確保する商流システムです。その実践例が「熊本の山の木で家をつくる会」。施主による直接購入を可能にするのが、施主に代わって丸太発注を行う製材工場であり、部材発注を行う設計者の力です。

自伐林家側にとって画期的な取引システムを実行する製材工場の岩本さん、そして全体をコーディネートする設計士・古川さんを訪ねました。

受注対応林業を可能にする製材工場の技術力

1948（昭和23）年創業の㈱岩本木材店（芦北町）は、坑木生産から徐々に建築用材へシフトしてきた地場の小規模製材所です。3代目社長の岩本倫明さん（51歳）は、15年前から産直住宅の製材に取り組み始めました。産直住宅づくりの要ともいわれる製材所。その役割について話を伺いました。

佐藤　製材所の経営規模について教えてください。

岩本　3人（うち事務1名）だけのローテクの製材所で、生産量は恥ずかしいくらい少ないです。

佐藤　そのなかにおいて、産直の経営に占める割合は小さくないですか？

岩本　そうですね、潰れずに生き残っているのはそれが一番大きかったです。最初の頃の産直は年に4棟でしたが、最近は平均5棟くらいでしょうか。うちの全生産量の3～4割を産直材が占めています。

㈱岩本木材店の岩本倫明さん

佐藤　産直の製材は賃挽きで、という形式を採るようになったのは？

岩本　15年前に1棟目を建てるにあたり、構造材だけが欲しいという依頼でした。でも丸太をうちが買い取って構造材を採っても、側材ばかりが在庫として残りそうでした。だったら、賃挽き形式のほうが良いかなと考えました。それで1棟目の構造材を採ったのですが、側材から鴨居や枠材が十分採れるのがわかりました。それで2棟目からは側材から造作材を挽くことを提案しました。それは、お施主さんや設計士さんにとっても、うちにとっても良かったと思っています。

品質の信頼、情報の透明性

佐藤　産直住宅の取り組みにおける製材所の役割が重要なのを感じています。

岩本　うち（製材所）が重要というより、設計士の古川先生が中心になって、山側も製材所も施主もみんなが良くなるようにと実践されているから15年も続けてこられたのだと思います。ただ、私が責任をもって材の管理をしないといけないと思っているので、材の色が黒いとか、腐れがあるとか問題があると、林家さんに丸太の交換をお願いします。林家さんは文句も言わずに、すぐ対応してくれて、私を信頼してもらってありがたいですね。

佐藤　山にお施主さんを招いたツアーも実施されていますね。

岩本　年に2回、11月と2月頃に古川先生が中心となって山ツアーを企画されています。お施主さんたちも山が好きな人ばっかりで、山の中で生き生きしているんです。私たちとも気持ちが合うし、やりがいがあって楽しいです。

佐藤　その透明性と繋がりがいいですね。

岩本　山ツアーを始めた頃、お施主さんが希望する日程が山側（林家）の都合で取れないことが続きました。「お客さんも忙しいのに」と、古川先生も困っておられたので、私が山側と話をしました。お客さんに合わせる、お客さん重視ということですよね。山側もそれに気づかれた。我々みんな、そうやって勉強してきたんですね。

24.5㎝の正角材（原木の径36㎝）。モルダーで24㎝角に仕上げ、伝統的構法の特徴である田の字型設計の横架材として使用する。強度計算を踏まえ、山の木が無駄なく使えるサイズとして、24㎝角が導き出された

三方良しの関係

伝統的構法による木組みの家づくりをされている設計士の古川保さん（69歳／すまい塾・古川設計室㈲）。2005（平成17）年より「熊本の山の木で家をつく

る会」の代表として、自伐林家の池松重孝さんや吉井和久さんたちと一緒に、産直による家づくりを行い、15年間で約60棟の実績を数えます。古い町並みの残る、熊本市川尻町の設計事務所に古川さんを訪ねました。

古川　伝統的構法の本質は、木の特徴を生かすことなんです。外材は素直で、節も曲がりも少ない。一方、日本のスギ、ヒノキは曲がる、反る、ヒビが入る、含水率が高い、大断面が採れない、縮む。この欠点を解消することに皆さん懸命です。でも、伝統的構法はこの欠点を理解したデザインです。

「お施主さんには木材は割れる、反るといった自然素材としての木材の性質を十分に説明している」と言う設計士の古川さん

佐藤　産直住宅の家づくりは、全国で取り組まれていますが、なかなか継続しない事例が多いようです。

古川　1棟目はうまくいっても、ほとんど失敗します。それは、川上は高く売りたい、川下は安く買いたい。心の中のベクトルが反対向いているからです。だからみんなが喜ぶ「三方良し」の方法が必要で、私はそれを農業から習ったんです。農業で成功しているのは、合理化しない小さな農業での産直販売です。それを山に当てはめたら、小規模、自伐、レーザーを使わない製材による産直の家づくりだと考えました。産直では、特に材の見極めができる製材所がキーマンですね。

佐藤　原木代金はスギ2万円、ヒノキ3万円、賃挽き代は2万円と固定されていますが、何を基準に決められたのですか？

古川　山側（林家）や製材所と実践していくなかで価格も固まりました。材の寸法は家の設計に合わせて決めるので、5・5ｍが7本、3・2ｍが3本、といった多様な寸法の材が必要になり、伐り出す林家にとっては手間がかかります。だから、その代わりスギ丸太は一律2万円／㎥で買いますよということです。施主にとっては柱1本としては高買いになりますが、特注材は安く買うことになるので、トータルとして考えてもらいます。魚を1匹買えば、1匹から刺身も煮魚も作れる。刺身の値段が魚1匹より高い訳がないのと同じです。

自伐にあった市場をコーディネートする設計者

佐藤　施主は、丸太代金は林家へ、製材の賃挽き代は製材所へ直接支払われていますが、戸惑われることはありませんか。

古川　ないですね。驚くのは同業者だけです。それぞれ直接取引することで、資金回収までの時間も短くできます。施主に出す見積もりには、材料等の原価を全て示した上で、手配するのにいくらかかりますから工務店には15％分の経費を計上しますよ、これだけの儲け部分がありますよと明示して提案しています。

佐藤　産直メンバーの皆さんから古川先生への信頼の強さが感じられました。

古川　自伐には自伐に合った市場があると思います。木の家を建てたい施主と、それに対応できる製材所。大工は手刻みの木の家を建てたいんです。そこに自伐林家だけの小さいグループをセットにして供給すればいい。それぞれをくっつけるのが私です。設計者は総合判断者、トータルコーディネートだと思っています。

佐藤　全国にこのシステムが広がればいいと思うのですが。

古川　施主が材の代金を直接渡すときに、心からありがとうございますと言えるのは、自伐林家しかいない。やはり、「おじいさんが植えた山の木を私が伐りました」という人がいいんです。産直に取り組むには、まず自伐林家から直接、材を買うところから始めてはどうでしょうか。買うことまでは比較的簡単にできると思います。

旅の考察ノート

設計士の古川さんはユーモアを交えたインタビューの最後に、「僕は日本の林業は救えないが、2戸の自伐林家と1つの製材工場は持続させることができる」と静かな口調で述べられました。「熊本の山の木で家をつくる会」（以下、「つくる会」）のメンバーへの信頼、木を使う技術、そして使命感のあふれる言葉だと感じました。自伐林家に対する熱い想い、それを設計でどのように表現しているのでしょうか。今回は、主に設計の立場から自伐材を使う意味を考えます。

お施主さん第一の姿勢

「つくる会」の活動は、家を建てるお施主さんが主人公です。山ツアーや製材所見学の日程は、お客さんの予定に合わせて日程を組むのが鉄則です。原木市場へ出荷する場合には、自伐林家側の都合を優先することができますが、年に2回とはいえ、お客さんに合わせる。消費する側の要望に添った製品を個別に生産する、という受注生産では当たり前のことを徹底することが求められます。

しかし、受注生産とはいっても、一方的に要求される材を見繕って生産するというだけではない、山の材を活かす工夫が見られました。

専門家として地域材を使う工夫

まず、設計士の古川さんは、お施主さんには木材は割れる、反るといった自然素材としての木材の性質を十分に説明します。また、岩本製材所の岩本さんは木取りの方法を工夫し、構造材をとった残りの部分からは、鴨居などの割ものを採ったらどうかという提案をしました。

さらに、写真（次頁）にあるように、岩本製材所には、大きな正角（24㎝角）の製材品が産直住宅向け用に多くありました。てっきり、柱として大きな角ものを利用されていると思いましたが、岩本さんによると、家の中心となる部屋部分（田の字）の梁として横に使わ

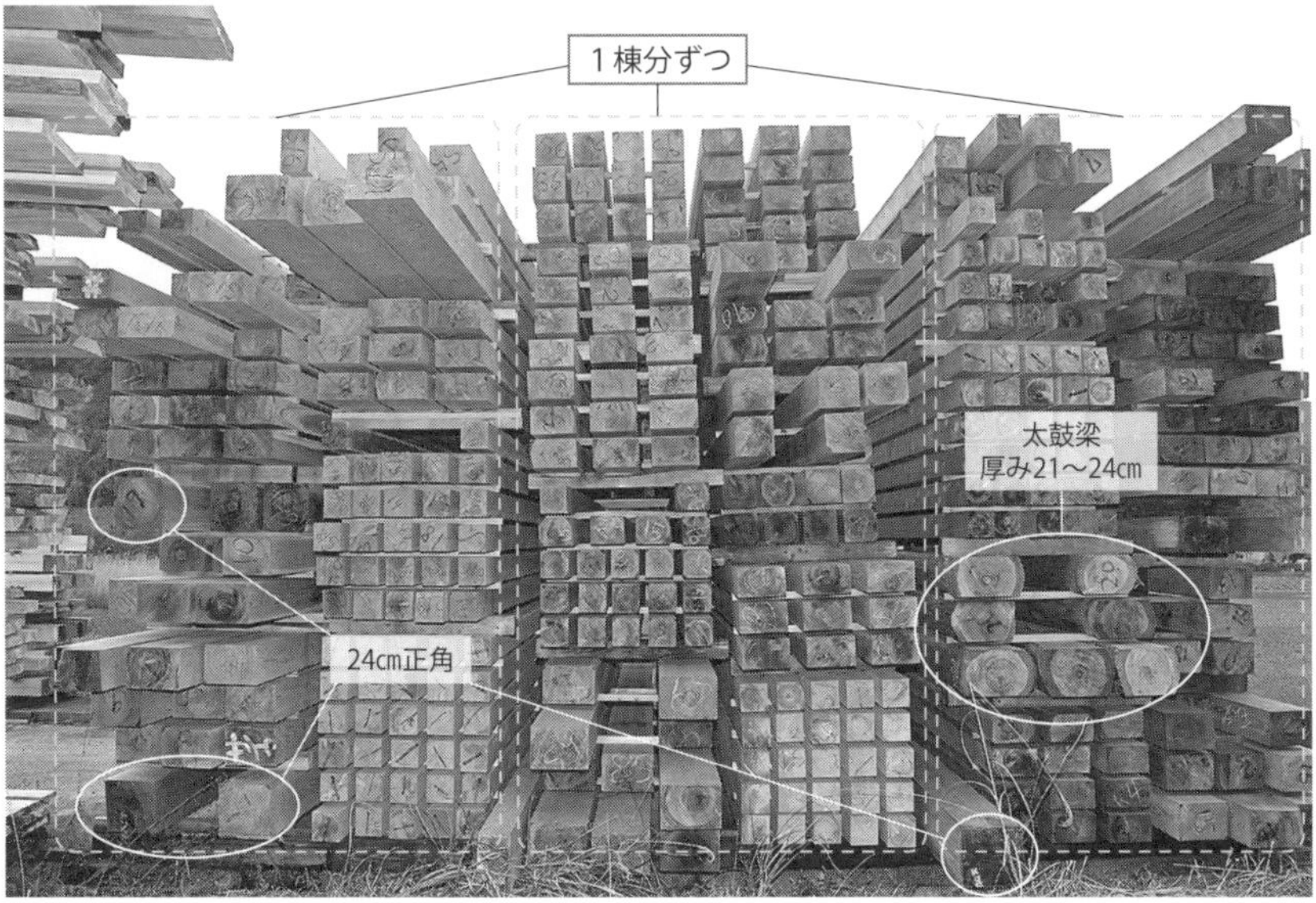

出荷前の製材品の事例（3棟分）

れる材で、古川さんの設計では多く使われるということでした。梁の高さを抑えてスマートに見せるためだろうか？　あるいは伝統的構法では当たり前のサイズなのだろうか？　建築に疎い私は、そうした疑問を抱えて古川さんを訪ねました。

なぜ240×240なのかを質問したところ、戦後に造林した木のサイズの多くが直径30㎝を超え、これらを巧く使うためだとのことでした。また、通常の梁断面は120×300ですが、240×240でも同じ強度になり、むしろ接合剛性は高いという理論的な説明も受けました。なるほど、木のことを熟知し、使いこなすという製材段階、設計段階での工夫があってこその受注生産なのだと感心しました。今後、大径材の割合が増えると、梁のサイズも変えて設計するとのことでした。材料に合わせて家づくりも変化するということなのだと知りました。

制約を特徴として活かす発想

また、建築材料としてのスギは、強度が弱い、乾燥が難しい、曲がり材が多いなどの欠点があるものの、これらは柔らかい、じっくり乾かせば色が良い、たわむ方向を考えて使うと強度がでるなど逆に利点としても捉えられるとのことでした。つまり、木材は工業原料ではなく生物材料であるが故の制約を特徴として捉える発想です。

材の性質は変えられないけれども、一般流通では入手が困難な長さでの材料を調達できることが、伝統的構法の設計士にとって産直の重要なポイントです。そして、その木材には長年育て、自ら伐採したという自伐林家の存在があります。設計士の仕事としての醍醐味があり、自伐林家を支えるという使命感に繋がっているると感じました。古川さんは、30歳代まで大手ハウスメーカーに勤め、大量生産の家づくりに疑問をもち退社。大工さんから木材のことを学びながら伝統的構法住宅の設計技術を身につけたという話も伺いました。「つくる会」が、山側にとっても、施主にとっても、設計・施工側にとってもメリットがある「三方良しの産直住宅システム」と表現されていることが理解できました。

ニッチな流通を張り巡らせる

確かに、現在は、製材加工と木材流通の大規模化と大手住宅メーカーによる家づくりが主流になってきています。そこでは労働生産性の向上による低コスト化が必要とされ、規格化、人工乾燥、プレカット化が進行しています。大壁工法の家づくりが広がり、集成材の割合が増して、無垢材利用が減少しています。

今回取り上げた伝統的構法の家づくりは小さな事例で、ニッチ（すきま）な流通です。しかし、工業製品化するには制約の多い日本の木の性質を知り、地域の材を使いこなす知恵を失ってはならない。ニッチな流通を張り巡らせる努力の必要性を強く感じました。

古川さんの下に、伝統的構法の木の家づくりを学びたいという若手の設計士が集まってきています。ご子息も伝統的構法の建築士として、同じ設計事務所で働かれています。そうした若い設計士と自伐林家、そして製材工場を結ぶことができれば、「つくる会」の経験はビジネスモデルになると思います。

熊本地震被害を検証し、家づくりのあり方を提案

最後に、古川さんが現在、取り組んでいる活動を紹介します。２０１６（平成28）年4月、熊本地方は震度7の地震に2度見舞われ、多くの住宅被害が発生しました。地震直後から、古川さんは家屋の被害調査を行い、さまざまな面から検討し、改めて伝統的構法での家づくりの重要性を認識したとのことでした。

25項目にわたる検討ポイントの詳細について説明できませんが、構造が見える真壁では部材を交換して修理がしやすいこと、地盤沈下した場合でも安価で修復工事ができること、ゴミが少ないことがあげられています。「災害に対抗する家ではなく、災害を受けても修繕が明示できる」ということをお施主さんにも説明しています。

さらに、建築基準法など法制度に対しても、古川さんは「熊本型伝統的構法の家づくり」の提案や「気候風土適応住宅」の熊本県のガイドラインの運用についての政策提言を行い、地域材を活用した伝統的構法住宅の普及に尽力しています。

熊本地震からの復興を願いながらのインタビューでした。

自伐スタイルを次世代へ繋ぐ工夫

旅の記録

自伐（型）林業は技術も手間も体力もいることから、誰もができるわけではありません。しかし、自伐には自伐の良さがあり、それを地域に、そして次世代へ繋ぐ努力を自伐林家の実践に見ることができます。「自分たちでやればお金が全部地元に落ちる」と自伐スタイルを集落に残そうと努力をしている池松さん（熊本県芦北町・水俣市編1／58頁で紹介）。後継者育成は個人の力には限界があると、地域の後継者づくりを法人で実践する吉井さん。そして農的暮らし、農林業に仕事としての魅力を見いだしている若者たちがいます。

みんなに喜んでもらえて良かった
――集落で300haの属地計画の取りまとめ

指導林家でもある池松重孝さんは周辺集落の600haの森林を対象に集約化を働きかけ、300haの山をとりまとめた森林経営計画（属地林班計画）を立てています。池松ご夫妻のお話から、森林計画制度を活用しながら地域林業や暮らしを守る核となっている自伐林家の姿が見えてきました。

池松　所有林の経営計画は、属地と属人の両方で立てています。最初は属人だけだったんですが、この地域は熱心な人が多いので3林班、300haをまとめて属地林班計画でも立てました。

佐藤 属人計画はご自身で立てられたのですか。

池松 県のOBの方(熊本県で林業改良指導員を歴任された小邦徹さん/現在「NPOふるさと創生」会員)がとても熱心に指導してくれて。

恵子 私たちだけだったら、絶対できません。

池松 森林経営計画書の作成は、小邦さんのご指導のもと16名が共同で行い、認定請求は共同作成者が連名で行いました。計画に基づく作業が修了した後の、各々の造林補助金等の申請は「NPOふるさと創生」にお願いしてやっていただいています。そういう応援してくれる人たちに恵まれていて、県の普及職員の方もよく来てくれて、産直住宅に取り組むときも助けていただきました。

佐藤 属地計画の300haは、この地区の方の山ですか。

池松 はい、町有林を含む周辺集落の16名の方の山です。その中で自伐林家は8名で、やる気のある方たちです。最初は仲の良い方に1人ずつ声をかけて、それから小邦さんに来てもらって集まって勉強会をしました。

恵子 属地計画を立てたことで、地元の方に仕事もお金も回って、山も良くなって、皆さんやる気が出て、地域がとても良い感じになっています。

池松 みんなに喜んでもらえて、(経営計画を)立てて良かった。勉強会や飲み会も増えて、地域について話すことが増えました。

佐藤 若い方はいますか。

池松 ほとんどが60代以上ですが、20代の町役場の職員がいます。彼がいたので、(池松さんたちの)経営計画に町有林も入ってもらうための交渉もしやすくなりました。

佐藤 属人計画としては年間何haの間伐をされていますか。

池松 除間伐や搬出間伐を含めて年間5~10haで、間伐率は、おおむね30%です。除間伐の手伝いは、Iターンの平島君(平島将光さん)にお願いしています。うちの息子は、山作業は難しいですが境界把握と事務仕事くらいは任せて、作業は平島君にお願いできたらと思っているんです。

農的暮らしの働き方と自伐（型）林業

左から平島将光さん、著者、池松重孝さん

長くご夫婦で自伐林業をされてきた池松さん。近年、施業をサポートしているのは、恵子夫人に代わり、Ｉターンの平島将光さん（41歳）です。池松さんの所有林で植林作業中の平島さんにも話を伺いました。

池松　平島君は、５年前から週に２日だけですが、うちで山仕事をしてくれています。１人の時は植林や枝打ちを。私と２人の時は、伐倒と搬出をお願いしています。

恵子　（施業技術が）本当に上手になって、安心してお願いできるようになりました。近所の高齢の山主さんの山も頼まれてやっています。

佐藤　平島さんが芦北町で林業を始めたきっかけは？

平島　愛林館（水俣市久木野地区の村おこし施設）のイベントに参加して、理想的な林業として見せてもらったのが池松さんの山でした。その後、農的な暮らしがしたいと思うようになったとき、古石緑創会（芦北町古石地区の地域おこし団体）から空き家を紹介してもらいました。山仕事は、池松さんから声をかけてもらいました。

佐藤　産直用の採材も任せられていると聞きました。

平島　まだ自信がないので、毎回考えながら親方（池松さん）に聞いて、親方判断ですね。その度に、なるほどそういう採り方でいいんだと、勉強中です。林業は、性に合っているようで、間伐の手伝いなどをして、それが仕事になれば最高だなと思っています。

後継者を育てる「まるごと農場」
―法人で自伐を継続

水俣市久木野地区で数少ない専業農林家の吉井和久さん。地域の農林業を守りたいと、法人組織「㈱まるごと農場」を立ち上げました。吉井さんにお話を伺いました。

吉井　「まるごと農場」は、農林業の後継者を育てる、地域農林業を継続するための核になるという大きな目的を持っています。これまでの農林家は、親から子へ、子から孫と家で継いできました。でも、そのシステムは壊れてきている。これからは、地域で継いでいくしかない。それを引き受けていこうというのがまるごと農場です。

佐藤　一般的な集落営農組織との違いは？

吉井　組合形態の集落営農法人（農事組合法人）は、機械の共同利用や作業も協力して行う、自分たち共同組織です。そのため、組合員以外の農作業を受託したり、農業以外の事業に取り組むことには制限があります。一方、うちのように株式会社にすると、そうした制限はなく、農業に限らず、林業などの事業に取り組むこともできます。また、出資したからといって、全員が運営にかかわるというわけでもありません。作業も出資者の半数は自分でやるというよりも、今のうちに出資しておくので、先々あなたたちに任せたいという人が多いです。出資者10名でスタートして、今は久木野地区の農家のある程度の数が参加しています。

佐藤　まるごと農場の歩みを教えていただけますか。

吉井　2011（平成23）年に任意組合でスタートし、農繁期だけ稼働していましたが、2014（平成26）年に株式会社にして、徐々に雇用を増やして、現在社員は4名です。給料は資格等で違いますが、1年目は16万4000円です。設立当初は、週5日の月給制だったんですが、経営的にきついということもあって、今年から日給月給制にしました。

佐藤　農地の賃借契約ではなく、作業の受委託という形ですか？

吉井　はい、作業受託がメインです。高齢化などで作業ができなくなった農地は、できる人のところに集まります。今、その中心となっているのが定年帰農者で、農地が増えたことで手持ちの機械では作業が間に合わなくなっています。そんな時に、例えば乾燥作業をうちに委託すれば、彼らは手持ちの機械で対応できるんですね。

佐藤　林業の施業委託も受けているんですね。

㈱まるごと農場の皆さんと。左から、渡部勝幸さん(37)、原田涼介さん(31)、著者、吉井和久さん(56)、中村和彦さん(47)

吉井　そうです。林内作業車を使ってチェーンソー伐採の間伐などを行っています。1年間空くことないようにいろいろな仕事を作っています。農繁期は農業、それ以外は林業という形です。4名の社員は、農も林もどっちも喜んでやっています。でも、機械投資や林業事業体登録も考える必要があるので、今後は農業と林業の担当者を決めた部門制にしようかと思っています。

佐藤　森林経営計画は立ててありますか。

吉井　私と親戚で60haの属地区域計画を共同で立てています。会社が施業を行うのは、この経営計画内が中心です。事務作業は全部、阿蘇の「ＮＰＯふるさと創生」にお願いしています。

旅の考察ノート

「熊本の山の木で家をつくる会」で素材生産を担当する自伐林家の池松さんと吉井さんは、自伐林業第二世

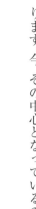

代にあたります。次の世代にどのように林業経営を継承するのか、を考えなければならない時期にきています。2戸が中心となって、地域に合った森林経営計画を作成し、世代継承への歩みが始まっていました。

谷が異なれば林業の条件も違う

池松さんと吉井さんは、芦北地域林業研究グループのメンバーです。両家は峠をはさんで車で20分程度の距離にあります。池松さんが住む芦北町大字古石は10ha以上の山林を保有する林家の割合が高く、退職後に自伐生産を拡大したいという林家も多くあります。

一方、吉井さんが住む水俣市久木野地区は、旧村有林を造林組合で住民が管理してきたものの、小規模所有者が多く、自ら間伐を行う林家は吉井さんだけです。農業中心の地区であり、山林への関心が薄れているそうです。最近は、素材生産事業体に土地込みで立木を販売し、皆伐が進んでいます。

同じ芦北林業地といっても谷が異なると、山林所有や林家の主業も違っています。

自伐林家の森林経営をサポートするＮＰＯ法人の存在

旧来の森林施業計画制度が森林経営計画制度に変更された当時、池松さんたちは「個別林家でも納得のできる計画の作成・管理運営」のあり方を求めていました。そんな時、「ＮＰＯふるさと創生」のことを知り、林研グループで阿蘇地域にあるＮＰＯ法人の事務所を訪ね、相談しました。

同ＮＰＯ法人は、２００３（平成15）年に認可された後、県職員だった佐藤清一さん（67歳）が運営に関わるようになった２００９（平成21）年から、森林整備活動を始めました。阿蘇地域を中心に受託山林の森林経営計画を作成し、森林の管理と施業を行っています（受託面積は約１３００ha）。２名の県職員ＯＢの他、若手事務局長、２名の事務スタッフで運営しています。

芦北林研グループから相談を受け、所有者である自伐林家が主体となって共同で計画を作成することを提案、NPOが応援することになりました。作成にあたっては自分たちだけではなく周辺の所有者にも参加を促すこととし、小邦徹さん（75歳）を講師に何度も勉強会を開催し、認定条件と所有者の意向を調整しながら計画を作成しました。作成後の実行管理と造林補助金等の代理申請も当NPOが担っています。

池松さんは地域の林家に呼びかけて共同で林班計画を作成、吉井さんは区域計画を作成しました。林家が日常の作業を行いながら、複雑で、年度ごとに変わる制度を理解し、事務作業をこなすのは並大抵ではありません。その不得意部分をNPOがサポートしているといえるでしょう。小邦さんからは、熊本県の林務普及職員としての自らの経験を活かした地域貢献をしたいとの想いも伺いました。

集落でUIターンの若者を後継者として育てる

次の世代に継承するための取り組みをみると、池松さん、吉井さんともに、集落を基礎とした活動の中で、UIターン者を育てる活動を重視していました。

池松さんの山林で働くIターンの平島将光さんは、農業をしながら夫婦でカフェを開きたいと準備を進めています。「農的な暮らし」を目指す平島さんは、林業での通年雇用は望んでいませんが、現金収入という面では重要です。「林業は自然相手で原材料を自分の力で出せて愉しい」とのことでした。林業技術の習得も早く、池松さんからの信頼も厚いものがありました。所有者が山の施業を山林を所有しないものに継続的に任せる。「自伐型林業者」の誕生に繋がる経営継承の試みだと感じました。

一方、吉井さんは、集落営農を法人化して、農業と林業作業を組み合わせて、4名を雇用しています。4名のうち2名が地元者（1名はお茶農家で農閑期のみ）、2名がIターン者です。まだ経営的に厳しい状況にありますが、農作業の受託、吉井家山林を主体とした森林経営計画を樹立した森林の間伐作業の他、熊本県の森林環境税事業の請け負い、酒米の出荷先酒造メーカーへの出向などで年間雇用を実現しています。ただし、同組織は営農法人であるため、林業事業体としての行政支援は受けられていないとのことで、部門制にしてスタッフの責任体制を明確化し、林業機械の導入や林業担い手育成事業にも手を挙げたいとのことでした。

吉井さんが集落営農組織を株式会社としたのは、家族経営を血縁の子息に継承することが難しくなってきた中で、集落で担い手を育成せねばという強い想いからです。現在は定年帰農者が担えない作業の受託が中心ですが、今後は徐々に農業の経営受託や農地の賃貸借の増加が予想されます。株式会社にして、地元農林家から出資を募ったのも「将来的に農林業経営を任せられる組織が地域にあれば安心できる」からというものでした。

「農的な暮らし」を目指す平島さん

集落営農組織による林業

近年、全国的に集落営農が広がっています。農林水産省の資料によると2017（平成29）年2月現在、集落営農数は1万5000を超え、その約3割が法人化しています。

同資料では、集落営農の活動として林業を行っている数は把握されていませんが、「まるごと農場」のように林業との兼業型集落組織が求められる中山間地域も多いのではないでしょうか。集落営農組織が林業の担い手事業に手を挙げられるような、縦割りとなっている農と林の事業を統合しうるような制度設計が求められると思いました。

専業的な自伐林家の役割

3回にわたって2戸の専業的な自伐林家を考察してきました。池松さんと吉井さんは伝統的構法の産直住宅の素材供給を担うと共に、地域の農林業を守り、集落の中で後継者育成に大きな役割を果たしていることがわかりました。同時に、2戸の自伐林家を設計士、製材所、地域おこし施設「愛林館」（沢畑亨館長、詳述できませんでしたがIターン者受入の窓口となっています）、そして県林業職員とOBのサポートあっての活躍だという点がとても印象的でした。

「まるごと農場」のように林業との兼業型集落組織への期待も高まる

森林経営計画の区域計画を作成

水俣市の吉井和久さんを中心として、集落の農林地を守る「まるごと農場」の活動。農業部門での雇用継続は難しく、現在（2020（令和2）年3月時点）常勤雇用は1名に縮小しています。逆に、森林管理は集落内の山林の受託契約を通じて、森林経営計画の区域計画を作成し、計画的な施業を実施するようになったとのことです。この計画作成も、取材で紹介したNPO法人「ふるさと創生」が支援しています。

吉井さんと電話でお話ししたところ、2020年になって木材価格が下がっている中で、「機械を回すための荒い施業が広がることを懸念している」、「自伐林家だと早売りしないで、待てる」と新型コロナウィルス惨禍の混乱をどう乗り越えるかを冷静に考えておられました。

島根県 出雲市編1

「この地」を活かす林業経営の探求①

木のバランス、配置のバランス、そして品種 ――森づくりの作法

旅の記録

優れた経営とは何でしょうか。与えられた経営資源を知り、それを十分に活かす技、市場からの高い支持、何よりも事業を持続させる知恵。これらは不可欠な要素でしょう。規模や資本の多寡ではありません。それを教えてくれるのが山本家の林業経営です。

森づくりでは、バランスの良い木を育て、個々の林分条件を活かした樹種や品種を選定し、全体で多様性を高める配置バランスを実現しています。植栽本数や枝打ち・間伐も「この地」に合う森づくりを追究しています。優良材生産、長伐期経営の林業ですが、そうした評価を超えて、技術を極める手法にこそ私たちが学ぶべき普遍性があるのではないでしょうか。

自伐林家として、地域の特性を活かす技、経営の工夫を長年継続したからこそ得られた本質。それを山本山林の実践から学ぶことができます。山本家を訪ね、さまざまなタイプの山を歩きながら当代経営者である山本和正さん（㈲やまもと代表）からお話を聞きました（2018年4月取材）。

次代に繋ぐ林業経営

山本和正さん（有やまもと代表取締役／65歳）は、大学卒業後に石原林材（岐阜県）での1年半の現場研修を経て、1979（昭和54）年に帰郷。当時、進行しつつあったマツ枯れを見越して、アカマツを伐採して樹種転換を進めました。現在は、20年来の相棒である若槻満男さんの力を借りながら、次世代により良い山を残したいと枝打ちに力を入れています。

実は出雲への取材は、奈良県吉野町の岡橋清隆さん（本書357頁参照）をお訪ねした際、そこに修業に来ていた25歳の青年に出会ったことがきっかけでした。彼のご実家では、お父様が自伐林家として今も枝打ちをされているとのこと。それはぜひお会いしたいと、若い林業後継者の成一郎さんにお願いして、結んでいただいた出雲とのご縁でした。

山本家の森林経営の概要

出雲地方有数の豪農であった山本家。戦後の農地改革以降は、山林経営を主業として昭和20年代より拡大造林に着手。所有林は出雲市内70ヵ所、計305ha、人工林率46%。「100年の森づくり」を目指して、自伐林業で密植、多間伐、枝打ちによる長伐期優良木生産を行っている。年間事業量（過去5年の平均）は、下刈り1ha、枝打ち（高所）3ha、除伐2ha、利用間伐6ha（250㎥）。

佐藤　息子さんはよく林業を継ぐ決心をされましたね。

山本　生まれた時から山はいいぞと言い続けてきたからでしょうか。私は、吉野の岡橋清元会長（清光林業㈱の山には何回も伺っていますが、息子が生まれた時からここで研修させてもらいたいと思っていたんです。それで昨年、頼み込んで会長の弟さんの清隆さん（清光林業㈱相談役）から指導を受けられるようになりました。

佐藤　山の管理を自家労働中心に切り替えたのはいつからですか？

山本　私の代からです。石原林材で作業が面白くなって、自分でやりたいなと。父は元銀行員で、林業以外の収入の整備をやってくれました。おかげで私は山に没頭できました。

佐藤　所有林は70カ所に分かれておられるとのことですが。

㈲やまもと代表取締役の山本和正さん（左）と著者

山本　全て出雲市内です。大正時代の番頭さんが、全山のコンパス測量を終わらせています。境界確認が必要な時に、その図面を出しますと、周辺の所有者の方は、「山本家の図面があるのなら、それに合わせていただいて結構です」と言われて揉めることはないです。うちの所有林３０５haのうち１００haは２０１２（平成24）年の森林経営計画作成の時に、有限会社やまもとに所有を移しました。それ以外の私と長男、他に親族が所有している個人分を含めて、有限会社で経営計画を立てています。

品種の見極め

造林木の品種選定は数十年先の最終結果を左右する重要な要素です。今でこそ、国、都道府県の林木育種事業の成果（精英樹等）が普及していますが、それ以前から山本さんは「この地」に合う品種を求め、さまざまな努力を続けてきました。自伐林家の真骨頂ともいえるような、丁寧な手数を感じさせる山を案内していただきながら話を伺いました。

※注　スギの在来品種について
島根県ではスギ在来品種（11品種）について現地適応化試験林７カ所を設定（１９６２（昭和37）年）、生育状況

等を調査し、島根県の環境下への適応性を検討。その結果がまとめられています。山本山林も同試験林に指定されています。調査した品種は、クモトオシ、オキノヤマ、ヤブクグリ、サンブ、ボカ、イチギ、トミス、ウシオなど。資料:「島根県林業試験場研究報告」第34号、1983（昭和58）年3月

山本さんの33年生の山林。6,000本植えて3回利用間伐。現在は2,000本/ha

山本　ここは、もとはアカマツ林でした。南向きの乾燥地なのでヒノキをメインに植えています。ヒノキは実生で苗から育てました。このスギは、乾燥に強い挿し木のサンブスギです。私たちがサンブスギを植えた頃は、樹形のバランスや色も良くて欠点が少ないと非常に評判が良かったんです。30年生を過ぎたあたりから、病気（スギ非赤枯性溝腐病）が出がちですが、節のないサンブスギは市場での評価が非常に高いですね。

佐藤　丁寧に手が入っていて、山本さんのご性格がにじみ出ているような山ですね。

山本　6000本植えをした33年生で、これまで3回利用間伐をして、今2000本くらいです。私が山を継いだ頃の県産スギ挿木品種は、ウシオスギしか苗の選択肢がなかったんです。それで自分で探して、何十種類もの品種を植えました。京都の苗木屋さんから買っている裏日本系のスギの実生苗は、順調でうちには合いそうです。そういうことをとことん突き詰めると、ここにはこれがいいというのがわかってきます。

佐藤　やはり何世代もかかる作業ですね。

山本　この間、市場に間伐材を出した山の木は、ヒノキは実生で、スギは8割がウシオスギの挿し木でしたが、結果として、ウシオスギで良かったかもしれませ

ん。通直で雪害に強い。惜しむらくは気根がちょっと出ますが。その他の品種はこれからですが、特にオキノヤマ２０２号が良さそうです。

最適な植栽密度を求めて

森づくりの基本である植栽密度は、経営的視点、初期保育軽減の視点なども考慮して山本さんは決めています。それは、間伐を繰り返す長伐期（１００年の森づくり）を目指す中で、残存木（すなわち林木資本）の配置を長期間保ちつつ、下刈りの軽減を考えた植栽密度です。その結果が５０００〜６０００本／haという密植の判断となっています。

佐藤　植栽本数はどのようにお考えですか。

山本　例えば３０００本／haですと、除伐と1回目の伐り捨て間伐後に、立木本数は半分以下になります。それから利用間伐したら、30年生では１０００本くらいしか残りません。でも、最低でもその倍は残しておかないと、将来、定期的な収入に結び付く糧がなくなってしまいます。逆に、６０００本を超えると下刈りする時の誤伐や、枝打ちのコスト高になります。そういう試行錯誤をして、うちは５０００〜６０００本かなと考えています。

佐藤　間伐を薄くして、伐る木を残しておくということですね。

山本　植栽するときは、竹の杭を挿すという工夫をしています。植林を５０００本植えで外注に出しても、作業をされる皆さんは３０００本の感覚が体に染み付いているので難しいんですね。それで私が事前に植栽する箇所に竹杭を立てるようにしています。手間なようですが、やってみたら数段そっちのほうが早いですし、竹杭の数から事前に必要な苗木の本数がわかって効率的なんです。それに竹杭は、後で下刈りの目印になって誤伐を防げるし、雪起こしの時に縄を引っ掛けたりもできます。

育林と木のバランス

山本さんは何よりも木のバランスを重視していま

す。それが高品質材生産の土台であり、雪害に強い森をつくるという考えです。

佐藤　立木にはペンキが付けてありますが、将来木施業をされているんですね。残す木の選別ポイントは？

山本　まっすぐだということと中庸の成長の木ということですね。配置バランスを考えて５００〜６００本／haを選本します。

佐藤　雪害対策で大切なのは品種ですか？

まっすぐで中庸な成長の木を残すためにペンキを付けている

山本　品種と間伐と枝打ちですね。枝打ちして木のバランスを良くしておけば、雪が積もっても木が倒れることはありません。うちでは、重心が偏らないように先端を切ってバランスを取っている枝（枝締め）もあります。ですから、過去の豪雪の経験からみても、密植が雪害に弱いという考えには疑問があります。

佐藤　日本各地、地域ごとに本当に違うんですね。その地域で考えた林業をやっていく必要がありますね。

枝打ちの技術

枝打ちは、もちろん優良な材づくりが目的ですが、山本さんは、雪害対策やかかり木防止など、さまざまな目的のため、コストを見据えつつ枝打ちを導入しています。長年の相棒である若槻満男さんが32年生のヒノキに登り10m近くまで枝を打つところを見せてくれました。

佐藤　落とした枝の切り口がきれいですね。

若槻　6年くらい経てば幹もきれいに巻いています。

佐藤　こんな細い木に登るのは怖くないですか？

若槻　それはないですが、風の日は家に帰ってから船酔いみたいになります。木登り機には体重制限があるので、体重の増える正月明けが一番危険なんですよ（笑）。

佐藤　山本家では、枝打ちを始めたのはいつ頃ですか？

山本　4寸の無節柱材を採るためにやり始めたのは、昭和40年代後半からです。若槻さんは、島根県の枝打ち競技会で優勝されたことがきっかけで約20年前から枝打ちを依頼するようになりました。カーツカッターを使い、5mまでは梯子で、それ以上は木登り機（コウノ式登降機）を使っています。人がやらないことをやることで、いずれは価値が生まれればと思っていますが、島根県内でも枝打ちをやっているのはうちくらいでしょうね。仕事を発注する人がいないので、枝打ち技術を身につける機会もなくなっています。

カーツカッターと木登り機（コウノ式登降機）を駆使して枝打ちを行う若槻満男さん

佐藤　細いのも全て枝打ちされていますね。

山本　もともとは選木枝打ちで、将来に残す良い木だけを枝打ちしていました。でも枝を残した木は肥大成長して、枝打ちした木を被圧します。それに、枝を残した木は利用間伐する時、かかり木になって効率も悪くなりますし、今、良質な小径木も不足しています。だからトータルで見ると必ずしも無駄な枝打ちではないと思っています。

佐藤　何mまで打つのですか？

山本　これまでは、1玉分の4～5mの高さまで打っていたんですが、他の地域で枯れ枝からアカネノトラカミキリが入って深刻な被害が出たと聞いたので、うちは若槻さんの技術もあるので、条件の良いところは、後1～2玉分の8～10mまで打っています。ここは、後1～

２年で間伐する計画でしたが、枝打ちをすれば5年は間伐をしなくていいので、１回間伐を飛ばして、その分、目の締まった良い材になるかなと思っています。

佐藤　それが評価される売り方と市場が必要ですね。

多様な樹種、配置バランス

山本さんの森づくりでは、配置のバランス重視が際立っています。さまざまな品種、樹種（針葉樹のみならず広葉樹）を、地形や土壌などを見据えながら配置し、全体で多様性の高い配置バランスを目指すという高度な森づくりです。

強度間伐したスギ林の下に複数品種のアテ（アスナロ）を植えた複層林施業地

アテ（アスナロ）の空中取り木

佐藤　歩いていて、とても気持ちの良い森林ですね。

山本　ここは、幼稚園児たちが散歩によく利用しています。園児と一緒にアテ（アスナロ）の植樹もしました。20年くらい前から、選択肢を増やそうとアテをだいぶ植えました。アテは雪に強いですし、材は腐りにくいので昔から出雲では家の土台に使っていたんです。それに、苗木作りが非常に簡単で、枝を地面に挿しておくと発根するので、２～３年経ったら掘って植え直します。空中取り木（枝の樹皮をはがして水苔を巻いて発根させてから枝を切り落として苗にする）すれば、１年で山出しできます。空中取り木のほうが直挿し苗よりしっかりした根になります。以前は家内と２人で半日に１００～１３０本ほど、１シーズンに１０００本くらいは空中取り木で苗を作っていました。でも、家内のご機嫌の良い日でないとできませんが（笑）。

佐藤　広葉樹が残されている林分も多いですね。

山本　自生の有用樹はできるだけ残すようにしています。先ほど見た造林地には、カシの大木を残しています。近くにはムササビの巣もあります。自生していたモミを残していたら、マンションの内装材等の需要があります。その山に自生するものが商品になるのが一番いいですね。広葉樹造林も試していますが、広葉樹は難しいですね。

カシの大木を残した造林地。広葉樹はできるだけ残すようにしている

佐藤　尾根筋にスギ・ヒノキの造林はしなかったんですか。

山本　完璧に頂上まで植えるということは、あまりなかったですね。尾根部分は造林には向かないので、マツ枯れ後に何も植えなかった所も多いです。結果として自生種の天然林となって良かったと思っています。

フィールドノート

凛とした森の雰囲気。山本和正さんの誠実なお話と共に、隅々まで考えられた山づくりに清々しい気持ちになりました。山陰の雪が多い地域で林業経営を続けるために何が必要かを考え、品種、植栽本数、枝打ち、間伐、伐期など、所有林のそれぞれの地に合った施業が試みられていました。

枝を打った材を愛でる文化が廃れてきている中で、枝打ちを継続できる経済的な背景も知りたくなりました。工夫を凝らした販売の方法については次節で紹介します。

「この地」を活かす林業経営の探求②

規模適合の素材生産方式、市場から評価される材の販売

旅の記録

山本山林の材は、市場で高く評価され、A材だけではなく、間伐小径材も高単価で取り引きされます。市場を意識した上で、枝打ち、間伐などの施業を適期に行ってきた成果です。材を市場へ出荷する際には、山本和正さんご自身が需要家（製材工場等のお得意さん）へ案内を郵送するなど、積極的な情報発信も行っています。

そうした販売を支えるのが、素材生産の方法です。

山本さんとパートナーの若槻さん2人で、全ての作業を行う前提で設計された道づくりや小型機械等の活用システムが工夫されています。人に合わせた作業システム、規模に合った設備投資、近隣に納品先がある地の利を活かした販売という、ここにも独自の経営理念が表れています。

前節に引き続き、山本山林を歩きながら、そして木材市場、加工場などを訪ね、市場で評価される材について話をお聞きしました。

1・8m程度の高密路網と林内作業車が基本

山本和正さん（65歳）は道づくりから伐出までの全てを、相棒の若槻さんの手を借りながら自ら行います。作業路も林内作業車が通る1・8m程度の幅で、林地によっては500〜700m／haも入れています。

佐藤　道づくりを始めたのはいつ頃ですか？

山本　1980（昭和55）年頃、石原林材㈱の研修生OBの勉強会で、愛媛の久万林業地の岡信一さんが簡易作業路を整備されたということや、福岡県の筑水（現㈱筑水キャニコム）が小型運搬車（林内作業車）を開発したということを知ってすぐ、道をつくるより前に運搬車を注文しました（笑）。

佐藤　道付けはご自身でされているのですか？

山本　最初は建設業者に重機とオペレーターを頼んでいましたが、その作業を見よう見まねで覚えて、次第に重機をリースして自分で付けるようになりました。低規格で簡易な作業路ですが、毎年2㎞を目標に、これまで40㎞ほど付けました。公道に面したところなどはほぼ終わって、人工林の7割近くには、この路が付いています。路網密度は場所によりますが、300〜500m／ha、多い所は700m／haくらいです。

佐藤　道の規格はどのようにお考えですか？

山本　本線はトラックが入るように3m幅員で、支線は林内作業車が通行可能な1・8mの幅員があれば十分と考えています。うちのユンボは3t車で排土板の幅が155㎝なので、それ以上の大きな機械を入れることは当面考えていません。

佐藤　道の管理は負担になりませんか？

山本　鬱閉した森の中に両手を広げたくらいの幅の簡易作業路ですので、メンテナンスは基本的にいらないです。5〜6年ごとに間伐をする時に、道の表面をユンボ（グラップル）の排土板で押さえれば多少の霜崩れが起きたところでも簡単に修復できます。ただし、水の処理は最初にしっかりするようにしています。

2人作業に合わせた作業システム

山本　この山では、間伐を重ねるにしたがって、林間に道を付けてきました。それで今では、路網密度は約700m／haです。道と道の間隔が樹高に近い、20m幅で道を付けると集材の手間がかからないんです。伐倒造材の場所ですぐ小型グラップルを使って林内作業車に積み込むことができるので、小径木でも収支を黒字にできるようになりました。

左から山本和正さん、著者、若槻満男さん

佐藤　最近は枝打ちに集中して間伐は控えていたと伺いましたが、利用間伐の実績はどのくらいですか？

山本　多い年で350㎥くらいでした。自家用トラック（3t）がありますので、年間100台余り出しました。幸いうちは、市場も丸棒加工場もチップ工場も30分以内の範囲にあって便利なんです。50年生の間伐材なら若槻さんと2人で5～6㎥／日は出せると思います。小型グラップルと林内作業車がそれぞれ2台あるので、1人1台ずつ使って搬出します。私が昼食に家に帰るときに、トラックで市場に材を持って行って、午後の作業分を帰りの便でまた持って行くという感じですね。

優良在庫の山——30haの団地

山本　ここは30haあって、うちの山では一番面積がまとまっている山です（スギ・ヒノキの人工林16ha）。私が一番力を入れて40年間手入れをし、枝打ちも5、6回行い、いつ間伐しても出せる蓄積があります。道は本線を3m幅で400m入れて、途中からは簡易作業路を付けています。しかし、走行スピードの遅い林内作業車では、トラックのある土場まで片道500mを超えると、よほどの大径材でないと若槻さんと2人で作業しても1日にトラック2台は出せないんですね。5

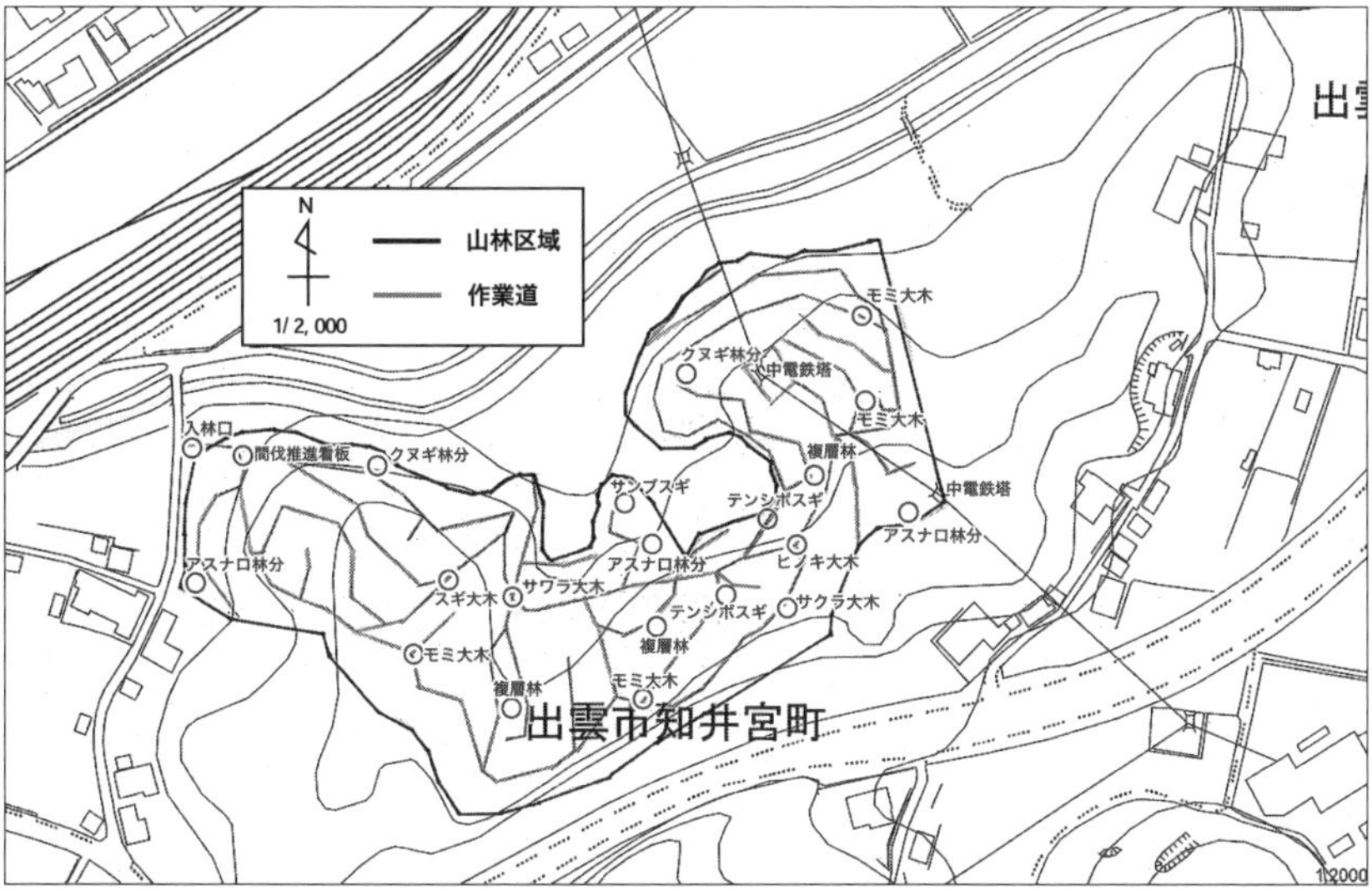

山本和正氏所有山林区域図（3.3ha）〈作業路約2,400ｍを図示〉

林内作業車による作業

～6 haの面積なら簡易作業路と林内作業車とグラップルだけでいけますが、10 haを超えるとトラックが入る道を入れる必要があります。ですからここの山には3 tトラックも走行できる作業道を入れたいなと。そうするともっと生きてくるかなと思います。

佐藤　今、息子さんが奈良県吉野の岡橋清隆さんの下で道づくりを学んでおられるので、これからが楽しみですね。

山本　はい、この山に1本、「大橋式作業道」を入れて、成長量の範囲内で少しずつ間伐し続ければ、かなりの経営基盤になると思います。そういう山が80 haくらい整備できれば、「自伐林業」でやっていけると思います。うちは、出荷先も市内で30分以内という条件も整っています。林業は、その地に合わせたやり方をしていけば経営できると思っています。

販売の工夫—需要家へ情報提供

丁寧な山の手入れをする山本さんの林業経営は、山づくりだけでなく、材の販売でも一貫した姿勢で取り組まれています。

山本　材を市場に出すときは、過去に買っていただいた20社くらいの買い方さんに私から直接FAXをお送りしています。地元の小さい製材所の方たちですね。市場で買い方さんにお会いすると、前回挽かれた結果を聞くようにしています。

佐藤　材の売り方にも工夫されているんですね。

山本　間違いないという自信作の材には、搬出するときに元玉に白いスプレーを付けて私の材という目印にしています。今回の市では、良い値を付けていただいて、この時の間伐材（上記の出品材）は高いもので1万8000円が付き、平均で1万5000円でした。今の相場でそこまでいけば、ありがたいなと思います。やはり枝打ちをしておいて良かったなと思います。

FAXで送付する出品材案内の例

出品材明細

樹　種　①挿し木スギ（49年生）
生産地　出雲市乙立町
材　長　3ｍ
末口径　16～26㎝
材　積　6㎥

（施業履歴等）

・丁寧な枝打ちを実施（5回）。元玉は役物が取れます（白色ペンキマーク付け）。
・年輪の密な良質柱材と中目材です。
・元玉は充分な余尺を付けております。

良質材として高値で評価—県外からも原木買い手が集まる

山本さんが原木を出荷している㈱出雲木材市場の川上ますみさん（関連商品課チーフ）に話を伺いました。

川上さんは、長く森林組合に勤めていた経験から、山づくりにも地域林業にも豊富な知識をお持ちです。そのため、篤林家である山本さんの材への思い入れも強いようです。

川上　当社の市場の年間の取り扱い量は、1万3000～1万4000㎡。市は月に3回、そのうち1回は特別市です。春と秋の大市には、各地から良材を出していただき、県内外の買い方業者さんに立ち合ってもらいます。

㈱出雲木材市場の川上ますみさん（左）と著者

佐藤　篤林家の方が材を出されると、売る方も力が入るのでは？

川上　そうなんですよ。特に山本さんの材は、適期に丁寧に枝打ち、間伐をされているので並んでいても艶も色も見るからに違います。山本さんのような篤林家の方の材は、2000～4000円高い値が付いています。

佐藤　A材はどういう方が購入されますか。

川上　地域の製材所さんや県外の業者さんなどです。目合い、色合いの良さから引き合いが多いです。

間伐小径木も高値で買い取り ― 加工工場

出雲地区森林組合（組合員約8000名、従業員70名）の加工工場では、小径木の加工を主に行っています。約6～22㎝の原木を中心に買い取り、径6～20㎝の丸棒が主力製品です。昨年度実績は、入荷量約1900㎥。出荷量約1800㎥（合板材や丸棒等）。工場長の若築一也さんに話を伺いました。

若築　加工工場に納材してくれるのは、山本さんのような個人の方は2～3名で、近隣の森林組合が中心です。山本さんには、例年は200㎥くらい出していただいていますが、名前が書いてなくても山本さんの材だと一目でわかる材です。

山本　うちの7齢級以下の間伐材は、ほとんどここの加工工場に出していますが、平均1万円／㎥くらいで買っていただいています。小径木でも直材なら、山に残すものはないですね。

若築　山本さんの買取価格は、かなり良いほうですね。一般持ち込みの方の場合は、径11～12㎝で7000円、他は5000円くらいです。

佐藤　山本さんの材が他より高いのはどうしてですか。

山本　径6～8㎝の3mの土木材の規格品が200円／本で、これが高いんです。立米単価にしたら1・5万円くらいで、密植造林の間伐材が役立っています。

出雲地区森林組合工場長の
若築一也さん

佐藤　全国的に杭木や丸棒用の材が不足していると聞きましたがこちらではいかがですか？

若築　確かに小径材については、ここ2、3年で急激に材が出なくなっています。バイオマス発電の影響もあるようです。

人材育成への取り組み

島根県立農林大学校林業科学生の現地研修を長年受け入れるなど、山本さんは人材育成にも積極的に取り組んでいます。出雲市では、自伐型林業に参入を目指す人々への研修を行っています。さらには市有林を実践フィールドとして提供する構想もあり、ここにも山本さんが一役買っています。出雲市農林水産部森林政策課の江角隆司課長にお話を伺いました。

佐藤　市として自伐型林業への支援策はありますか。

江角　2013（平成25）年度から市では「みんなでつくる出雲の森事業」を行っています。自伐支援というよりも間伐促進と材の有効活用を目的とした事業

左から出雲市農林水産部森林政策課の江角隆司課長、著者、長岡知広係長

で、伐り捨て間伐の放置材を運び出すと６０００円／ｔ（市助成３０００円含む）の現金が支払われる仕組みです。出雲市内の2カ所のチップ工場と協定を交わしていますので、そこに搬入していただいています。約５００万円の市の予算で、約１７００ｔ／年の実績です。チップ材は、市内の温浴施設のボイラー燃料として使用されています。

佐藤　どういう方が材の搬出をされていますか。

江角　事業に参加いただくためには、まずチェーンソー伐倒や搬出の研修会を受講してもらい、研修後にこの事業に登録いただきます。登録された方は現在66名で、山林所有者がほとんどですね。若い方も来られますし、生業としてではなく、休日を利用して少し軽トラに積んで持って行くという方も多くて、年間25名くらいの方が出荷されています。

佐藤　出雲市での自伐型林業の可能性については、どうお考えでしょうか。

江角　市有林が約４０００haありますので、これを開放して林業をやりたい方に提供できないかと、一昨年あたりから構想を練っているところです。農業では市民農園のように一坪単位でリースをする事業がありますが、それの山版のようなものです。事業のねらいとして、山に関心がある方を引き込むということと、市の管理経費を少しでも抑えられるのではないかと考えています。山本和正さんとも勉強会をさせていただきましたが、提供する林地は、ある程度成熟期の木で、50～１００haの団地化された基盤も整備されている所が必要だと考えています。新規林業就業者が伐出してすぐに収入に繋がるような、そういう山を選定したいと考えているところです。ただ、2010（平成22年）に市有林でモデル事業として伐採を行い、収支を検証しましたが、自伐型林業で黒字経営を実現するのは簡単ではないだろうとは思っています。

旅の考察ノート

島根県は近年、合板原料の国産材化と2つの大規模バイオマス発電所の開設を背景に、木材需要が高まり、素材生産の拡大が注目されています。歴史的に広葉樹やマツのパルプ生産が盛んな地域でもあり、いわゆる大規模素材生産が林業を牽引しています。そうした地域にあって、枝打ち施業を行っている自伐林家はどのような経営なのだろう、との疑問を持って山本家を訪ねました。

文化的な意味合いを持つ篤林家の存在

ご自宅を訪ねると、まず山本家の佇まいに圧倒されました。お殿様の御成門とお休み処もある母屋、その脇の米蔵は日本民藝協会に寄附され、博物館として改築、開放され、出雲における文化の拠点となっています。6万点におよぶ山本家文書は重要な歴史資料です。

和正さんで11代目となる山本家は、「享保年間の分家でまだ新しい家」（10代目の茂生さん（93才）談）とのこと。当地の歴史の重みを象徴しています。市内には屋敷林を有する家も多く、林業を文化的な側面から捉えることの必要性を考えながらインタビューを行いました。

守るための、さまざまな工夫と挑戦

茂生さんが養子として山本家を継いだのは、農地解放後の1949（昭和24）年です。不動産と山林で家を守り、継承していくために、不動産収入の安定化と森林組合への委託によってマツの造林を積極的に行いました。当時は番頭さんが4名もいて、山林経営について学んだそうです。

しかし、和正さんが林業を始めた昭和50年代には、松枯れが本格化、大規模な雪害も経験します。病虫害や自然災害に加え、木材価格の下落の中で選択したのが、和正さん自らが施業を担う自伐林家への道でした。マツを伐採して、山の斜面方向や土壌、傾斜などにあった樹種や品種を植栽し、林内作業車路を開設し、間伐を行ってきました。

歴史の重みを象徴している山本家屋敷

特に、出雲地方で10年に一度といわれる雪害リスクを軽減するために、山本家ではha当たり6000本植栽、8～10m（2番玉）までを枝打ち、弱度間伐にこだわり、長伐期を目指しています。枝打ちは無節材生産ということとバランスの良い樹冠にすることが目的です。植林樹種は雪害に強い裏日本系のスギ数品種、地域に自生していたとされるアスナロ品種の植栽も試みています。尾根筋には積極的に広葉樹を残しています。

こうした施業は、島根県でも主流になっている50年前後での主伐、2000本程度の低密度再造林とは全く逆の考え方です。補助金規定に合わない施業は自己負担によって実施しています。

次世代に多くの選択肢を残す

このように和正さんは自らの経験の中から、短伐期疎植の林業は日本海側の地域では不向きであり、初期の手入れ不足の人工林は不良な材を生産することになると心配しています。地域の条件を活かす方法を自分の頭で考え、施業と経営を行える自伐林家故のこだわりです。

現在は素材生産で収入を得ることよりも枝打ちに力を入れています。副業の収入があるためできることではありますが、相棒である枝打ち名人の若槻さんの技術を生かすと共に、他に誰もやっていないからこそ将来価値が上がるという確信でもあります。そのことは、「ゆくゆくは出雲大社で使われるような木を育てたい」（奈良県吉野町編2／360頁参照）という、跡取り息子の成一郎さん（25才）に多様な選択肢を残すことでもあります。一時の流行に流されず、多くの選択肢を残すことは家を守り、継承するための戦略ともいえます。

左から先代の山本茂生さん、著者、和正さん夫人の美帆子さん、和正さん

枝打ち名人の若槻さんの技術を生かし、誰もやらない施業で将来価値を上げる戦略

地場需要と結びついた原木市場の役割

山本家の材を買い支えているのが、良質な建築材を販売している原木市場であり、地元中心の中小製材所です。

市場とは元来、顔の見えない生産者と消費者を結んで、価格を形成する場です。しかし、出雲木材市場では、山本さんの材は見た目が違うとブランド化され、篤林家の木材を高く売りたいという思い入れのある職員が販売を担っていました。お話を伺った川上さんは、原木市場の取材の翌日も、山のことが知りたいと山本さんの山に同行されるほど熱心でした。

山本さん自らも地場の製材所と情報をやりとりし、お得意さまに直接材の宣伝をしています。市場流通とはいえ、地域内で林家と製材所の顔の見える関係が原木市場を介して築かれていました。

確かに、本原木市場においても、良質材需要の減少と山土場から合板工場への直送比率の高まりに伴って、取引量、取引額ともに最盛期よりも大きく減少しています。しかし、A材をきちんと仕分けして販売する原木市場は、自伐林家を支えるとともに、地場の中小製材所、工務店に結びついており、出雲の街なみ＝文化と繋がっていることを実感しました。

㈱出雲木材市場では、篤林家の木材を高く売りたいという思い入れのある職員が販売を担っている

小径木加工でも評価される枝打ち材

また、森林組合の小径木加工工場のインタビューでは、土木用の杭木でも価格差があることがわかりました。山本さんの小径木は１・５万円／㎥を実現していました。山林の近くに小径木加工工場が立地しているという好条件です。この小径木加工工場の存在が、丁寧な雪起こしと間伐材も枝打ちを行う経済的なインセンティブになっているといえます。

出雲市での自伐型林業者育成への期待

最後に、出雲市による独自施策の意義についてです。

出雲市は、市町村合併後の２０１１（平成23）年度に森林政策課を配置して、林業の独自施策を展開しています。森林所有者を対象とした事業とともに、現在、市有林「開放」による自伐型林業者の受け入れについて、構想を練っています。

和正さんは研修会で講師を引き受けるなど積極的です。車で山林を案内してもらう最中にも、「あそこは若い人が定住してやっていけそうな山林だ」という話もお聞きしました。自伐林家として確立している和正さんが、移住者による自伐型林業に期待を寄せるのはなぜでしょうか。

１つは自伐林家が先細る中で、原木市場にA材を出荷する生産者を確保すること、２つには成一郎さんの仲間となる同世代が現れることへの期待です。

話の端々に親心を感じた取材でした。成一郎さん就業後に山本家を再訪することを期しました。

北海道　白老町編1

補助金に頼らず雇用10名、自伐林業の経営力①

シイタケ原木、薪、炭材　1本の丸太価値を最大に引き出す

旅の記録

農山村にとって貴重な雇用を林業で創出する。そんな社会的な役割を補助金に頼らず自伐林業で果たしている大西潤二さん（39歳）の実践例を2回にわたって紹介します。大西さんは、北海道白老町、広葉樹二次林を舞台とする森林所有者であり、㈱大西林業の経営者でもあります。

自伐林業での雇用創出の第一は、1本1本の丸太価値を最大に引き出す素材生産、材の利用です。建築用材が少ない厳しい資源条件にも関わらず、シイタケ原木、薪材、炭材を樹種、曲がり、径級を観察して、丁寧に採材します。チップ材として出荷するのに比べ、約4・5～8・5倍の売り上げが可能です。1本丸ごと使い切り、木の価格を極限まで伸ばし、量（生産効率）より価値（販売価格）を優先する林業を実践していきます。白老町の森を歩きながら、大西さんに話を伺いました（2018年3月取材）。

白老町は2018（平成30）年9月6日発生の北海道胆振東部地震の震源地に近く、大西林業では乾燥中

の薪積みが崩れるなどの被害がありましたが、翌日から営業を再開し、職員さん一同で震災を乗り切っています。

立木買取で広葉樹を間伐

大西林業の生産・加工・販売のスタートは、広葉樹の伐出からです。現在は、個人所有者からの立木買取や公有林入札などで原木を調達しています。皆伐を希望する所有者に大西さんは間伐を勧めて、伐った立木の材積分を所有者に支払います。生産効率が良い皆伐ではなく、間伐を選択するのはなぜか。昨年間伐した山を見せてもらいながら話を伺いました。

大西　ここは、約10haを1~2割ほどミズナラを中心に間伐して約150㎥伐出しました。1年前に自分で伐って自分で驚いていますが、残った木が大きくなっていますね。

佐藤　広葉樹の間伐施業をするようになったきっかけは？

大西　皆伐すると造林の必要性があるので、以前から択伐を中心とする施業をしていました。シイタケ原木を採るために山（立木）を買っているので、シイタケ原木にも炭にも薪にもなるミズナラの択伐をしていました。他の雑木はいっさい手を付けずにミズナラだけを全部伐出するというやり方です。でも、そういう施業をするとミズナラが十分に天然更新しないんです。それで、これではダメだなと。

佐藤　更新しないのはなぜですか？

大西　シカが多くて新芽が出ると全部食べて萌芽が育たないからですね。それと林床の光の状態を伐採前と同程度に維持しないと、植生が変わってササが入ってきます。すると、ササに被圧されて萌芽が育たないです。それで、4~5本株立ちしている木の2本だけを伐る間伐をするようになりました。全体の2割程度の間伐なので、どこを伐ったか山をちょっと見ただけではわからないですよ。

佐藤　所有者さんには広葉樹の間伐について、どういう説明をしているんですか？

大西　所有者からは全部伐っていいと言われるんですが、うちは皆伐しないので、その分支払いは少なくなりますよ、でも道を入れるので継続的に間伐ができますよという話をしています。それと、うちは伐った分だけお金を払うという後払いシステムを取っています。先に立木代金を支払ってから伐ると、どうしても多く伐ってしまいます。一方、うちのやり方だと間伐したミズナラと他の木が残ります。将来、また伐らせてくださいという気持ちでやっています。

佐藤　山主さんとの価格交渉はどのようにしていますか？

大西　シイタケ原木をメインに考えて、山主さんには2000円／㎥を原木代として支払っています。ちなみに、シイタケ原木は90本で層積（材長×積幅×積高）が約1㎥です。材積は層積に40％を掛けて計算します（層積1㎥の場合、1㎥×0・4×2000円＝800円）。ここら辺でやっているチップ取り引きのやり方ですね。前払いで立木買いをするときは、15～30万円／haくらいが相場です。それから、うちは道付けを含め、補助金はもらっていないです。

㈱大西林業代表取締役の大西潤二さん（右）と著者

約10haを1～2割ほどミズナラを中心に間伐した山林

シイタケ原木、薪炭材の生産

素材生産は、シイタケ原木、薪材、炭材を主に生産します。樹種や曲がり、径級を見て用途別に玉切っていきます。乾燥の必要がなく、現金化が早いシイタケ原木を主力に、乾燥等で現金化が遅い（販売単価は高い）薪材と木炭原木を生産します（木炭自社製造向け）。

佐藤　1本の木の採材の優先順位はありますか？

大西　シイタケ原木の適寸をまず抜いて、それから薪と炭用です。シイタケ原木は枝の部分から採って、幹は薪炭材、うまくいけば用材にします。幹からシイタケ原木を採るようでは利益率が低くなります。シイタケ原木の長さは3尺（約90㎝）で、普通径木は末口が2寸（6㎝）以上、元口が13㎝までです。小径木は末口が6㎝未満～4・7㎝以上です。元口が13㎝を超えると1・5mに切って薪炭材にします。末口径30㎝以上の曲がりのないものは用材として2・4mに切ります。先日市場に出したミズナラの用材は5万円／㎥くらいになりました。

佐藤　2・4mというのは市場に一番多く出ている長さですか？

大西　私が一番採りやすいと感じる長さですね。今の現場は2・4m以上だと曲がった部分が出てきますから。この立木はウダイカンバという北海道ではポピュラーな高級家具材になる木ですね。1本で4万円くらいにはなるでしょう

株式会社 大西林業

所在：北海道白老郡白老町
設立：2008（H20）年
代表取締役：大西潤二さん

主な事業内容
・シイタケ原木、薪の生産販売
・木炭、木酢液の製造販売、同加工製品の製造販売
・自然体験事業の企画、運営
・直営店「ならの木家」（白老町）

特色
白老町内や近郊の広葉樹林の間伐材等を利用し、薪・炭・シイタケ原木等の生産。木材は自ら伐り出す自伐林業で行う（年間約600㎥）。製品製造、販売、森林管理まで一貫して行う自立自営・自己完結型の林業会社。

雇用
職場は主に、炭焼き、薪作り、森林作業、店舗運営等に分かれて、職員は20～60代の幅広い層で構成（パート、フルタイム、契約社員）。常時10名ほどで運営し、1グループ3名程に分かれて作業を行う。業務は固定されず、炭焼き、薪作り、森林作業、その日ごとに対応する体制。自伐型林業で独立を目指す若者も複数就業しており、学びの場にもなっている。

ね。

佐藤　間伐するのはミズナラだけですか？

大西　以前はそうでしたが、5年くらい前から他の木も少し伐るようになりました。

材生産の作業スケジュール

大西林業では、シイタケ原木、薪材、炭材で年間約600㎥を自伐生産しています。伐倒は大西さんが専らこなし、造材作業をスタッフが担当します。地形条件が緩やかなことを生かし、ブルドーザーで集材をするという方法です。

佐藤　シイタケ原木の伐採の適期は？

大西　紅葉したら伐り始めて3月末か4月までです。シイタケ原木の販売が終わるのは春で、それから、薪の配達をどんどんします。うちの収入がさみしいのは8月、9月くらいですね。

佐藤　伐採の作業はどういう手順ですか？

大西　私が立木を伐ってブルドーザー（8年前に中古で購入）のウインチで集材して、そのまま引っ張って土場まで降ろします。土場でスッタフが玉切りと仕分けをして、私は伐倒と運材を繰り返します。山によっては、伐倒の場所で私が玉切り

枝部分でシイタケ原木の適寸を採った後、幹を薪炭材や用材としている

高級な家具材になるウダイカンバ

をして軽トラックに積んで運び出すこともあります。現場でやり方を変えています。

スタッフの清水省吾さん（32歳）と羽塚冬馬さん（26歳）に話を伺いました。清水さんは旭川で林業を始めて8年目、東京出身の羽塚さんは自給自足の暮らしがしたいと各地でさまざまなスキルを習得中です。

佐藤　大西林業でどういう作業をしているんですか？

清水　僕らは大西さんが伐出してきた材を土場で玉切りして集積する作業が中心です。僕らのような30代、40代は山に行かせてもらって、体力がない人は薪を積んだり割ったりとか、別の仕事をしています。

佐藤　清水さんが大西林業に来た理由は？

清水　大西さんの木を1本全部、無駄なくサイズに合わせて高付加価値を付けて売るやり方を知りたくて、4カ月間働きながら学ばせてもらっています。

佐藤　特に何を学びましたか？

清水　シイタケ原木の辺材と心材の割合といった商品知識や材の売り方です。例えば大西さんは径4・7㎝までシイタケ原木にするし、それ以下は30㎝以下に切って、袋に集めて薪として売っています。僕が捨てていた部分ですね。

佐藤　羽塚さんはどうして林業を？

羽塚　北海道で農業をやりたくて農家で農作業をしていたんですが、冬は仕事がないので、林業ができないかなと。それで調べていたら自伐型林業と大西林業を知って。これまでチェーンソーを触ったことがなかったんですが、技術を必死に習得しているところです。

佐藤　私は親御さんの立場でついつい考えてしまうのですが、現状を心配されていませんか？

羽塚　最初は心配していました。でも、母親は福祉施設の人たちが生産する物をプロデュースする仕事をしていて、林産物を使う企画も多いので、最近では、自伐型林業と福祉施設を繋げたいと思っているようです。今では大賛成で喜んでくれています。

所有者をさがす

大西さんの所有山林は55haほど。生産・加工・販売事業の土台である材は、多くが個人所有者からの立木買取です。立木調達ではどのような工夫をされているのでしょうか。

左から清水省吾さん、著者、羽塚冬馬さん

大西　うちは薪と炭、シイタケ原木を合わせて年間600㎥生産しています。この7年間で施業した山は約120haです。全てを所有林で賄うことは無理なので、その都度山（立木）を探しています。私の所有林55haのうち、昨年購入した35haの山は50～60年生の2次林で間伐の適期です。去年、自分で施業計画を立て、今年から5haを多間伐施業（間伐率2割程度）で150㎥伐出する計画です。ただ、うちも材が必要なので、ガッツリ伐る所と、多間伐で少しずつやっていく所のすり合わせが必要だと思っています。

佐藤　立木を買う時、所有者さんはどのように探していますか？

大西　いいなと思う山の図面を法務局で取って、所有者を探して手紙を出します。手紙が宛先不明で戻ってこなければそこに住んでいるということなので、直接行ったりします。手紙の内容は、あなたの山に入りたいので許してもらえませんかというようなことを書いています。具体的な金額は、交渉が始まってからです。

佐藤　北海道の広葉樹林の所有者は植林、育林をしていないので山への思いも人工林地帯とは異なるでしょうね。

大西　そうですね、広葉樹は自然に生えたものですから、それがお金になるなら嬉しいという感じです。

多間伐モデルづくり

広葉樹用材生産に向けた目標林型を描き、多間伐施業のモデルづくりにも大西さんは着手しています。

佐藤　広葉樹の皆伐施業についてはどのようにお考えですか？

大西　広葉樹の場合は、皆伐した後にシカ被害もなくて更新できるのであれば、30年サイクルでやってもいいと思います。地域性、周辺環境次第ですね。

佐藤　広葉樹の多間伐施業を始めたきっかけは？

大西　スギ、ヒノキの施業ですが、多間伐施業という言葉を知って、広葉樹でもやれないかと取り組んで2年目です。今やっている多間伐施業は、1～2割の間伐を繰り返しながら材積を増やすという手法です。ミズナラなら間伐した材で、シイタケ原木も薪炭材も採れますから、我々の世代ではそうやって間伐をして、広葉樹でも用材を主とする優良大径材の生産ができるのではないかと思います。自分の山の主伐は80年に設定していますが、その段階で用材は十分採れますね。

広葉樹林でも多間伐施業により
優良大径材生産に繋げたい

フィールドノート

北海道で広葉樹の自伐？　国公有林や会社有林比率の高い北海道で、自伐（型）林業が広がるとは、想像していませんでした。しかし、多くの指導林家さんの活躍と共に、2016（平成28）年には北海道自伐型林業推進協議会が設立されています。大西潤二さんは同協議会の会長です。過疎が進む白老町で10人の雇用を創出し、広葉樹資源の持続を考えた施業を実践しています。

広葉樹を余すことなく商品化し、次節で紹介するように6次化と独自の販売戦略で経営を確立しています。とても進取の気性に富む方でした。

北海道　白老町編2

補助金に頼らず雇用10名、自伐林業の経営力②

自伐の6次化で経営力アップ 生産から加工、販売まで

旅の記録

加工・販売までを生産者が一体で行えば付加価値が高まり、収益をグンと伸ばせる経営原則が農林水産業では実証されています。

しかし、林業で実践するのはハードルが高いのも事実。広葉樹二次林資源で6次産業化を実現している大西潤二さん。自伐生産材からシイタケ原木、薪、木炭・木酢液を生産し、その全てを自ら販売しています。その手段が自社宅配、ネット通販および店舗販売で、伐出と合わせ10名余りの雇用を生み出しています。パート、フルタイムの他、林業研修目的の就労者を受け入れ、自伐経営を目指す若者たちに実践で学べる場を提供しています。

大西さんが手がける商品作り、手作り的な販売方法の実際を、また大西さんの教えを受けた自伐（型）林業とクラフト材の生産・販売を実践する清水省吾さんや、シラカバのクラフト生産を手がける森林所有者・岩崎芳吉さんの工夫をお聞きしました。

大西林業のシイタケ原木販売

シイタケ原木はシイタケ農家の他、福祉施設へも販売する大西さん。遠くは200㎞まで自社配送しています。シイタケ原木不足の悩みは北海道にもあり、大西さんは頼りになる存在です。

佐藤　顧客はどうやって開拓したんですか？

大西　シイタケ原木は親父の代からの顧客です。年間3万本くらい生産して、専業のシイタケ生産者1〜2名と福祉施設10数カ所に出荷しています。基本、片道150㎞まで納品しますが、約200㎞の所も対応することがあります。シイタケ原木は不足しているようで、作れば作るだけ売れる感じです。

㈱大西林業の大西潤二さん（左）と著者

佐藤　シイタケ原木と薪炭の販売割合は？

大西　炭と木酢液が全体の61％（うちネット通販が55％）、薪が20％、シイタケ原木12・5％。年間売り上げは、約4000万円です。

薪と木炭の生産、販売

FAXやネットでの通販が薪や木炭・木酢液の販売チャンネルです。札幌市など都市へも薪の自社配送を行っており、がっちり固定客をつかんでいます。

佐藤　薪にはどんな種類がありますか？

大西　通販用の薪は、1年間乾燥させて30㎝にカットして20㎏の箱詰めにしています。25箱（500㎏）で約1㎥です。1箱が送料込みで約3000円（遠方は送料加算）。今年から焚き付け用に樹皮も1100円で販売しています。使いみちのなかったバークですが、売れています。

佐藤　直販している薪は？

大西　原木薪（未乾燥）はナラだと1万4800円／㎥。長さ90㎝で、お客さんが自分で薪割りをします。30㎝にカットした割薪（約半年乾燥）は、ナラだと2万4000円／㎥です。購入者は札幌の個人のお宅が多くて、1軒1軒配達しています。30㎝以下のシイタケ原木の端材を約300kg袋詰めしてストーブ用として売っています。うちのヒット商品です。1パック1万2800円ですが、バイオマス材として売れば5000円／tにしかなりませんからね。

通販用の薪は、1年間乾燥させ
30㎝にカットし20kgの箱詰めで販売

使いみちのなかったバークを
焚き付け用として販売。よく売れている

シイタケ原木の端材を約300kg袋詰めして
ストーブ用として販売。ヒット商品

佐藤　薪の直販と通販の割合は？

大西　薪は圧倒的に直販です。顧客が250軒くらいあって連日配達しています。炭と木酢液はほとんどが通販で、炭は15kgの箱が一番よく売れます。薪の販売額は昨年が約1200万円で、毎年2割ずつ販売量は増えています。木酢液は90％が通販です。

佐藤　通販で売る以前の炭の販路は？

大西　3年前までは、3基の炭窯をフル生産して、80t／年くらい生産していました。その頃は、炭の組合（北海道林産燃料生産協同組合）に納めていましたが、直径が6㎝以下で長さが13㎝という手間が3倍掛かる特注の炭でした。全部買ってくれるのですが薄利多売で、組合とネット販売の両方ではだんだん炭が足りない状態になりました。

炭の生産管理は大西さんのお母様の美枝子さんの担当です。「やる人がいないから仕方なく手伝っているの」と言われていましたが、その経験から行う作業の判断は的確です。

佐藤　炭焼きは何年目ですか？

炭の生産管理を担う
大西さんの母の美枝子さん

美枝子　主人を手伝い始めて20年ほどです。窯は2基あって両方とも1回で約1tの炭が焼けます。1つの窯で月に2回窯出しをするので、順調に焼けたら年40～50t焼けますが、今はそこまでは生産していません。

佐藤　今はネット販売などで安定した経営ですね。

美枝子　主人がやっていた頃の経営は大変でした。息子がネット販売を始めなければ今頃どうなっていたのかと思います。息子が林業をやるようになって、毎日、家に帰って来るまでは心配で。息子の顔を見たらみんなも無事だったんだってわかりますからね。

自伐林家が手がける販売方法の工夫

大西林業には販売・マーケティングの専門者がいるわけではありません。大西さんやスタッフのいわば手作り的販売（通販主体）ですが、顧客をしっかりととらえる工夫があるのです。

佐藤　顧客開拓の工夫は？

大西　薪はHPに広告（アドワーズ広告）を出していて「北海道」「薪」で検索したらうちが一番上にリストアップされる設定にしていますので、HPを見たというお客さんが多いですね。3～4割はリピーターなので、顧客は増えていく一方です。ネット販売は、私が25歳の頃からを始めました。最初は木酢液が非常によく売れていたんです。

佐藤　木酢液の販売はどういう経緯で？

大西　木酢液の販売は、もともと親父が始めたんです。1994（平成6）～1998（平成10）年頃まではブームで、ホームセンターでよく売れていました。でもブームが終わるとピタッと売れなくなって。それで私が、インターネットオークションで売ったところ100万円くらい売り上げがあって、それでネット通販を本格的に始めました。

佐藤　ネットの活用は大きいですね。

大西　はい。私が20代前半の頃は、燃料店などに飛込みの営業に行ったり、農家を1軒1軒回ったこともあったんですが、その苦労を考えると、ネット通販は極楽です。ネットでの年間販売額は2000万円くらいで安定した売り上げです。

佐藤　通販で確実に売るコツは？

大西　通販の専属スタッフを置くことですね。

雇用を通じて自伐型林業者の育成も

木炭や薪の生産・販売、森林作業、店舗運営など常時10名ほどを雇用する大西林業では、自伐型林業を目指す若者の就労を受け入れて学びの場としています。林業の人材育成を兼ねた雇用を補助金なしで実施している点が大きな特色です。

佐藤　人を雇用して10人体制になったのはいつからですか？

大西　ここ2～3年です。（短期雇用の人もいるため）明日からスタッフは全部で12名で、半数は女性です。男性は山仕事や薪の配達が中心です。現場で施業を行っているスタッフは、まだ1～2年目程度です。自伐型林業をやりたいということで3名来ています。今度、役場を辞めてうちに来るという26歳の人もいます。彼はパートナーと2人で来る予定ですが、彼女は狩猟をするそうです。

佐藤　いずれ独立したいということでしょうか。

大西　そういうことですね。でも独立したいなら5年はうちでしっかり林業をやって経験を積めと言っています。しかし、若者がこんなに林業をやりに来るとは意外でした。

佐藤　いまから北海道で自伐型林業を始める人はいると思いますか？

大西　定年後にやりたいという人も少しずつ出てきています。広葉樹は、伐採搬出までなら定年後でもやれます。問題は販路。うちは、時間をかけて販路を広げてきましたから。そこで、自伐（型）林業の出荷材の流通拠点をつくろうと、札幌の企業と計画しているところです。

佐藤　そうすると大西さんの商圏を奪われませんか？

大西　私もそこに出荷できて、私の商圏も増えるわけですから。出荷者が増えるのは悪いことではないでしょう。お互いに競い合って伸びてやっていきたいなと思っています。今はシイタケ原木が欲しい人はたくさんいるのに供給が足りない状況です。そうなると需要自体が途絶えてしまう可能性もあり、そちらのほうが心配です。

森にいると腑に落ちる林業へのきっかけ

佐藤　大西さんが林業を始めたきっかけは？

大西　親父が炭焼きを始めて2年目に私が高校を中退して、炭焼き場で仕事をするようになりました。その時の安堵感は今も忘れないですね。体を使って一所懸命仕事をするのが好きで、林業をすることが腑に落ちたんです。

佐藤　大西林業としての課題や展望は？

大西　問題は資源の確保です。自伐型林業のメンバーがうちに材を持ってきてくれるようになると助かります。自伐型林業は若者が林業を始めるきっかけになるというのは確かなので、その実態調査ができないだろうかと思っているところです。

広葉樹二次林材の付加価値を高める工夫

大西さんの所で、4カ月間働きながら材の売り方などを学んでいた清水省吾さん。普段は4・7haの所有林を生かした環境教育や特殊伐採などの仕事をしています。清水さんが取り組んでいる材の販売方法について伺いました。

清水　僕は旭川に暮らしていますが、旭川はクラフト職人が多いので、クラフト材として、直接職人に伐採込みで1本数万円で売っていきたいと思っています。最近もクラフト作家さんからシラカバが欲しいと言われました。枝ぶりと樹皮の色が重要だそうで、立木を見に来て、これとこれと指定されてシラカバを伐ったんですが、価値のある伐り方ができて嬉しかったです。

清水省吾さん

佐藤　お嫁さんに出すような感じですね。

清水　はい。材が何に使われるのかを把握してから売るようにすれば、1本1本が全部高く売れるんですね。僕は自分の所有林を市民の里山体験やキャンプ場として開放していますが、1本の木のストーリーを生かしています。切り株を残して、このクラフトはこの切り株からできたというストーリーまで提供しているんです。僕の所有林は4・7haしかないので、そういう価値を付けた生かし方しかできないと思ったんです。

岩崎芳吉さん（75歳／夕張郡栗山町在住）は、森林組合長や指導林家の経験を持つ自伐林家です。環境教育にも熱心で、所有林のシラカバから採取したシロップの試飲会など、さまざまなイベントを開いています。

現在、特に熱心に取り組んでいるのがシラカバの樹皮を使ったクラフトづくりです。

佐藤　森を生かしたイベントをたくさん開催していますね。

岩崎　はい。昨年はロシアに行ってシラカバ樹皮を使ったカヌーの作り方を学んできました。それで今年、自分の所有林のシラカバを使って2艘作りました。今度は、シラカバ樹皮カヌーを通じて森の大切さを伝えるイベントを開きたいと考えています。

佐藤　シラカバの活用の可能性については？

岩崎　カゴなどを編むクラフト用に、シラカバの樹皮が欲しいという注文が企業からありました。50cm角の樹皮が4000円になるとのことでした。1000枚ほどのオーダーだったので、1人ではできないから、林家の方々に声をかけて集めて供給できたらいいなと思っているところです。

シラカバの樹皮を生かした器。清水さんがシラカバを販売した木工作家の作品

ロシアから持ち帰ったシラカバ樹皮カヌーについて楽しそうに語る岩崎芳吉さん

旅の考察ノート

北海道の地の利と課題

大西さんの案内で歩いた作業道はなだらかで、軽トラックを横付けして集材できる場所もあります。北海道は簡易の作業道で、トラクターの動力でも材を搬出できる山もあります。自伐林

業展開の可能性を感じました。一方で、広葉樹では、いかに付加価値を付けて販売するかが大きな課題になります。10代で家業に就いた大西さんは、資源の持続を考えた広葉樹施業、無駄なく製品にする造材、独自販売などで経営を安定させ、地元雇用の拡大にも貢献しています。先代の頃から借りていた土地の立ち退きを求められ、炭窯移築を余儀なくされるなどの経営危機を乗り越えるために、編み出してきた方法でもあります。

広葉樹の可能性と資源の持続を考えた選択

九州でスギ、ヒノキ林業を中心に観てきた著者にとって、広葉樹の造材と加工、売り方で大きく収益が異なることにまず驚きました。大西さんはそのことをきちんと計算し、物事を数字で押さえて説明していきます。例えば、ミズナラの場合、一般的な売り方であるパルプ用材を基準にして、シイタケ用ホダ木ならば4・5倍、薪は6・7倍、炭は8・5倍という具合です。

大径の直材の場合は製材用に造材して旭川の広葉樹市場に持ち込んでいますが、二次林が主体の白老の山からは、まずホダ木を採って、その後炭、薪用の材を採っていきます。炭焼きの副産物である木酢液が大西林業の売り上げに寄与しています。バークや小枝なども火付け材料として販売しています。

こうして、広葉樹の生産体制を確立してきた大西さんですが、シカの食害やササによって伐採後の広葉樹の更新ができずに、資源として持続性がないのではないかという問題に直面します。その解決策として、数年前から実践しているのが広葉樹でも少しずつ伐採していく多間伐方式です。スギやヒノキ林業の多間伐施業を学びながらも、その場の状況を観察して判断するという徹底した現場主義です。

付加価値を付け　雇用を広げる

広葉樹1本からさまざまな製品をとって販売することは、伐採する、搬出する、薪を割る、積む、梱包する、配送する、インターネットで発信するといったさまざまな仕事が派生します。過疎地で雇用先を見つけることが難しい女性や高齢者の雇用を産み出すことに繋がっています。木材の付加価値づくりはその地域に雇用を広げることを実感しました。

また、複合的な商品づくりは経営の危険分散にも繋がっています。炭窯移築のために一時、炭焼きを中断せざるをえませんでしたが、その間従業員の雇用を守ったのは割薪と配送の仕事があったから、とのことです。

左から深谷卓生さん、大西さんの母の美枝子さん、関那々子さん、大西さん、羽塚冬馬さん

消費者へ直接届ける流れを創る

西日本では木材を売ろうと思うと、近くの原木市場が頼りになりますが、北海道の広葉樹流通の主流は、チップ加工ー製紙工場という大きな流通です。こうした中で、大西林業ではインターネット販売と宅配、直販店という消費者へ直接届ける流れを創っています。ホダ木は近隣のシイタケ農家や福祉施設へ宅配、東北の被災地にも販売しています。

ネット通販はインターネットが普及し始めた2003(平成15)年頃に、売れずに困っていた木酢液をネットオークションにかけたことがきっかけでした。今では、年間売り上げ約4000万円のうち、ネット通販の割合が55%を占める程に成長しています。

ネット通販開始後の2007(平成19)年、白老町内に「ならの木家」という直販店をオープン。店は妻の直子さんが切り盛りしていて、ナチュラル感のあるディスプレイです。炭せっけん、炭スイーツなどのオリジナル商品や道内産のオーガニック商品も取り扱っています。北海道自伐型林業推進協議会の事務局的な役割も担っています。そして、インターネットで注文された木酢液や炭等がこの店から全国に発送されます。

炭窯移築をきっかけに、力を入れているのが割薪生産と宅配です。薪需要の増加を背景にして、顧客も右肩上がりです。バークも消費者に接する中で、売れるという手ごたえを感じて製品化しました。消費者への直接販売の醍醐味でもあります。

取材では、自伐型林業のスキルを磨きたいと大西林業で働く若者たちの姿がありました。

直営店の「ならの木家」。消費者への直接販売の拠点になっている

岩崎さんは自家製材した板に詩を掘る刻書家でもある

清水省吾さんは旭川の大学で学び、コウモリの生態に関する卒業論文作成のために通った森に魅せられ、その森の一部を購入して林業に就業。特殊伐採や市民参加イベントなど多彩な活動をしています。将来的には妻の実家の農業を担いつつ、自伐型林業を組み合わせて収入を安定させようと、広葉樹の採材方法を学んでいました。

大西林業では自伐型林業のスキルを身につけたい若者を積極的に雇用しています。Ｉターンして自伐型林業をいきなり始めるのではなく、技術習得と自らの適性を見極めるステップとして、経験豊富な自伐林家の下に雇用されて働くことは有意義だと思いました。販売先を開拓している大西さんにとっては、自伐型林業者の参入によって、流通の流れを大きくできます。

ユニークな自伐（型）林業家が育つ北海道

北海道自伐型林業推進協会の代表でもある大西さんを通じて、道内のユニークな自伐林家や自伐型林業者の方々と知り合うことができました。

本書では語り尽くせないのですが、指導林家・岩崎芳吉さん（北海道自伐協前代表）に案内していただいた森には、本当にワクワクしました。自家山林を「森遊庭」と名付けて多くの人々を受入れています。育成してきたカラマツ材でログハウスを建て、シラカバ樹皮細工でさまざまな工芸品を作っています。自家製材した板に詩を掘る刻書家（雅号：芳山）としても有名です。まさに森と遊ぶ達人です。

その他にも、むかわ町旧穂別町でアイヌに伝わる森づくりと茅葺き家屋（チセ）復活を自伐型林業運動と繋げる活動をしている方、札幌市内に森林を所有する企業と提携して自伐型林業を広げようとする方にも出会いました。

2018（平成30）年5月の森林経営管理法の制定を受けて、都道府県は「意欲と能力のある林業経営体」を選定しなければなりません。紹介したような、地域再生に繋がるさまざまな動きを見落とさずに後押しする、という視点が求められます。

愛媛県　西予市編1

どう磨く　自伐で利益を出す知恵と技①

菊池流　目標日当を稼ぎ続ける自伐経営術

旅の記録

28haの所有林から自伐で間伐材を生産し、毎年数百万円の売り上げを継続する菊池俊一郎さん。それが可能なのは、優良在庫をつくる間伐、無駄な投資を避け、技術・段取りによるコストダウン、丸太価値（売り上げ）最大化の伐木造材技術などによります。自営業として徹底した経営手法・技術の追究で、補助金なしの完全自立経営を実現しています。

それを端的に物語るのが、目標日当の設定です。「山を手入れし、間伐して○○万円の売り上げを得た」は菊池さんが考える経営ではありません。「目標日当が達成できるよう間伐、伐木造材の作業工程（マネジメント）を組み立て、それを正確・効率良く実行する技能」を極めていく姿勢こそが自営業としての経営であると。自らの実践をもとに、菊池さんは自伐を目指す若い人たちを指導し、自立を支援します。また愛媛県の林研グループリーダー（会長）として、伐木の安全対策や人材育成にも取り組みます。こうした菊池さんの実践、指導活動を3回にわたり紹介します。本節は菊池さんの自伐流儀です。立木の見極めや所有する機械に合った道の構造、目標日当（1万2000円）を出す工程管理・マネジメントなどです（2018年8月取材）。

優良在庫の山をつくる

25haの人工林から毎年数百万円の自伐材売り上げを達成する菊池さん。それを可能にするのが優良在庫の森づくりです。間伐で収穫する材積以上に、価値の高い残存木の幹材積が増え続ける状態（優良在庫）を維持すること。伐りすぎない理由はそこにあります。菊池さんの所有林を見せていただきながら話を伺いました。まず足を止めたのは、尾根筋の林分です。

菊池　ここはマツ枯れで空間ができて過間伐のような状態になっています。ヒノキは明るくなると幹材積を増やさずに枝と葉を増やすので、林内は暗らくしておく必要があります。一方、マツは幹に日を当ててやらないといけない。スギはその中間。ですからここは、あと1本でも伐ったら空きすぎるので、次に伐るのは皆伐の時ですね。

佐藤　皆伐についてはどのようにお考えですか？

菊池　年間に5反程度の皆伐なら自伐林家でも再造林して育てることも可能でしょう。ただ僕は、いかに伐らずに次の世代に資源を残していくかを重視しているので、木を伐るのは負け組だと思っています。林業は初代が一番面白くて、植えて育てる最中だから方向性は無限大。後の代は親が引いたレールから離れられなくて、300～500本／haになったら考えることはそんなにない。だから次世代の選択肢を残すためにも伐らないんです。それと、残しておいたほうが災害等に遭ってもリカバリーできます。近年の災害は想定の範囲を超えていますからね。

佐藤　災害対策については？

菊池　僕は境界の林縁木の3列くらいは伐りません。防風林にするためです。台風だけでなく、隣が皆伐して風の当たりが変わることだってありますから。

佐藤　ヒノキを間伐するときの選木のポイントは？

菊池　ヒノキには幹が太りやすい木とそうでない木の系統があります。山で見分けるときは、真下から木を眺めて空が見えるかどうかで判断しています。枝が太いヒノキは、より枝を作ろうとする系統だから不要な木です。僕は幹材積を増やすことで生活をしているので、細い枝の幹が太る系統のヒノキを残します。

過剰な作業道をつけない理由

菊池さんが搬出に使う機械は約30年前にお父様が70万円で購入した林内作業車です。この機械で以来5、6千万円分以上の木材を搬出したとのこと。林内作業車を走行させる作業道は、過剰投資を避ける考え方が徹底されています。

佐藤　ヒノキ林ですが林床に雑木がたくさん生えていますね。

菊池　雑木の生えたここが作業道です。うちの作業道は、自然に戻っていくという設計思想で、次の間伐までに棚の所に線形だけ残ればいいと思っている手抜きの道ですね。うちは林内作業車で搬出をしていますが、公道まで1㎞くらいなら林内作業車で1日2、3往復することで対応可能です。それ以上だとクローラでは採算が合わない。小規模林業でないと林内作業車のシステムは使えないですね。

佐藤　道づくりで特に意識しているところは？

菊池　作業をすることが最優先の道なので、ルート選定では楽に仕事ができる作業ポイントとなる場所の見極めが重要になります。それから、敷設ではタイヤとクロー

菊池俊一郎さん（右）と著者

雑木が繁る作業道。次回の間伐まで棚に線形だけ残れば良いという自然に戻る設計思想で作られている

ラでは道へのあたりが違うので、どんな機械を使うのかを考えることが重要です。道付けで僕は3tのユンボを使いますが、重機が沈まない道なら、林内作業車が沈むわけがない。でも3tの重機で沈まない道であっても、車両系の場合は轍ができてタイヤを取られるようになる。だから、より堅固にしないといけない。

この差は大きいです。自分が楽に山に通うためだけなら、僕は原付きバイクでチェーンソーを足元に置いて上ります。材を出すのに林内作業車だけを使うなら、車が通るような堅固な道を入れる必要はないと考えています。

佐藤　林内作業車で作業をする時に、安全面で一番気をつけていることは？

菊池　林内作業車は重心が真ん中にないので、それを考量した道を付けることと、荷の積み方も作業車の特性を踏まえてバランスを取る必要があります。

佐藤　林内作業車のための道はトラック道とどこが違うのでしょうか？

菊池　林内作業車は、走行舵を引いてクラッチを抜くことでブレーキをかけて片一方側

菊池さんの経営概略、プロフィール紹介

所有林28ha（人工林25ha）とミカン畑2haで、自伐林業、農業、樹上作業サービスの3本で生業（約1,000万円の売り上げ）を確立する菊池俊一郎さん（46歳）。「うちの山はオール並材」という条件下で、自伐（父親と2人）と樹上作業の林業収入は500万円（経費235万円含む）。それを補助金なしの自立経営で実現している。2017（H29）年度より愛媛県林業研究グループ連絡協議会会長。

売り上げ、利益を継続する菊池さんの自伐林業の特色（概略）

・優良在庫を作る：質の高い木を年輪幅と適寸で判断し、価値の伸びが期待できる木を残す（年輪幅の広い適寸規格外の太い木を残して、周りの細い木を伐るのは在庫が目減りする間伐となるので行わない）。過度な間伐をしない。収穫する材以上に蓄積（幹材積）が増え続ける「利息経営林分」を維持する。
・ムダな投資をしない、コストダウンを図る：高い機械を買わない、過剰な作業道をつくらない、段取りを工夫する。
・丸太価値（売り上げ）を伸ばす伐木造材・仕分けを極める：相場表と相対した見極め、造材、仕分け技術を行う。
・手元にお金が残る自営業の財務管理術を身につける。

を減速させて曲がる機械なんです。荷を積むと荷台側に重心がかかり、エンジン側のクローラは地面に接地しにくくなります。ですから、山の上から荷を積んで右カーブで降りてくる場合、道の横断面の山側が下がっているカントだとエンジン側のクローラは地面に接地しないので止まって動かなくなるんですね。そのため右カーブは山側を高く谷側を低くしたほうがいい（逆カント）。しかし左カーブの場合、荷台側の谷側を高くしてエンジン側になる山側を低くしないといけない（カント）。このように林内作業車の場合、カーブの道の形状が違ってきます。それと、林内作業車のもう1つの特性として、マニュアル車と同じでクラッチを抜いてブレーキをかけないとエンジンが止まります。操作棹はクラッチを抜きながらブレーキをかけるレバーですが、勾配が急なところで半分操作棹を引くとクラッチが抜けてブレーキがかかってない状態になります。その状態で急勾配で降りた先にカーブがあると曲がりきれない。だからカーブの形状は、階段の踊り場構造のように、斜めに下りたら踊り場（水平）にして旋回してまた降りていく。林内作業車ではその形が理想です。

佐藤　車両系の道は、ヘアピンで上がっていきますね。

菊池　車は一定勾配でヘアピンを上がって行かないと登れない。そこらが車と林内作業車の道とでは違うんです。使

菊池さんが搬出に利用する林内作業車。林内作業車に荷を積むと荷台側に重心がかかり、エンジン側のクローラは地面に接地しにくくなる特徴がある

林内作業車で荷を積んで右カーブで降りてくる場合、道の横断面の山側が下がっているカントだとエンジン側のクローラは地面に接地しないため止まってしまう。右カーブは山側を高く谷側を低くしている（逆カント）

う機械によって道の構造もそれぞれ違ってくるはずです。

目標日当の意味、その出し方

菊池さんの自伐自営経営では、目標日当を稼ぐ技術・技が欠かせません。立木から材の売上額目標を見積もり、売り上げを出す伐木造材、仕分けの技術、それを決めた時間（日数）で達成する全体のマネジメントレベルの追求姿勢がそこにあります。

佐藤　経営面でも考えが徹底されていますね。

菊池　自分の日当を計上しないような経営はあり得ない。僕は、森林組合にいた時の日当は1・2万円でした。だから自分の日当の1・2万円が確保できないなら、自伐林業はやらずに他の所に出て木を伐ります よ。自分の日当の1・2万円を確保するには、僕は1日3万円の収入がないといけない。ですから、材の売り上げが3万円で経費が1・8万円なら、日当は1・2万円で売り上げはゼロ。経費を1・5万円に下げたら、利益は3000円です。そう考えると、この作業で4日はかけられない、3日でやらないとダメだというノルマができるんです。そのためにも、自伐でやる場合は、山を見る目利きの力が必要です。山を見ただけで、地位や蓄積や歩留まり量、伐れる全体量や単価などが全てわかった上で、今回はこのくらい伐出し、この単価なら収益はいくらになると判断できないといけない。その想定が立てられるようになることが補助金なしで経営できるようになる第一歩です。

佐藤　自営業であっても目標を自分に課しているのですね。

菊池　ノルマがないと経営は安定しないんです。一般企業は、年間100日は休みがあるので、僕はそこも確保しつつ、生活レベルを落とさない収入をと考えながらやっています。しかもそれを、できるだけ立木本数を減らさないようにやる。そのために1本の単価を上げる造材をする。徹底的なコスト意識も必要で、出材は長材のままで出すほうがチェーンソーで切る回数も少ないし、燃料はいらないし刃は減らない。自分が

1歩無駄な動きをして軟骨が減ることとさえ経費なんだと、そういう感覚が大切なんです。

生業の作り方
複合経営の強みを生かして

林業（自伐材）、農業（ミカン）、樹上作業サービスの3本で生業を確立する菊池さん。経営を複合化する意味をお聞きしました。

佐藤　農業との比較で林業を考えるのは、菊池さんの特徴のように思います。複合経営との関係なども伺わせてください。

菊池　うちはミカンと林業の複合経営なので、今年はミカンの収益が大きいので、山は伐らないという判断もできます。逆に、災害で倒木を出さないといけないからミカンを抑えようとか、それが複合経営の強みですね。それと、産業は一気に傾くこともあり得ますから、多業種であればあるほど、同時に一緒に潰れることはないですからね。

佐藤　育林をする上で、ミカン栽培から学んだことも多いのでは？

菊池　そうですね。果実は生殖成長で、林業は栄養成長という真逆の生理をコントロールしながらやっています。スギ、ヒノキに種が異常に付いたときは生殖成長ですから栄養成長するように変えてやらないといけない。木の樹勢が落ちてきたとき木は丸まりますから、そのときは樹形のコントロールをして、生長点を真上に持ってくるように枝を整えたりします。

菊池さんの技術の原点

お父様以外にも菊池さんは4人の師匠から林業を学んだそうです。菊池さんの技術と経営の原点はどこにあるのでしょうか。

菊池　僕が林業に就いたのはバブルの時代で、同世代の若者はみんな都会に出て行きました。卓越した技と知識をもつ林業技術者が、当時は各市町村に1人はいたんです。でもそこには後継者がいない。それで、70

代、80代の技術者たちは、自分が生きてきた生きざまを消さないようにと、知っていることを僕に全部教えてくれました。バブルのおかげで僕に技術が集約されたわけです。それも1人のコピーではなくて、たくさんの先生が教えてくれて、それを使えるものと使えないものとに取捨選択できた。僕がはっきり師匠だと言っているのは4人ですが、それ以外の方からも教えを受けています。だから、みんなの延べ林業経験を合計して、「僕は4人の師匠と2000年の林業の歴史を持っている」と言っています。

佐藤　独立独歩で最初から自営を進まれたんですよね。

菊池　親の影響もあるんでしょうが、何をするにしても無駄を排除するような考え方をしてきました。自分の時間が有限で、山は自分の時間を超えた時間軸で動かさないといけないから無駄なことに時間は使えない。最低限の時間で最大限の効果を出さないといけないのが山の仕事です。

ミカンと林業の複合経営を行っている。選別から販売まで自家で行う

フィールドノート

菊池さんの経営理念や施業方針は、月刊「現代林業」誌でもこれまで多く紹介されてきました。それらの真髄を学ぶと共に、農業との複合経営、自伐型林業の講師、林研グループリーダー、アーボリストとしての活動、地域社会での役割などを知りたいと、多面的に話を伺いました。

2日間に渡ったインタビューで最も印象的だったのは、菊池さんの自分を客観視して分析する、「内省力」です。他者の真似ではなく、学びを咀嚼し、何を取り入れ、どう組み立てるのかを深く考える。収入を自家労働分（日当×労働時間）と利益に分け、予想と結果の違いを分析し、次に生かすことで進化する。林内作業車での搬出、その特性に合わせた作業道作り、在庫を残す間伐方法などに表れています。所有面積28ha、雨の少ない愛媛県西予市の自然条件に合った農林複合経営の形でもあります。

愛媛県　西予市編2

どう磨く　自伐で利益を出す知恵と技②

自立の方法　補助金に頼らない稼ぎ方

旅の記録

自伐型林業を目指す若い人たちを指導する菊池俊一郎さん。単なる知識、技術を教えるというより、明確な育成目標があります。すなわち、自立する方法を身につけてほしいと。副業であれ、主業であれ、責任ある仕事をこなし、伐木造材で確実に材を売り上げる技能を習得してほしい、補助金に頼りすぎず、自分の技術と経営手腕で生きていける力を養ってほしいという願いが込められています。指導評価の眼が厳しくなるのはそのためです。

自立するとはどういうことなのか。何を、どのように学んでいけばいいのか。菊池さんと、菊池さんの指導を得て、補助金に頼らず稼ぐ力を身につけてきた宮崎聖さん（高知県四万十市）の2人にお話を聞きました。

厳しさを知り、近い人から学ぶこと

菊池さんは、林業の厳しさをきちんと知ること、いつでも教えてもらえる近くのリーダー（師匠）を見つけて学ぶこと。この2つが自立できる自伐型林業を学ぶ基本だと考えています。

佐藤　自伐型林業を志す若い人が増えていることにつ

いては、どのように感じていますか？

菊池　30代で会社員を辞めて自伐型を始めて、それがダメだったからと元の会社員にはなかなか戻れない。だから自伐型は自分の家の近郊で、仕事は辞めずに週末にやってみて、めどが立ってから本格的にやるというくらいの慎重さがないと怖いなと思います。

佐藤　講師として自伐型林業を志す人への指導もされていますね。

菊池　受講者に最初に「林業は簡単だと思っているようですが、あなたたちは仕事を受けた段階でプロですよ。僕らのようなプロと同じ土俵で戦うんですよ」と言うと表情が固まるんですね。林業で食えるか食えないかのレベルに達するだけでも難しいんですが、そこまででいいなら、事業体で雇用してもらうほうがいい。自伐型でやるなら、全てのことが広範囲にある程度までできる必要があります。自伐型を目指す人たちに変な希望を与え続けずに、君は林業には向いてないねと言ってあげることも必要かもしれないと思うこともあります。適材適所ということもありますから。

菊池俊一郎さん

佐藤　自伐型林業を目指す人が上手くいくためのポイントはありますか？

菊池　自分の地域の近くの人に習うことが近道じゃないかな。僕も雪が多い地域など、気候が違う地域だと育林の仕方はわからないですから。実際、林業に取り組むにあたっては、1人で全部のことができるようになるのが理想ですが、木が伐れるとか、プランが立てられるとか各人の得意分野で集まってチームを作るのは1つの方法ですね。ただそれを、素人が横並びでチームを作っても、うまく回っていかない。その地域の経験者と一緒に活動できるかがポイントになりますね。鳥取県智頭町では「智頭ノ森ノ学ビ舎《や》」（※）があって、経験者と新規の人が一緒にやっています。それに、町が彼らに町有林を使っていいと、ぽんと貸しています。そういう背景もあるので彼らのこれからは楽しみです。

※智頭ノ森ノ学ビ舎《や》
2015（平成27）年に、青年林業士である自伐林家や新規自伐型林業者など11名によって設立された林業者の団体。町有林で間伐施業を行いながら林業研修なども行っている（本書175頁参照）。

自立を目指した技術・技能習得の方法

引き受けた仕事を、責任をもって仕上げる技術、稼ぎを出せる技術が菊池さんの指導目標です。単なる作業ができるレベル以上に技術・技能を磨くとはどのようなことなのでしょうか。

佐藤　同じ本数の木を伐っていても、技術が高くなる人とならない人の差はどこにあると思いますか？

菊池　木を1本たりとも、何となく伐らないことです。それが作業員になるのか、技術者になるのかの違いじゃないですか。伐った本数は1万本でも何も考えないで伐った人と、観察しながら伐った人とでは行き着く先は違います。

佐藤　林業研修の技術指導では具体的にどのように教えていますか？

菊池　受け口の角度が足りないから、あと何度切ってとか、あと2㎜足りないといった指導をしますが、2㎜なのにチェーンソーのアクセルを全開にしたり、アクセルワークにへんな癖のある子もいます。そういう癖を抜いてやるためには、タンコロの上にもう1つタンコロを固定せずに乗せて切る練習をさせます。目立てができてもアクセルコントロールができてないと上手く切れません。チェーンソーがそのレベルで使えないと山で木を伐ることはできないですね。それから、どんな斜面に立っても丸太の側面に直角に切れるようになる。そのくらいまでできて基礎は終わり。チェーンソーが使えないから薪の生産から始めて、上達したら用材を切るという人がいるけれど、それはなかなかできないですね。薪だと採材と造材を考えないで切る癖が付いてしまうから。

佐藤　そういうものですか。私もまずは薪からと考えていました。認識を改めないといけないですね。

稼ぐ技術を磨く

自立を学ぶ重要ポイントが稼ぐ技術です。丸太の価値を高め、売り上げを出す造材技術を徹底して磨くことが欠かせません。菊池さんの指導を得て、補助金に頼らなくなってから稼ぐ力が伸びたと自覚する宮崎聖さんの体験談も聞きました。

佐藤　宮崎さんは菊池さんから多くを学んでおられると聞きました。

宮崎　2年前に菊池林業で若手の造材合宿をしました。36年生の径14㎝前後のヒノキ山で、うちの山より10年若くて木も小さい山でした。その山で、1本1本どう採材したら10円でも高くなるかを相場表とにらめっこしながら造材したらC材の倍の単価になりました。その時、うちの山ならもっと高い木がいっぱいあるのに、それをC材にして出荷して補助金をもらっていたんだと、ばかなことしていたと気づきました。

佐藤　それで考え方が変わった？

宮崎　はい、一昨年5月、初めて自分で裏山の1反ほどのスギ山を補助金なし、作業道な

「1本たりとも、何となく伐らない」
技術向上のポイントを語る菊池さん

宮崎 聖さん
（40歳／高知県四万十市在住）

木工とカヌーインストラクターを本業としていたが、6年前から収入安定を目指して林業(自伐型)を始める。自伐型林業推進を目指す「シマントモリモリ団」の代表の他、高知県林政産業振興計画評価委員、高知県小規模林業推進協議会の副会長等を務めている。

し（付けなくても搬出できた）で伐出してから変わりました。そこは60年生で樹高は20ｍほどありましたが、ひょろひょろの木でした。風あたりも強い所なので、11本だけ間伐しましたが、造材の仕方で1本の金額が50円、１００円、２００円と変わりました。造材は1分もかかりませんから、1分で１００円なら時給にしたら大きな違いです。考える考えないでは1本で１０００円、２０００円と違ってきます。それが自分の日当に直で響きます。伐採、造材、土場までの搬出（３００ｍ）、土場で仕上げ造材までして3日間かかりましたが（運送は委託）、菊池さんが目安にされている金額（経費を引いて日当1万２０００円以上）になり、普通に丁寧に作業をすればこれくらいになるのだと、経験値が増えました。

菊池　どう造材して、時間と手間がどれだけかかったのか、それが市場でいくらになったのかをデータとして蓄積して、金額の裏打ちが出たら、もうC材は伐らないですよ。例えば僕が造材するときに、３ｍの所に曲がりのある立木があったとしたら、６ｍのB材で出すか、３ｍ２本のB材ならどうか、３ｍ、４ｍ、６ｍの選択肢の中で、片方がA材で片方がB材で採ったらどうかと、いろいろなパターンで考えた時に、相場表が頭の中に出てきて取捨選択が一瞬で終わります。相場表の金額が立木に書いてあるような感じですね。そうやって僕は並材でも市場単価以上にできます。造材マジックですね。

宮崎　僕はそこまでできていないです。先ほど話した1反の山のスギは11本で1万円／㎥でした。初心者は1カ月分も仕事をまとめてやると頭の容量がオーバーして1本1本の計算や材の質がわからなくなるので、せっかく仕事をしても身に付きにくいです。伐採から

６年前から収入安定を目指して自伐型林業に参入した宮崎聖さん

搬出、販売を少ない日数（2日くらい）から始めると、よりわかりやすいです。

佐藤　きっちりお金にするところまでやらないといけないわけですね。菊池さんから他に影響を受けたことはありますか？

宮崎　自伐林業をする上で、補助金に頼らない、補助金をむやみに使わないということです。僕は採材技術が上がってから売り上げの計算ができるようになったので、補助金に頼らないでもできる感覚がわかってきました。以前は全くできなかったですが、周りの人を稼がせられるようになりました。これまでは自分の技術不足を山主さんに負担させていたんだなと思います。補助金をあてにしていたらそれが身に沁みないのかなと思います。

菊池　請け負いは自分の経費と出材経費のみで残りは山主に帰属すべき。やり方が悪くて返せないのは請け負ったほうの問題。それから、もし補助金を使う場合、例えば作業道の申請をするときは、３００ｍ道を付ける予定なら１５０ｍで申請して、残りは自腹を切るくらいの気持ちが必要です。技術が伴わないと、工期に追われて仕事が荒くなって山を傷つけてしまう。ノルマに追われてやっていると、先々続かないですよ。

佐藤　菊池さんが言われることが宮崎さんの心に響いて、自分のものにできたのはなぜでしょうか？

宮崎　今までの失敗もあるし、本当に補助金なしでの自立も目指せると感じているからです。共販所（木材市場）に出せる地域の人は、造材技術を身につけて稼ぎを上げる方法をまず、やってみることだと思います。C材や薪は同じ価格でも手間がかかりますし、材の扱いが雑になり、技術が向上していかないです。

菊池　その人が働いてマックスで単価が取れるものを仕事とするべきです。僕はC材なんて伐っている場合じゃない。

佐藤　本業で木工をしながら林業をしている意義はなんでしょう。

宮崎　林業は適切な間伐をすることで収入が得られ、将来の資産になり、環境保全ができて減災に繋がり生物多様性ができる。それだけの付加価値が付けられる仕事は他にないです。収入以上の付加価値が付く。自伐林業のやりがいです。特に子供を持って地域のためにという思いが強くなりました。

左から菊池俊一郎さん、著者、宮崎聖さん

自分の山を持つこと

自立のためには、山を所有することが重要と菊池さんは考えます。自伐林家と自伐型の違いの本質には、税制を理解し、手元にお金を残す財務管理技術も必要であると考えています。

菊池　僕は、山は自分で所有しないとダメだと思っています。山は放置林を買って自分の技能で良い山に作るものなんです。それに木を伐るのが下手なら自分の山で練習をしないと。プロは人の山で練習してはいけない。

宮崎　少しでも山を所有することが大事だと思います。自分の山は大事にするので、その気持ちがあれば、人様の山で作業しても気持ちがわかると思います。

菊池　税制上も大きな差があります。所得税の所得区分が山林を所有している自伐だと山林所得ですが、所有林を持たない自伐型では事業所得になります。山林所得のメリットは、自分の所有林からの伐出収入だと概算経費率が50%認められています。例えば、自伐林家も自伐型林業者も１０００万円の売り上げで経費が３００万円だった場合、自伐林家の経費は、（１０００万−３００万）×50%＋３００万で６５０万が経費として認められます。そこから特別控除の50万円を引いて、課税対象所得は３００万円です。一方、自伐型は実際の経費の３００万円のみですから、７００万円が課税対象所得になります。さらに、課税方式が自伐だと分離課税（山林所得）、自伐型だと総合課税（事業所得）で税率も異なり、住民税なども変わってくるので、手元に残るお金は200万円以上の差が出てくると思います。山林所得は山を所有して15年以上経過していたら適用されますから、早く山は買っておいたほうがいいですね（注：上記の経費計算では詳細は省いた概算として表記しています）。

需要者と情報共有し、商品を創る意識を磨く

丸太を商品として需要者へ届ける発想も稼ぎを出すためには必要です。丸太市場や製材工場側がどんな材を求めているのか、情報共有も必要です。菊池さんが取り引きする製材工場㈲マルヨシを、菊池さんと訪ね、井上剛社長にお話を聞きました。

佐藤　山側に対して何か情報発信することはありますか？

井上　菊池さんには、このサイズの材は慢性的に少ない、といったようなことを伝えています。

菊池　山の作業に入る前に、井上社長に来てもらって「下の2玉をうちで引き取る」と言ってもらうこともあります。それでこちらとしては曲がりもなく長さもきちんと揃えてと精度を上げて納品しています。

佐藤　川下からの情報を山側にはきちんと伝える必要があるということですね。自伐型林業についてはどのように見ておられますか？

井上　ずっとやられてきた自伐林家の人は、今までのお取り引き先が残っているし、これからも永続的にあると思います。一方、自伐型を始めたばかりの人は、良い山の木ばかりを請け負うわけではないので大変だろうと思います。そのときに、何も考えずに2m、3m、6mで切るのではなくて、川中である製材所と情報交換することで対応策も出てくるのではと思います。

菊池　製材所の原木の歩留まりは5割と聞いています。山側がこれからやらないといけないのは、川中の

㈲マルヨシの井上剛社長と著者

製材工場が欲しい材は何かをきちんとつかんで、造材するということですね。山側が思う直材と挽く人が思う直材は違いますから、それぞれの自己判断でブツブツ切ると川下へ繋がらないです。

フィールドノート

菊池さんによる自伐型林業の伐倒研修は、単に技能だけではなく、若者が林業で食べていけるように、シビアに計算して経営的感覚を持って作業を行うことを指導しています。弟子の宮崎さんの話から、造材とコストの意識づけ、補助金をあてにしない姿勢が技術向上に大切であることがわかりました。始めは簡単な薪からと考えていましたが、あらかじめ地域の木材市場状況を知り、製品づくりをイメージして研鑽を重ねることの重要性、小面積でも森林を所有する意義についても、説得力がありました。

どう磨く　自伐で利益を出す知恵と技③

安全対策と人材育成　自伐林家の普及活動

旅の記録

自伐（型）林業者の大きな課題の1つが安全対策です。雇用される林業従事者と違い、安全講習など学ぶ機会が少なく、チェーンソー伐木などの安全技術をどう学ぶかが問われています。愛媛県の林研グループリーダー（愛媛県林業研究グループ連絡協議会会長）である菊池俊一郎さんは、伐木の安全技術講習、防護衣着用の徹底などの研修をこれまで開催してきました。アーボリスト（樹護士）の国際基準であるISAルールから安全対策の理論・科学的根拠を得て、それを取り入れた研修も県林研主催で行っています。

安全が達成されなければ自伐による自立もありえません。菊池さんの安全への考え、指導方法についてお話を聞きました。

自伐を目指すなら、まず安全を考えること

事業主による安全講習や労災保険などがある雇用従事者とは違い、自伐では自分で自分を守る安全への姿勢が絶対に必要だと菊池さんは強調します。

佐藤　自伐はゆっくりやるから危なくないと考えて新たに参入する人がいると聞きます。

菊池　自伐型林業は安全で、儲かると思っている人もいるけれど、そう簡単じゃない。山をまともに歩くことができない人が「思いがあるから林業をやりたい」と言っても無理。山歩きができるようになってから来なさいと、きついことを言ったこともあります。林業をやり始めたばかりの人たちは収入が少なくて、安全ズボンなどが買えなくて、安全対策が後回しになっています。このままでは死亡災害が出るんじゃないかと心配しています。事業体は労災があるし、法にも縛られているけど、自伐型はそうじゃないから潰れる時は早いですよ。

佐藤　研修中でも事故の危険性がありますね。

菊池俊一郎さん

菊池　林業を始めたいと考えている人には、チェーンソーを使う前に安全に関する考えを徹底させるとか、救急講習を受けて止血などの基本的な救急処置は全部できるようにする必要があると思います。僕は講師として関わった所には責任があるので、その後も指導に行っています。彼らは、危険予測がまだできてない、技術的に中途半端な状態で木を伐っている。やれるかもしれないという気にさせて放置することが一番危ないですから。本当は、指導に行くよりも自分で木を伐っているほうが楽なんですがね。

安全の学び方

事故が最も多いチェーンソー伐木。基本的な動作を完全に習得できるカギは、反復訓練だと菊池さんは考えています。

佐藤　安全な作業のために必要なことは？

菊池　もっと伐木造材をしようということです。伐倒の技術は反復練習で上がります。今は径級の大きな木が多くなったので、今の子たちは除伐や伐り捨て間伐などの練習をする機会が少ない。若い林齢の山に練習施設を作って、基本的な練習をさせられたらいいなと思います。僕は研修に行っても始めはひたすらチェーンソーの使い方の指導をします。伐倒の際のケガの要因の大きな部分は、切れないチェーンソーで押さえるからです。押さえていると切り終えた時に自分の体方向に刃が来るんです。チェーンソーの自重で切ることを覚えないといけない。それをただひたすら反復練習。それから、新品のソーチェーンは8割くらいしか切れないので、それが切れると言っているような目立てではだめですね。

佐藤　意識して反復練習をすると技術が高まるのでしょうね。

菊池　それと、どれだけ多くの樹種を触る経験を持てるかですね。例えば伐倒の際、クヌギは全くツルが効かないですが、コナラはすさまじくツルが効く。樹種によって、伐木方法を変えないといけない。伐り方のバリエーションもたくさんあるけれども、研修では時間がないので、追いツル伐りだけを教えています。でもそれが常に安全かというとそうでもない。安全の確率が追いツル切りのほうが高いからそうしていますが。

佐藤　宮崎さん（愛媛県西予市編2／135頁参照）へはどのような指導を？

菊池　彼は、間違っているところを修正するだけでできるようになりました。受け口はなぜここに作るのか、追い口はなぜこの高さなのか、それを説明してあげて、要点を積み立てていって教えています。林業で間違った技術を覚えてしまうと森林の破壊活動になりますから。

国際基準ISAアーボリカルチャーから安全の根拠を学ぶ

科学的根拠、理由を説明して学ぶ。そうすれば根拠を持って作業ができる。これが安全指導の基本といわれます。けれど、伐木造材のさまざまな作業、動作を説明する科学的知見が乏しいことも事実。経験則ばかりに頼るのではなく、しっかりした安全の根拠がほしいと菊池さんがたどり着いたのがアーボリカルチャー

（※1）の理論・技術実践です。

佐藤　アーボリカルチャーに取り組み始めたきっかけは？

菊池　僕は樹上作業を20年くらい前からやっていますが、その技術を教えてくれた師匠が樹上作業中に落ちて亡くなりました。僕は、山の作業も樹上作業も柑橘の仕事も再現性が重要だと考えています。1万回やっても100万回やっても再現できる仕事の仕方です。

ISAから発行されたアーボリスト（樹護士）認定証とワッペン

それで、今の樹上作業のやり方では再現性がないなと思ったので、いろいろ調べてアーボリカルチャーを知りました。ツリークライミングで樹上に上がってロープで固定して落ちない状況で作業をする技術です。

※1　アーボリカルチャー／アーボリスト（樹護士）の業務分野は、特殊伐採（樹上における伐採剪定、断幹、枝・幹下ろし作業等）、樹木の育成・保護、樹木のある景観づくりなど樹木管理全般。アーボリスト技術（アーボリカルチャー）は、国際組織（ISA）によって体系化された世界共通標準技術。

佐藤　いつからアーボリカルチャーに取り組まれたのですか？

菊池　今から7、8年前のことです。当時は青年林業士や愛媛県林研の青年会議議長などをやっていて、その信頼に関わるので、良いか悪いか判断のできないものを教えられない。ですから、樹上作業技術について徹底的に勉強しました。それで、ISA（※2）という団体（国際アーボリカルチャー協会）にたどり着きました。ＩＳＡは事故が遭った時の検証を徹底的に重ねて技術を高めてきた団体です。その研修会を聞きたいとＡＴＩ（※３）という組織（アーボリストトレーニング研究所）に依頼して、６年程前に林研の青年会議で研修を行いました。今年はＩＳＡの実技試験を愛媛県でやれるように段取りしているところです。

※２　ＩＳＡ／国際アーボリカルチャー協会（International Society of Arboriculture／ISA）アーボリストの認証、技術向上、研究活動、社会への啓蒙普及などを行う非営利団体（１９２４年設立、本部はアメリカ・イリノイ州）。会員は北米、中南米、欧州、アジア、オセアニアなど世界47カ国（日本を含む）に及ぶ。

※３　ＡＴＩ：アーボリストトレーニング研究所（Arborist Training Institute）。日本においてＩＳＡが認めるアーボリストトレーニング組織。ＩＳＡを基本としたアーボリカルチャーの理論・技術実践の指導を行っている。本部は愛知県瀬戸市。www.japan-ati.com

佐藤　菊池さんも資格を取得されたのですか？

菊池　昨年の1月に実技試験を受けて、2月に学科試験を受けてパスしました。ＩＳＡの有資格者は、事故率が世界でも飛び抜けて低いというデータがあるので、責任賠償保険の掛け金が下がることもあります。実技試験では、相当な段取りを踏んで重力や力学も計算して作業を行います。でも僕もあと10年早くアーボリカルチャーを知りたかったですね。次は子供に託すことになるかなと思います。

人材育成、根拠ある情報の共有を
——若い県林研会長として

都道府県林研組織の中では比較的若い会長でもある菊池さん。将来を担う地域全体の後継者育成や情報共有など、林研のさまざまな活動を提案しています。

佐藤　愛媛県林研の活動はどういうものがありますか？

菊池　小中高校での森林教室やインターンシップ事業などをやっています。高校生のインターンシップ事業では、林業事業体に大きな高性能林業機械を持ってきてもらって、林業はエアコンの効いた大型機械でできるんだよと高校生に見せています。林業機械も見せどころがあるんです。高性能林業機械のオペレータも伐木造材を学んだ上で考えて使うなら、すごい技術者になれます。自伐林家や素材生産業者など幅広い林業者と交流が持てることも林研の面白いところですね。

佐藤　事業体との繋がりも大切にされているんですね。

菊池　事業体も自伐も大事だと思っています。林業において安定ロットの供給は重要で、木材生産量の9割を事業体が担ってくれる意義は大きい。だからと言って、自伐がじゃまだとなってはいけない。理想は大きな面積は事業体で、小さな面積は自伐がやればいいと思っています。森林環境譲与税の導入で、市町村が経営意欲のない山林とみなすのは、放置林で収益性が低い所だと思います。そういう所の施業委託先が自伐型であっても良いと思います。そういう情報を現場から聞いて、都道府県の考えと照らし合わせて、情報として中央に伝えていく、提言をしていくのも県林研会長の仕事だと思っています。

佐藤　県林研のリーダーとして他に取り組みたいことは？

菊池　次世代が林業をやりたいと言ってくれるような教育もやっておかないと。中学生を対象とした森林教育や、小学5年生の環境教育で森林の話をするとか。そういう研修を林研でやれるように提案していきたいですね。

菊池さんが取り引きする製材工場㈲マルヨシの井上剛社長は、地域活動にも熱心に取り組まれています。地域の約100haの共有林についても、管理を任せられる作業班を作れないかと考えているところです。

佐藤　共有林の山林経営の後継者を個人としては残せないので、コミュニティーとして残しましょうという発想でしょうか。

井上　そんな感覚でいます。共有林を集落で管理する集落単位の自伐みたいなものですね。

佐藤　Ｉターンなどの自伐型の人が地域に入って来てほしいとお考えですか？

井上　他所からの人を呼び込みたいというよりも、地元の若者が携わることができるといいなと考えています。ここの共有林を使って産業を作る、その支援者が皆さま方の共有林組合ですよ、ということです。それで、うちの会社の若い者も自伐研修に行かせたりしました。

菊池　地元の子供たちは産業がないから地域から出ていく。地元の仕事を見せ続けて、ここで子育てができる、暮らしていけるというイメージが持てるようにしてやらないといけないと思います。

井上　せっかく山という宝が地域にはあるのですからね。

旅の考察ノート

自伐林業の世代と技術を繋ぐ

本自伐林業の旅では、自伐林業の担い手を３つの世代に分けて考察してきました。第一世代（現在80歳以上、拡大造林を担い間伐を家族労働で始めた自伐林家）、第二世代（現在50～60才代、第一世代の後継者および雇用中心だった経営を第二世代で自営化した自伐林家）、第三世代（現在40歳以下で、自伐林家の後継者の他、移住者を中心とした山林を保有せずに委託で間伐等を行う自伐型林業を含む）です。これまで、第三世代の若者たちの新しい動きを多く紹介してきました。

菊池俊一郎さんは46歳で、第二世代と第三世代の狭間に位置します。大学の工学部を卒業して就業した頃はバブル経済の真っ只中。同世代の林家後継者で農林業就業を選択した人は極めて稀だった時代です。同世代の仲間と一緒に、ということができなかった反面、第一世代と第二世代の先輩たちから技術を教えてもらえる立ち位置でした。

先人の技術を集約し、それに国際的な認証基準を備えたアーボリカルチャー技術を加えて技術を磨いてきました。それを第三世代やその次の世代に繋ぎたい。熱血漢の菊池さんは時には厳しく若者に接しながら、経営として成り立つための必要な技術、自伐型林業の研修では、特に伐木造材技術を基礎から教えています。第三世代で、一番弟子ともいえる宮崎聖さんの実践を通した納得感からも、確実に菊池さんの後継が育っていることがわかりました。

全ては安全から始まる

研修会でまず教えるのは安全に作業を行うための考え方についてです。防護服の着用、目立ての重要性を座学で、研修では一番安全に伐倒できる追いヅル切りを教えています。段取り、繰り返し練習、さまざまな樹種の伐採経験、そして常に考えながら伐木造材を行うことを徹底しています。木を見たら伐倒造材のイメージトレーニングをすることも大事だとのことです。

自伐（型）林業者は雇用される場合と異なり、自分の考えで工夫できるなど自由である反面、安全に対しても自己管理が求められます。菊池さんのお話を伺い、安全意識徹底の重要性を改めて痛感しました。

個を鍛える
―自伐（型）林業家に必要な内省力―

愛媛県西予市編2／143頁のフィールドノートにも書いたように、菊池さんの長時間のインタビューで最も印象的だったのが自分の頭で徹底的に考えることです。自らを見つめて深く考えることを意味する「内省力」と表現しました。自分の労働分と利益を分けて計算し、労働時間分の所得を確保する、自営業者としての経営の確立が徹底されていました。

愛媛県南部の西予市は、柑橘生産に向いた温暖で年降水量が少ない気候であるとともに、台風被害リスクもあります。そうした地域での林業のあり方を追究し、乾燥から守るために過間伐を避け、日陰をつくるために林床の広葉樹や下草をできるだけ残し、林縁は台風に備えて切らないようにしています。造材では、原木市場の相場や製材工場の売れ筋情報を収集し、在庫を残しながら、一方で現在の所得をきっちり上げていくさまざまな工夫がありました。

　自立した自伐（型）林業経営を目指すとは、「内省力」を有し、個を鍛えていくプロセスなのだと思いました。

自らを見つめて深く考える「内省力」を追求している菊池さん

引き算の思考――コストダウンと省力化――

　菊池さんの林業経営のさまざまな工夫の中で、第一の特徴は、引き算ともいえる思考です。経営改善というと、往々にして何かを加えることによって生産性を上げる、といった足し算の思考になりがちです。しかし、菊池さんの場合は、必要なことかを考え、敢えて行わない、あるいは減じることが選択肢としてありました。

　例えば、広葉樹を伐採しないことは日陰を作るとともに省力化に繋がる、林内作業車が通れば道は簡易で良いなどです。

　また、菊池家所有の山林は28haと現在では小規模所有に分類される規模ではありますが、自宅から原付きバイクで行ける範囲で、3カ所に固まっています。これは先々代が所有地をまとめるために、他の所有者と交渉し、たとえ面積が減少しても交換分合を行ったからだとのことでした。面積を減じても、作業効率を高める選択だったといえます。

かけ算の思考―相乗効果を産み出す―

もう1つの特徴は、かけ算の思考です。農業（ミカン）×林業（育林と素材生産）×樹上伐採の掛け合わせの効果です。

これまで農林複合経営の利点としては、作物の組み合わせで労働配分を均す、価格下落や災害のリスクに強い、機械を共用することでコストダウンを図るなどが挙げられてきました。ミカンと林業との複合経営では、それらに加えて技術面での相乗効果がありました。実を収穫する柑橘と幹を通直に育てる林業は逆の発想が必要ですが、同じ樹木の生理をコントロールするという面では通底しているとのこと。複合経営を見る視点が広がりました。

また、徹底した造材で価値を上げるという作業は、ミカンの厳しい選別とも繋がっていると感じました。菊池家ではミカンを消費者に直接宅配便で販売しています。その際、購入者の居住地域で異なるミカンの味覚嗜好に合わせて選別するという話は驚きでした。

地域と県林研のリーダーとして

菊池さんは、自分の経営については、造材時に歩数を減らすための動線を考え、余分な歩数は「（笑いながらですが）軟骨が減る」とまで言って、無駄を省く徹底ぶりです。一方で、地域のため、愛媛県の林業のため、自伐型林業に就業した若者のため、と役職や講師を務め、時間を惜しまずに活動を行っています。

本考察ノートでは、菊池さんの技術研鑽と林業経営を中心に紹介しました。井上社長とのインタビューでは、製材事業者の立場から、ヒノキ需要拡大の地域ネットワーク構築における自伐林家への期待を伺うと共に、地域の双岩小学校のＰＴＡ会長の立場から林業後継者育成やそのための共有林の活用まで話が及びました。この地は教育熱心な地域として知られ、同小学校は今年で創立１４５年の歴史を有しています。

菊池さんの合理的な思考と行動力の背景には、優れたリーダーを輩出する地域の教育力も関係があるのでは、と思いながら話を伺いました。

第3章

自伐（型）林業と農山村地域社会

集落の力が自伐を伸ばす①
——集落ぐるみの自伐

旅の記録

林家や地元住民が山に入って伐採・搬出などの収穫作業を行う自伐は、さまざまなスタイルへと広がりを見せています。Ｉターン者が行う自伐型林業、グループで行う自伐、木の駅のような地域の学習活動としての自伐など。今も、日本各地で新たな自伐への挑戦が始まっているかもしれません。こうしたさまざまな自伐の取り組みは、林家や地域の人々を活気づける何かがあるように思います。

人々の話に耳を傾け、対話する中で、農山村地域社会の持続のための自伐（型）林業の可能性を探っていきます。そのスタートとなる福井県を訪ね、２回にわたり紹介します（２０１６年４月取材）。

自伐といえば個人レベルで伐出する姿が思い浮かびます。しかし、１人では無理でも、集落のみんなと共にできる林業をと、自伐に集落ぐるみで取り組む事例があります。福井市（旧美山町）の高田集落では、八杉健治さん（66歳）がリーダーとなって、自伐の仲間を増やしてきました。お訪ねした八杉さんのご自宅には、20年前からの集落内の自伐による木材生産量など、緻密な資料が整理されています。質問に、細かな数字から取り組みの背景まで、明確に答える八杉さんです。

八杉健治さん（右）と著者

「自分たちで決める」自伐
──集落ぐるみで計画を立て施業する

まず知りたかったのは、高田集落で自伐林家が増えた背景についてです。

佐藤　集落内では自伐林業が活発だと伺いました。

八杉　1991（平成3）年頃に、林家が道端に間伐材を出しておけば回収する仕組みを森林組合が作ったんですわ。それまで自伐は、私と一部の人だけだったけど、道端の材を見た人たちから「あの木でいくらになったんや」となって、関心が広がったんです。その後、県がサンデー林業を推進したことで、集落に林研グループ「フォレストケア高田」ができて（1995（平成7）年）、自伐化が一気に進みました。現在、会員は41～75歳までの13名で、10名が自伐ですね。

佐藤　皆さんの所有森林面積はどのくらいですか。

八杉　集落全28戸のうち22戸の林家が平均10ha／戸の山林を所有しています。

佐藤　旧美山町のような林業地で河川のある所は、外部の人に山を売った方も多いですが、ここは平均的に所有されているんですね。

八杉　私もそれが不思議で。うちの集落では農地が18ha（現在15ha）ほどあったので、米と炭だけで食べていけたんでしょうね。

佐藤　コミュニティ林業の取り組みについて教えてください。

八杉　いずれは経営計画も立てないといけないと思っ

ていたところに、県からこの事業についての話があったんです。それで、２０１１（平成23）年にコミュニティ林業の母体となる組織「高田木材生産組合」を設立し、集落の山を取りまとめて管理することにしました。他の集落では、木材生産計画に沿った施業を、ほとんど森林組合へ委託してますが、うちは面積の６割を森林組合で、４割は自伐で行う計画を立てたんです。

佐藤　伐出量に変化はありますか。

八杉　集落内の自伐による木材生産量は、１９９３（平成５）年は35㎥／年でしたが、フォレストケア高田を設立以降は約２００㎥／年でした。高田木材生産組合設立後の３年間の平均は５０９㎥／年です。

森林組合による自伐林家の支援

旧町内59集落のうち、９集落でコミュニティ林業を行っている美山町森林組合を訪ね、高松武法氏（前参事）、中村義明氏（森林整備課課長）から話を伺いました。

コミュニティ林業の効果や自伐林業の可能性を森林組合では、どのように考えているのでしょうか。まずは、森林組合が自伐林家の振興策として行っている、小径木を道端で回収する事業について伺いました。

高松　森林組合では、20年前から間伐材の道端回収をやっています。きっかけは、組合が経営する円柱加工場用の14cm材が集まらないからでした。そこで、市場の買い取り価格と同じ価格で組合員さんから買うことにしました。組合も助かるし、組合員さんにも還元しようということです。この買い取り量が、多い時で年

コミュニティ林業の仕組み

集落（コミュニティ）単位で合意形成を図り、「木材生産組合」を立ち上げて、境界確認や道の整備を行い、木材生産を計画的に進めるプロジェクト（初年度のみ140万円の県単補助事業）。農業の集落営農を参考に福井県農林水産部にて立案された。集落周辺におおむね100ha以上の人工林がある地域で５年間での間伐と3000㎥の木材生産を目安とした「木材生産計画」を立て、施業は自伐や委託などを選択して実施する。

左から高松武法さん（前参事）、著者、中村義明さん（森林整備課課長）

間１５００㎥（２０１５（平成27）年は８７９㎥）です。

佐藤　自伐にメリットがある森林組合の取り組みですね。

中村　ただ、木が小さい頃は、まだ自伐の方も多かったですが、木が大きくなって減ってきました。それで、今年から協議会をつくり、自伐の方が林地残材などを搬出し、販売できる「山の市場」（月３回運営）にも取り組み始めました。

高松　山の市場は開所して１カ月足らずですが、初回が67台、次が87台、３回目は１１０台の持ち込みがありました（その後４～７月平均１５０台／月）。年間２００～３００台くらいだと思っていたから、我々もびっくりしています。１３０名ぐらいが出荷者として登録しています。

定年後の60代がキーパーソン

集落を取りまとめていくための秘訣はどこにあるのでしょうか。

佐藤　コミュニティ林業の立ち上げの際の組合の関わり方は？

高松　集落（皆さんの意欲）を焚き付けるのは県で、組合は情報提供などのバックアップです。集落がまとまり、間伐や道付けなど具体的な計画段階になると組合が集落の人と話をします。経営計画をすでに立てている集落は、それに基づいて提案します。

佐藤　経営計画を立てている集落では、コミュニティ林業でさらに徹底するし、逆に、コミュニティ林業で計画を立てて、それを経営計画に乗せられるようにすることもあるんですね。不在村者への連絡は？

高松　集落の林家組合長にお骨折りいただいています。

佐藤　林家組合長とは代議員（総代）さんのことですか。

高松　いえ、県が昔作った組織です。旧美山町には53集落ありますが、各集落に自治会長と農家組合長と林家組合長がいて、この3人が集落の重要な役職です。

佐藤　集落の規模は？

中村　一集落が20～30戸くらいです。

佐藤　コミュニティ林業に関心のある年齢層は？

高松　50～60代で、動いてくれるのは60代ですね。

佐藤　もっと上の70、80代かなと思っていました。

中村　60代は子供の頃に山に連れて行かれた経験はあるけど、30年くらいのブランクがあるような団塊の世代ですね。定年になったばかりという人が、地域で音頭を取ってもらうことが多いです。

佐藤　定年後に地域に関われる先として、集落営農やコミュニティ林業があるということですね。

高松　そういう人のいる集落は、がっと行きますが、いないとなかなか進まない。コミュニティ林業は、組合にとってもプラスになっています。集落で計画を組んで、道も付けて、仕事がしやすくなりました。住民も、間伐によって獣害対策の効果が非常に出て喜んでいます。特に、道ができて、ぜんまい道として山に行く人が増えて、山が近くなったという声を聞きます。ぱっと山への関心が広がりますね。

集落のまとまりが生まれる森林所有形態

「なかなか集落がまとまらない、動かない」、そんな声が全国の多くの地域から聞こえてきます。しかし、福井県ではなぜ集落のまとまる力が高いのか。福井県庁（福井県農林水産部県産材活用課主任・生田昌彦氏）を訪ねて、まずその疑問を投げかけました。

佐藤　集落で林業に取り組むことになったきっかけは何ですか。

生田　コミュニティ林業には参考としたモデルがあります。農家が実践している集落営農です。集落の結びつきの中で協力しながら農業経営を行うように、山も集落の住民が集まって、自分たちの山の問題を自ら考えながら山林管理ができないかという発想で取り組みを始めました。

佐藤　他県では集落の範囲を超えて山林を所有していることも多く、集落単位では山林がまとまらない場合も多いのですが。

生田　福井県では、だいだい集落の人が集落内に山を持っています。

佐藤　戦前来の優良林業地の場合、林地の買収が行われ、大規模所有地域となっていることが多いですが、福井県ではいかがですか。

生田　県内には福井市（旧美山町）を含め、池田町や越前町糸生、鯖江市河和田などの優良林業地がありますが、大規模所有はあまりありません。

佐藤　コミュニティ林業の施策効果については？

生田　２０１０（平成22）年からコミュニティ林業に取り組み、２０１６（平成28）年３月末現在で75集落の木材生産組合が設立され、これまでに10万㎥の木材が生産されています。集落の方々からは、「間伐材の生産量が増え収益も上がった」「境界が明確になった」「集落の絆が深まり、若い人の山への関心が高まった」など、取り組んで良かったという意見を多くいただいております。

旅の考察ノート

取材では「自伐林業」の共通解を求めるだけではなく、地域社会の中に「自伐」を位置づける視点を持って旅をします。紹介する事例は、そのまま真似をすれば他の地域でもうまく行くというものではありません。共通のスピリットを探っていきたいと思います。加えて、技術の特徴と世代継承のあり方という視点も、自伐（型）林業を考察する上で重要です。戦後の拡大造林を担った昭和一桁生まれ世代（80歳以上）が

リタイヤ期を迎えています。その世代を第一世代として、その後継者であり団塊世代を含む50～60歳代を第二世代、20～30歳代を第三世代として紹介していきます。年齢はあくまで目安と考えてください。

集落が森林管理の主体
～コミュニティ林業の有効性～

今回の取材で、第一に印象的だったのは、集落を主役として、地域の森林管理の核に位置づけられていることです。自伐林家である八杉さんがお住まいの高田集落はその典型ですが、自伐ではなくとも集落が路網や施業地の年度計画、搬出の方法（自伐か外部に委託か）などを決定するのが「コミュニティ林業」です。森林所有者の関心を山に向かわせ、素材生産の増加に結実しています。素材生産量の増だけではなく住民が山に行く機会が増え、獣害対策にも繋がっています。森林経営計画も福井県の場合、ほとんどが集落単位で樹立されています。

山際に集落が立地し、水田が広がっている景観。住民が後背にある地域の山林を所有している割合が高いことが福井県の特徴です。そのことは、中小の農林家が林地を手放さなくても暮らしていける水田農業の基盤があったからで、集落の繋がりが強い地域といえます。

一方で、多雪地域である福井県は米以外の農作物の導入が難しく、米の単作地域です。米作は１９６０年代以降、機械化と化学肥料の普及によって、必要な労働量が激減しました。専業農林家は非常に少なく、第二世代は農林業以外の仕事を見つけてサラリーマンをしていた人がほとんどです。その世代が定年を迎え、地域に戻ってきています。「コミュニティ林業」政策が第二世代のパワーを引き出し、地域の森林のことを「自分たちで決める」意識が向上しています。

高田集落における集落営林の仕組みとリーダーの存在

第二に印象的だったのは、高田集落における八杉さん（指導林業士、所有面積25ha）のリーダーシップと集落営林の可能性についてです。

八杉さんは学卒後、繊維工場に勤務し、１９８４（昭和59）年に森林組合に請われて転職し、定年まで勤め上げました。勤務しながらも休日を利用して自家山林の育林や間伐を行い、林業の技術を磨いてきました。同時に、八杉さんは、集落全員が楽しめる催しを同世代の仲間と一緒に提案するなど、高田集落が元気になるように心を配ってきました。そうした中で林研グループ「フォレストケア高田」も設立されたといえます。会員や共有林の山林で一緒に間伐作業をして、材を出しています。安全を第一としながら、会員の技術レベルも上がり、それをコミュニティ林業施策が後押ししました。林研は休みの日を利用しての活動であり、搬出するのは30㎥／年程度です。その他は会員が自分の山林から搬出しています。

仕事や家庭の都合、体調などによって個人の搬出量は安定していません。過去3年間に毎年販売しているのは6名で、１００㎥／年以上は八杉さんを含めて2名です。しかし、高田木材生産組合としてコミュニティ林業の要件を満たすように、集落内で話し合い、自伐生産が５００㎥／年まで拡大しているのです。小規模林家だけではできない安定供給を集落で実現しているといえるでしょう。

さらに、集落内の新しい試みとして、集落内の壮年部が高田集落範域の農林地と宅地の約２０００筆の境界を次の世代に教えるということも始めています。世帯単位で引き継ぐことが難しくなってきた土地の境界や記憶を、集落で次世代に伝える。地域での記憶の共有化は集落維持の基本だといえます。

自伐した材の有利販売のために
～美山町森林組合の取り組み～

第三は、自伐によって出荷された材を販売する時の森林組合の役割についてです。美山町森林組合は、林家が道端まで搬出したら、それを原木市場の価格で買い取っています。原木市場に出荷する場合と比べると、市場までの運搬コストと市場手数料が必要なく、その分、林家の手取りアップに繋がっています。森林組合は道端での買取価格表を総会資料や林家組合長を通じて配布するチラシにも掲載しています。

道端集材の仕組みが可能なのは、美山町森林組合が杭木からログハウス用材までさまざまな種類の円柱加工（年間販売量約1・2万㎥）を行い、販売網を開拓、建築の受注まで行っているからでもあります。

この森林組合による円柱加工と道端集材の仕組み作りにおいても八杉さんの足跡がありました。森林組合の元参事からヘッドハンティングの話があり、繊維会社の上司を説得して森林組合に就職。市場手数料をなくして、林家から材を高く買って、加工して高く売ることによって「林家も森林組合も両方利益になるような」仕組みが模索されました。販売網を広げるために、飛び込みで営業をするなど森林組合時代の苦労もお聞きしました。

木質バイオマス発電用チップ材土場にて

さらに、２０１６（平成28）年から始まった木質バイオマス発電用原木の集荷は、森林組合が想定していた以上の実績を上げており、林家の生産意欲を高めています。山の市場では１ｔ当たり８５００円と、これまでのチップ用原木価格に比べると高い買い取り価格の設定です。発電所への運搬費や整理代等、発電所への販売価格（７５００円／ｔ）との差額分１０００円／ｔは森林組合が組合員サービスとして負担しています。集荷開始に当たって組合員が関心をもってくれるような価格設定であり、今後見直されると思われますが、組合員による自伐の取り組みを応援する姿勢の一貫性には注目すべきでしょう。

福井県　福井市編2

集落の力が自伐を伸ばす②
――共に生き、人を育てる仕組み

旅の記録

集落ぐるみで自伐林業に取り組んできた高田集落。牽引役となったのが八杉健治さん（66歳）です。指導林業士であり、美山町森林組合の職員だった八杉さんの経験に基づくリーダーシップが、高田集落でのまとまりを創ってきました。

さらに２０１５（平成27）年からは集落内にとどまらず、若い人材を育てたいと「森の育成塾」を個人で立ち上げました。そこには、農林業への就業を模索していた若者などが、八杉師匠の林業技術と経営指導を求め集まっています。それは、既存の林業教育・研修とは違う〝生徒が〟自ら先生を選び、学ぶというスタイルです。山で暮らし、仕事をしながら学ぶ〝受講生〟は、八杉さんの内弟子と言っていいでしょう。こうした学びのスタイルが、どのように人々を育てるのか、その現場を訪ねました。

真剣に考えてくれる人、そして安全が大事、これが塾の基本

八杉さんは若い頃、勤めの傍ら木を植え、山仕事を覚えてきました。その後、森林組合の加工部長も経験。その八杉さんが森の育成塾を立ち上げ、若い人たちへ

林業の技、そして仕事と向き合う姿勢を伝えています。

八杉さんと山の現場に向かい、林業を人に教えることの難しさについての質問から始まりました。

佐藤　林業技術を人に教えるようになったのはいつからですか。

八杉　1981（昭和56）年に指導林業士になって、いろいろな技術研修も受けていたので、集落の人に教えるようになったんです。

佐藤　集落の人は抵抗なく指導を受けてくれましたか。

八杉　近所の人が、庭の高木を切ろうとして四苦八苦していたんで、道具を貸して伐倒方向を教えたことがあったりね、山仕事をしている人のチェーンソーの目立てをしてやったこともあって。

佐藤　実践指導を受けて技術力が認識されていったんですね。集落外の人に教えるようになったのは？

八杉　一昨年に大病をして、これで終わりかなと思ったら、病室で「森の育成塾」をやろうと決めたんです。

佐藤　若い人を育てたいという気持ちがむくむくと湧いてきたんですね。

八杉　そこへちょうど、農林業をやろうとしていた若者たちが、森林組合に相談に行って、僕を紹介されたようだね。それにうちの孫（22歳）も今の仕事よりも「爺ちゃんの山仕事のほうが銭儲けになる」と思ったみたいで、育成塾に参加しました。小さい頃から山に連れて行った甲斐がありましたわ。

佐藤　頼もしいですね。

八杉　うちでは、山で採れた銀杏、コシアブラ、タラの芽を道の駅で売っていて、おかず代にはなってます。薪は自宅横の棚に並べて販売しています。カシは50円／kg、その他広葉樹は40円／kgです。昨年は1・5ｔ売れました。きちんと看板を出したら、通りがかりに見て電話がかかってきます。若い人たちにも、山で採れるものの着眼点を教えて、山から副収入が得られる力も付けてやりたい。

佐藤　次の世代も自伐林業をする可能性はあるとお考えですか。

八杉さんの自宅横の棚に並べて販売される薪

八杉健治さん（左）と著者

八杉　僕はあると思う。山の材積は増え、手入れが必要な山は増えるばかり。塾でも「良い山にしてくれるという信頼をもらえたら仕事はいくらでもある」と言っています。地域の核になるリーダーを育てないと過疎化は進むばかり。林業をやろうという意欲を持った人が1人でもいれば、横に広がっていきます。

佐藤　志のある自伐（型）林業者を育てるためのポイントは？

八杉　自分の心に甘えがあったり、じゃまくさい（手を抜く）人は事故を起こす。リーダーは想定される危険を考えられる人だね。安全が一番大事。

疑問がわいたとき、すぐに訊ける身近な師匠

高田集落では今年から、定年退職をした真杉高弘さん（60歳）が本格的に自伐林家としてデビューされました。「年間1haは間伐したい」という真杉さんは、身近に師匠がいてくれる有難さを語ります。

真杉　これまでは、「フォレストケア高田」（林研グループ）の活動で山仕事をする程度でしたが、これからは所有林50haのうち、15haくらいを順々に自分で間伐していこうと思っています。それで、インターネットオークションで中古のユンボ（0・15）を買ったところです（運賃込み150万円）。

佐藤　施業に対する不安はありませんか？

真杉　いや不安よりも、わくわく感のほうが強いですね。夜寝る時も、あの木はどっちに倒したらいいかな

とか、梅雨までにはあそこまで済ませようとか考えて、楽しくてしょうがないです。

佐藤　近くに師匠がいらして良いですね。

真杉　はい、八杉さんと一緒に間伐作業をすると、選木や伐倒方向なども技術の差を感じます。採材もまだまだこれからですね。でも八杉さんのおかげで、間伐した時の収入がどのくらいになるとか、そういう自信は持てました。

真杉高弘さん（写真右）

若い人の意欲を引き出し、支援することで生まれた林業団体

さまざまな職歴を持つ人が、新たに森と関わる生き方を選択し、その中で自伐型林業を始める。そんな事例を各地で耳にします。ここ福井市で宮田香司さん（45歳）、南直行さん（31歳）の2人が自伐という選択を決断した背景には、師匠である八杉さんの存在があったそうです。

佐藤　これまでは、どんなお仕事をされていたんですか。

宮田　飲食業や工場勤務、営業などいろいろで、成功もしたし、独立して苦しい思いもしました。それで、お金に左右されない生活がしたくて、里山暮らしを始めました。

南　僕は、福井市内の企業に勤めていたんですが、時間に追われて会社に使われている人生で良いのかと思っていたら、宮田さんに出会って、ここに通うようになりました。

佐藤　林業を志した理由は？

宮田　農業は、例えばトウモロコシを10万円分売るためには1000本の苗や面積、期間が必要だけど、林業は昔の人の恩恵を受けることができて、伐ったらすぐ現金になるんです。しかもそれをやらないと山は荒れるわけでしょ。それで、地域の山林の管理経営を代行する「ふくい美山きときとき隊」（以下、きときとき隊）という団体を設立しました。自分たちは食べていければいいので、儲けではなく、未来に良い山を残したいという気持ちでやっています。

写真左から著者、南さん、宮田さん、八杉さん

佐藤　施業地はどうやって見つけたんですか。

宮田　ここの（大宮町集落）山林所有者の方に「良い山にしますんで」とお願いして、4haの山（所有者10名）で5年間の管理協定を結んで、今年度から多面的機能支払交付金の予算を使って道付けや間伐などをする予定です。

佐藤　集落の方からの信頼をどうやって獲得したんですか。

宮田　これまで6～7年ほど農業をやってきて、集落の行事にも積極的に参加して、ここで頑張ってやっていくと伝えてきました。でも林業は、やりたいけどどうしたら良いかわからなくて、1年間くらい悩んでたんですが、八杉さんに出会って、八杉さんの紹介だと言うと話も通ることが多くて、悩んだあれはなんだったんだろうという感じです。

佐藤　八杉さんの森の育成塾に参加したんですね。

宮田　はい、地域の歴史や林業の基本などを教えてもらったので、山に入ったときに見るポイントが少しずつわかってきました。山仕事をやっている最中でも、育成塾で書き留めたノートを見直します。記録用に撮ったビデオを見返すこともあって、「八杉さんならどうするだろう」と考えながら作業をすることも多いです。「林業は腕と心意気があれば収入になる。信頼を得ろ」と、八杉さんに言われたことを励みにやっています。

旅の考察ノート

福井県を訪ねたのは、県独自のコミュニティ林業政策と自伐林業の関係を探りたかったからです。訪問してみると、八杉さんの周りに自伐（型）林業が広がっていることがわかりました。八杉さん自身も自伐技術を教える活動に情熱を傾けていました。師匠から自伐の技術、仕事の段取りや作法、山からの恵みの活用法を学び、自伐（型）林業者が育っています。

第二の人生を自伐林業で豊かに
～学ぶ歓び～

60歳になって自分の山で間伐を本格的に始める真杉さんにとって、一緒に作業しながら教えてもらえる八杉さんの存在は重要です。自伐林業の技術とは、将来の山の価値を高める施業をしながら、現在の収入もできるだけ多く生み出すことといえます。雇用されてその時点の収入を目的に一定量をこなすという技術とは異なります。常に自分の頭で考えなければなりません。仕事で壁に当たり、疑問が生まれた時、すぐに師匠に質問できる関係、そこに本当の学びが生まれています。真杉さんからはそうした考えながら学ぶことの楽しさを伺うことができました。第二の人生を豊かにする、山がある幸せを強く感じたインタビューでした。

もちろん、その基礎には安全に対する高い意識が必要です。「森の育成塾」でも、安全への心構えや安全作業については繰り返し強調されています。

集落の森林を委せてもらうために

一方、新規に林業を始めようとしている宮田さんは、山林を所有していないタイプの自伐型林業者です。妻の実家の養子なので集落に縁もゆかりもないＩターン者ではありませんが、農のある新しい暮らしを求めて移住してきたよそ者です。宮田さんは集落内の所有者から山林を借りて間伐施業を実施し、農林業で暮らしを成り立たせて行く予定です。林業はエネルギーの自給、そして伐採できればすぐに所得にできて生活を安定させることができるという両面の意味があり、農業と組み合わせたいと考えています。宮田さんの理念や暮らしのあり方に共感し、Ｉターンしたいという若者が増えています。こうした彼らの取り組みに対して、八杉さんは、林業の歴史と信頼を得ることの大切さを諭し、応援しています。

考えながら学ぶことの楽しさを語る真杉さん

山を所有していない若者が家族や仲間で林業を始める、「自伐型林業」と称される動きに対して、「よそ者」が山を借りることができるのか、一人親方の請負作業と同じではないかとの疑問も持つ読者の方もいらっしゃるでしょう。この点、自伐とは何かを考える上で重要なポイントです。

「きときとき隊」は大宮集落という固有の地域を対象にしています。八杉さんの口添えだからということもあるでしょう。しかし、重要なのは、草刈りなど集落の仕事や行事に参加し、宮田さんが住民の一員として信頼を得てきたこと、そして「いい山にします」という熱意が地域の住民に伝わって山を委せてもらっているのです。森林経営計画の作成も計画中です（２０１６（平成28）年8月認定）。

「きときとき隊」では、今年（２０１６（平成28）年）度から作業道を入れ、間伐を行っていくため、まだ木材の販売と経費がどれほどかはわからない状況です。間伐の協定を結んだ所有者の要求は「風呂用の薪はとってきて」、あるいは「イノシシにとられる前に自宅で食べる分くらいはタケノコが欲しい」といったものだそうです。

大宮集落は、国道沿いに立地していることもあり、兼業化がいち早く進んだ集落であり、過疎高齢化の中で近年は空き家も目立ち始めています。第二世代で林業を営んでいる世帯はなく、80歳代（第一世代）で最後まで林業に従事していた「山男」（宮田さん談）が亡くなった後は、山に関心を持つ人も数少ない状況になっていました。集落内では林業技術が継承されず、造林の記憶さえ失われつつあったといえます。

山林を所有していないタイプの自伐型林業者の宮田さん

こうした地域へ若者が移住し、林業を始めたいと真剣に活動している姿は、住民の山への関心を蘇らせることに繋がっています。

過去に想いを馳せる力

実は昨年（２０１５（平成27）年）、「きときと隊」は活動拠点を構えるに当たり、偶然にも空き家になっていた「山男」さんの家と蔵を借りることができました。都会に他出している息子さんからは、チェーンソーなどさまざまな山の道具も使ってくださいとの申し出がありました。磨き上げられた道具を見ると、地域の山を守らねば、というやる気も起きます。

森林組合では取りまとめができない森林を、よそ者であっても生活者となり信頼を得ながら委せてもらえる。過去の営みにも想いを馳せることができて、地域の山を自分の山のように施業する。自伐型林業が単なる請負作業者とは違うポイントはここにあるのではないでしょうか。

山の恵みを自ら販売する楽しみ

自伐（型）林業者の木材を販売する森林組合の役割については前述したところですが、八杉さんは、材や山菜などを自分で販売して収入にする途も教えたいとのことでした。年金生活者にとって、年金以外の小遣いがあると生活が潤い、地元の店でお金を使うと地域の経済へも良い影響があります。

宮田さんの場合は、現在はまだ建築材を販売するまでには至っていませんが、写真のような木の置物づくりを始めています。エネルギー自給を目指して薪をつくり、その中で形の良い端材に「ゆる文字」（妻の裕子さん担当）を書いて、道の駅で販売しています。センスが良く、温泉旅館の玄関に置かれるなど、売れ行きも好調とのことです。

宮田さん夫婦で手掛ける木の置物。道の駅で売れ行きも好調

行政も動き出した 自伐（型）林業者の養成

福井県は2016（平成28）年度に新規の林業就業者を対象に「ふくい林業カレッジ」を開校しました。9名の入学者のうち、4名は宮田さんを頼ってきた若者（うち2名は女性）、そして、自伐第四世代ともいえる八杉さんのお孫さんも研修生として入学しました。

当カレッジは、事業体雇用タイプの林業就業者のみではなく、自営的な林業者の養成も目的にしており、八杉さんも講師として教える予定です。福井での自伐（型）林業の広がりに今後とも注目です。

若い自伐型林業者の育成

本福井市編で登場いただいた八杉健治さんは、2019（平成31）年3月26日にご逝去されました。享年69歳、早世が残念でなりません。

氏が晩年、尽力したのが若い自伐型林業者の育成です。時いた種は確実に芽を出して大きく育っています。「ふくい美山きときと隊」は現在（2020（令和2）年3月）、10名で活動しています。山守技術向上研修を実施し、大宮集落での作業道づくりを推進しています。その作業道の様子はドローンで撮影し、ホームページ上で公開されています（http://kitokitoki.com/）。

現在では、宮田さんが伐倒や作業道づくりの講師を務めるようになっています。宮田さんは前職を活かし『「自伐型林業」の魅力』といった小冊子も作成しています。

八杉健治様のご冥福を心よりお祈り申し上げます。

鳥取県　智頭町編1

新しい自伐型林業の胎動①
――自伐第三世代の若者が描くバランス・スタイル・デザイン

旅の記録

大谷訓大さん（34歳）が身に着けているユニフォームの背中には、「皐月屋」のロゴと「智頭林業」の文字。智頭への思いを背負い、2010（平成22）年に40haの所有林で自伐林業を始め、現在は林業事業体㈱皐月屋を立ち上げて、小谷洋太さん（31歳）と一緒に山仕事を行っています。今回の自伐の旅は、皐月屋の2人が施業を請け負っている智頭町の山からスタートしました（2016年4月取材）。

2人の若者
―大谷さん、小谷さんの自伐スタイル

大谷　ここは、藤森英之さん（57歳）から委託された2haの山です。小谷君と2人で作業道を付けながら、自分の所有林と同じような感覚で、「落ち木（劣性木）」から伐って、その結果として2割程度の間伐率になると思います（伐出予定70㎥）。山主さんには、先々（材価が高くなるような）良い山にするための施業をするということで理解してもらい、木材販売価格の2割程を返すようにしています。

佐藤　ご自身の所有林での施業は？

左から、小谷洋太さん、著者、大谷訓大さん

大谷　8mや12m材、寺社用の葉枯らし材など、注文を受けて材を出すことがありますね。

佐藤　所有林で特注材に対応しつつ（自営）、（皐月屋としての法人経営では）施業の請け負いで良い山を残していくということですね。「皐月屋」という屋号は、「五月田」という大谷さんの暮らす集落名が由来ですよね。地域に対する思いを感じます。

大谷　次世代に繋がるような質を大切にした山づくりがしたい。東日本大震災の年にちょうど子どもが生まれたこともあり、震災の衝撃で、その気持ちが強くなりましたね。

佐藤　小谷さんの入社のきっかけは？

小谷　中学高校の先輩後輩で、その繋がりから大谷さんに誘われました。うちの祖父母も林業をしとったし、嫁さんの家族も農業との兼業が可能だからと林業にすごく賛成してくれました。以前は大手の花屋に勤めていて、その前は建設業で重機に乗っていました。

大谷　彼は生け花もやるし、うちの小屋の基礎工事をやってくれたり、いろいろなスキルがあって助かりますよ。

バランス型の選択
――林業＋さまざまな副業的取組を企画・デザインする若者たち

林業を仕事の中心にしながら、自分の好きな時間の「X《エックス》」を大切にする「半林半X」という暮らし方。自分の好きな時間Xが、収入に繋がればなお嬉しい。そんな、若者の新しいライフスタイルに合った林業が智頭でも広がっています。大谷さんのXの1つは、海外への旅。その時間を確保するため、1年のうち降雪期の2月を休業期間にしています。一方、小谷さんのXは生け花のようです。

小谷　大谷さんの山では支障木のヒサカキを切り採って、以前勤めていた花屋に直接卸すこともあります。それと、将来的には山に生け花用の花木を植えたいと思っています。

佐藤　山の見方も変わってきますね。

大谷　智頭には面白い人がたくさん集まっていて、元シェフの友人は、お金が貯まるとインドに出かけ、帰国するとカレー屋と林業の兼業をやっています。

佐藤　半林半カレーですね（笑）。

大谷　自分の所では、昨年から減反田でホップの栽培を始めました。地元集落の人気パン屋が作っているクラフトビールの原料用で、新たな地域産物にしたいと考えています。

学びのデザイン
――業としての自伐力を獲得する

大谷訓大さんは、林業技術を磨きたいと若手林業者11名で「智頭ノ森ノ学ビ舎《や》」を2015（平成27）年に立ち上げました。

取材当日は、「智頭ノ森ノ学ビ舎」の総会が開催され、代表の大谷さんを始め、赤堀宗範さん（青年林業士）や事務局の國岡将平さんなど8名のメンバーが集まっていました。彼らが次年度に計画している活動のうち、特に印象的だった内容をご紹介します。

①町有林での森林整備事業

間伐面積2ha、木材生産100㎥、作業道開設500mを予定。施業は地域おこし協力隊や手の空いたメンバーで班を編成し、赤堀さんや皐月屋のプロメンバーが応援する。時給1000円を支払う予定。ここで施業経験を積んで山林バンク（智頭町が民有林の所有者と自伐林業者のマッチングを図る事業。詳細は187頁参照）に移行するのが理想。

②自伐林家の育成事業や「智頭林業の伝統継承と新たな可能性の模索」事業

自伐林業塾や定期的な勉強会として、安全講習会、オウレン採種、測量、スギ皮はぎ、大径木伐採、新月伐採などを開催。

③バックホー（中古）と林内作業車（新車）の購入

「森ノ学ビ舎」として機械の購入については、補助金を3割、残り約300〜400万円を金融機関（林業改善資金）から借りて10年ほどで返却する。全額補助金を活用する選択肢もあるが、敢えて借金をして返していく。るために、敢えて借金をして返していく。経営感覚を身につけるために、敢えて借金をして返していく。

佐藤　森ノ学ビ舎では、どういった技術を身につけたいですか？

大谷　作業道のスキルを磨くのが一番大きいです。「先祖の山守り隊」（「NPO法人持続可能な環境共生林業を実現する自伐型林業推進協会」の若手会員による任意団体）の研修会に参加して、岡橋清隆さん（清光林業㈱相談役）に道づくりを習って、山全体を見る力などとても勉強になったので、みんなで共有したい。それと昨年度（2015（平成27）年度）は、皐月屋の事務の一部を國岡君にやってもらいました。そういう事務を「森ノ学ビ舎」でシェアしたり、情報を共有するために、シェアオフィスを持ちたいと思っています。

佐藤　メンバー各人の事務の共同化を図るということですね。

「智頭ノ森ノ学ビ舎」の総会日には、安全講習のワークショップも行われ、熱心なディスカッションが続いた

森ノ学ビ舎では作業道開設スキルを磨くことに力を入れている

信頼を得ることの意味

佐藤　皐月屋のこれからの経営の計画は？

大谷　補助金を活用して、２人体制で年間１５００～２０００万円の売り上げを目指したい。将来的には雑《ざっ》木師《きし》（立木を1本単位で購入して伐出する個人林業者）のように、銘木を扱って特市にも出荷したいですね。

佐藤　（単価の高い）特別に良い木を、立木で１本買いするということですか。

大谷　いえ、あくまでも間伐して山づくりをしながら高齢級の木も伐出していきたいと。そのためにも、質の良い仕事を取ってくる必要があります。

佐藤　質の良い仕事とは、大谷さんの目指す山づくりを理解してくれる所有者さんということですか。

大谷　そうですね。例えば今回の藤森さんの山（冒頭で紹介した、間伐を請け負った2haの施業地）は、森林組合が立てた森林経営計画に入っていて、組合としては、一般の請負業者と同じように㎥単価の出来高制での請け負い施業を希望していたんです。でも、それだと自分が藤森さんに提案した山づくりができない。それで、「将来的に良い山になるように」という所有者の意向を優先して、いつもの自分のスタイルで施業することができたんです。

皐月屋に施業を委託した藤森英之さんにも話を伺ってみました。

佐藤　所有林を大谷さんに任せたのはなぜですか？

藤森　私の本業は土木建設業ですが、彼に工事現場の架線下の伐採を頼んだら、すごく丁寧な伐採でした。それで、将来的には、うちの山（15ha）全部の管理をしてもらいたいと思っています。山の状態が全てわかっている、かかりつけのホーム

皐月屋に施業を委託した藤森英之さん（左）

ドクターみたいな方にお願いしたいということでね。

佐藤　森林組合の施業プランに比べて大谷さんのほうが、山主に還元される金額が低かったのではないかと思いますが。

藤森　森林組合は、どのくらいの材積を伐出できるかということが明確でしたが、大谷君は山を将来的にどうしたいのかが明確でした。返ってくる金額の多寡は問題ではなく、将来的に良い山にしてくれるということで彼に任せました。

旅の考察ノート

地元愛に満ちた若者だ。鳥取大学の家中茂教授に紹介されて、智頭町で大谷訓大さんに会った時の第一印象です。本自伐の旅で、ぜひとも智頭町を再訪し、新しい自伐（型）林業の胎動を紹介したいと思いました。自伐第三世代に当たる若者は自伐（型）林業の何に魅かれ、優良大径材の歴史ある智頭林業地で、どのような林業を目指しているのでしょうか。

智頭町へUターン

大谷さんは智頭町出身のUターン者です。大阪で勤めをしていましたが、学生時代からはまっていたヒップホップの本場を一度見てみたいと、単身渡米。ヒップホップには地域地域の文化と音楽を大切にするという真髄がありました。1年程の放浪を経て日本に戻ると、智頭町は平成の町村合併問題に揺れていました。故郷から届く情報で、合併せずに独自路線を貫こうとする現町長の姿勢に誇りを感じたというのも帰郷を後押ししました。そして始めたのが自家山林での自伐でした。昨年、価値観を共有する小谷さんを雇い、設立したのが㈱皐月屋です。大谷さんが目指す林業を語る時、キーワードはバランス、スタイル、デザインです。

時間と空間のバランス

第一のバランスについてです。「智頭ノ森ノ学ビ舎」

間伐の選木で重視しているのは「空間のバランス」

総会の代表挨拶で、大谷さんは「生きていくための林業と将来に残していくための林業とのバランスを考えることの重要性」を語りました。今だけの利益のために資源を食いつぶすのではなく、先代から引き継いだ森林の価値を高め、将来に繋げる。時間軸の中で、今の自分の生活を考えるという意識がバランスという言葉に現れています。

間伐の選木については「空間のバランス」を考えるとのことです。材の販売は、市場売りだけではなく、建築士の友人と連携し産直も試行しています。ただし、「注文材だけではバランスが壊れる、優良材ばかりを伐って、悪い木ばかりの山になるから」と森林にとって何が必要かを模索する姿が印象的でした。

「半林半X」の暮らしと仲間づくり

第二のキーワードは、スタイルです。智頭では林業を中心として、趣味や特技、地域の条件を活かしたさまざまな生業のスタイルがありました。特徴は、自営業の複合という点です。小谷さんは、鳥取駅構内やホテルに依頼されて生けるほどの華道の腕前です。将来は、智頭町一の旧家、石谷家の床の間に自分で育てた花木を生けてみたいとのこと。夢のある素敵な「半X」です。

大谷さんは収入となる「半X」として、当初は米作りを考えていました。皐月屋は無肥料・無農薬の農産物販売も事業の1つに掲げています。ホップ栽培はクラフトビールという特産品作りであると共に、地域内で自給率を高め、資源の循環を図るという発想です。地元の原料で作ったビールをその地で味わえるということも智頭の魅力を高めます。

スタイルという点で、もう1つの特徴は「仲間と共に」ということです。福井県福井市編（156頁）では第二世代の自伐林家が内弟子を育成するということに注目しましたが、智頭では第三世代の中で学びの場が立ち上げられていました。共同オフィスというメンバーの要望に基づいた具体的な活動も始まっています。黙々と、ある意味孤独に技を極めるタイプがこれまでの自伐林家像だったとすると、仲間を作り、情報共有をする技術習得のスタイルはSNSが普及した時代の特徴だと感じました。

景観をデザインする感覚

第三のキーワードが、デザインです。友人のデザイナーに依頼し、皐月屋の会社ロゴを作り、作業服やユンボ、会社のフェイスブックにもマークを用いています。ぜひ、「皐月屋」とウェブ検索してみてください。

作業服にも皐月屋の会社ロゴ

そして、間伐の作業地での会話で感じたことは、自伐型林業を行うことによって景観をデザインする感覚が仕事の愉しさに繋がっているということです。智頭はマサ土（花崗岩の風化土壌）が多い地質であるため、道づくりには万全の注意が必要です。皐月屋では幅員2・5m以下、法高を抑え、壊れにくい、そして「景観に溶け込むような道」を目指しているとのことでした。道づくりを始めて半年しか経たない小谷さんですが、師匠の岡橋さんが驚くくらい上達が早いそうです。

バランス、スタイル、デザインに主体性を持つために

こうした林業を自家所有林だけではなく、施業受託地でも実践するためには所有者との契約方法が重要なポイントになります。間伐を㎥いくらの請け負いではなく、目指す林業を所有者に説明し、木材の販売価格のおおむね2割を返すことにしています。「おおむね」というのは施業が終わった後に、大谷さんが販売金額と経費を明らかにして精算するために、幅を持たせて

います。契約を販売割合にすることは、量をこなすだけの作業請け負いではなく、質を上げて販売単価を上げるモチベーションになり、自分の山のように施業するための仕組みだといえます。

施業者（皐月屋）は素材販売の8割分と森林組合の手数料を差し引いた補助金となります。間伐材の搬出に対しては、国庫補助以外に鳥取県と智頭町で合わせて4200円／㎥の独自補助もあります。皐月屋の収益にとって大きな支え（年間約250万円）になっています。

森のホームドクターとして

今回の旅では、施業を委託した所有者の藤森さんから話を伺えたことで、「自伐型林業」の可能性を所有者側から観ることができました。森林所有者は山への関心を失っている、とする紋切型の文書を見ることがありきます。しかし、藤森さんの所有者としての選択は、将来の山のことを考えたものでした。

智頭町には「通し柱が無節で3本採れる」というほど丹念に枝打ちされた、つまり育林へ投資された山が多くあります。戦後の拡大造林地域とは異なり、第一、第二世代の所有者が木材を高値で販売した経験があり、所有意識が強い土地柄です。

そうした地域でも自伐型林業が広がっている。藤森さんから発せられた「森のホームドクター」という言葉は、技術者として信頼された現代版の山守を表現するのにふさわしいと思いました。

新しい自伐型林業の胎動②
——町の自伐支援・山林バンクの可能性

旅の記録

智頭町木の宿場《やど》プロジェクト（以下、木の宿場）は、綾木章太郎さん（智頭町芦津財産区議会議長）が、智頭町百人委員会（町民が町政へのアイディアを持ち寄る企画提案組織）に提案し、2010（平成22）年に材の集荷が始まりました。

町民が推進する企画を町として支援してきた智頭町山村再生課の山本進課長、小谷健二主幹に話を伺いました。

自伐型林業の黎明期——「智頭町木の宿場プロジェクト」で自伐林業の再スタート

山本　木の宿場は、町民に智頭の宝の山に目を向けてもらうためのきっかけづくりで、そこからステップアップして自伐型林業に至ることを目指していました。つまり木の宿場は、自伐型林業の黎明期で、これらの動きが「智頭ノ森ノ学ビ舎」へ繋がったと思います。

佐藤　木の宿場は、高齢者の年金＋αの収入として考えたもので、若い人が生業として取り組むとは想定していなかったのではないですか。

山本　そうですね。おばあは農家（民泊や野菜づくり）、おじいが木の宿場。それぞれの居場所と出番をつくるという考えでした。若い人も少しは参加してくれるかなという期待はありましたが、まさか集団が立ち上がるとは思わなかったです。

佐藤　山を持たない20～30代の若い人もいますよね。智頭のような伝統林業地では、山に対する財産的な意識が強いので、Iターン者に対して排他的になるのではないかと思っていました。

山本　ゼロイチ運動（1996（平成8）年に智頭町によって企画された村おこし運動）で研究者との交流が生まれたり、地域おこし協力隊も入ってきて、徐々に他所の人を受け入れる風土が作られてきたんじゃないかなと思います。

町有林資源を人材育成に活かす
―生業習得の教材に

大谷訓大さん（㈱皐月屋代表）は、若手の林業教育の場として、「智頭ノ森ノ学ビ舎」を2015（平成27）年に立ち上げました。町から研修フィールドとして借り受けた町有林（58ha）の経営計画も、事務局の國岡将平さんが中心となり、「森ノ学ビ舎」で作成しています。

彼らへのバックアップについて、山本課長、小谷主幹からさらに話を伺いました。

小谷　SGEC認証を取得している町有林58ha（全町有林513haの約10分の1）を2015～2020（平成27～令和2）年まで、森ノ学ビ舎に貸し出します。施業技術を高めてもらうスキルアップの場に町有林を活用してもらいたいという考えです。新規林業者が施業地を探すのは大変ですからその時間を省いて、山で技術を上げる時間に充ててもらいたいですね。

山本　地域おこし協力隊の林業担当者が今年（2016（平成28）年）7月から着任します。森ノ学ビ舎で自伐型林業に一緒に取り組みながら、山林バンク（後述）のサポートも担当してもらう予定です。

小谷　智頭には木材市場もあるし、選木・採材などの技術を持ったベテランも健在なので、その技術も伝えていこうと考えています。智頭の風土に合った、自伐林家のオリジナルを育てたいですね。

町の総合戦略と自伐支援
——住み続けられる町づくりに活かす林業

左より智頭町山村再生課の西尾さん、小谷主幹、著者、山本課長

智頭町では、2016（平成28）年3月に策定した「智頭町総合戦略アクションプログラム」の施策として「自伐林家の郷《さと》構想」を掲げ、「若者と共に林業の原点からやり直す」と謳っています。その具体策として、「自伐型林業に取り組む若手自伐型林家や移住者が、山林を所有していなくても林業を生業にできるよう」、山林バンクを実施するとしています。目標は、2019年度までに林業経営体を50経営体に増やし、15名の雇用創出です。

小谷　山林バンクの取り組みで町内外の山林所有者などを掘り起こして、手入れの遅れた山の整備を行い、かつそれが自伐型林家の育成としてＷｉｎ－Ｗｉｎの関係が作れたらと考えています。

佐藤　Ｉターン者が個人で施業地を探すのは難しいし、立木の見積もりができない人も多くいます。そこへ、山林バンクでうまく手を差しのべられたらと思います。

小谷　若手の自伐型林家と言っても、技術的な差があります。山林を提供してくれる所有者も施業に対する意向があるので、それをどうマッチングさせていくかが重要になると思います。

佐藤　このような仕組みで、Ｉターン者を地域の後継者に育てることは重要だと思います。その際、これまでの所有者の育林の苦労を考えて、（材価の一部を）所有者に返すという意識も必要だと思います。

小谷　それは大切なところで、プロなら山主への還元の意識を持ってもらいたい。一方、山主側には、例えば大谷君のような隅々まで配慮した施業に対しては、経費が高くなっても任せたいと評価する人もいます。

山林バンクの仕組み

智頭町（山村再生課）が、手入れが行き届いていない民有林の所有者と、施業地を求めている自伐型林業者のマッチングを図る事業（予算200万円／年）。

山林所有者は、①立木のみの提供、または、②山林譲渡（立木と土地）のいずれかを選択。町は、所有者の山林管理の意向を把握した上で、自伐型林家に施業地を斡旋する。その際、町は所有者に対して、境界確認謝礼支払い（5,000円／回）や、①は立木提供謝礼支払い（1万円／0.1ha）を、②は山林提供謝礼支払（1万円／0.1ha）を負担する。

なお、山林譲渡の場合、登記移転等の手続きは町が代行するが、土地代の価格交渉は当事者間で行う。また、立木の販売収益の還元についても当事者間で決める。

智頭には丁寧に山の管理をする山番が現役でいますが、高齢になってきています。彼らの後を大谷君たちが追って、技術者集団として独自の施業体系を確立してほしいと思います。町民には、そういう彼らに対する期待もあって、応援し、（未熟な部分があっても）許そうという風土がありますね。

応援し、許す風土
―後継者育成への地域の意思

「森ノ学ビ舎」には、現役の山番さんである田中潔さん（80歳）が顧問として参加しています。田中さんは、「私が教えられることは何でも伝授したい」と期待を込めて応援しています。

田中　最近の林業を志す若い子たちは、山に興味を持っているし、町の課題を救いたいという気持ちの子が集まっているようです。町長もそれを意気に感じて、町有林を（森ノ学ビ舎に）任せようと思ったのではないかな。あいう子が10人でも20人でも育てば、智頭の林業も救われるんじゃないでしょうか。山を持たないIターン者も智頭にずっと暮らしていけるように、林業が生業になるようにしないと、智頭林業はいけませんわね。

佐藤　何を一番に教えないといけないとお考えですか?

田中　信頼を得ることが大切です。町有林を任されているから(努力しなくても)いいわなんていう考えではダメです。今は間伐でも、ただただ空間のある方向にバンバン伐り倒しておるようですが、それじゃあ、木が跳ねて木の繊維が伸びたりするわけです。そういうことも現場で会得していかないとな。

「森ノ学ビ舎」顧問の田中潔さん。現役の山番でもある

若い林業者に任せる理由を、大谷さんに施業を依頼した山主の藤森英之さん(57歳)に伺いました。

佐藤　大谷さんに委託したのは、地域の若者を育てたいというお気持ちもあったのでは?

藤森　当然それはありますよ。これから先も良い材が出て来ないと、智頭林業として先祖がやってきたことが台無しになります。これまでは(施業の)委託先の選択肢が少なかったですが、大谷君を中心に若手が集まって、PRを上手くやって、山主の「こういう山にしてほしい」という希望に応えられるような選択肢を増やしてほしいと思います。

佐藤　それを支援する行政の体制が必要ということですね。

藤森　はい、彼らのような人材をどれだけ育てられるかが、これからの智頭にとっては大切になってきます。

旅の考察ノート

智頭町では、若者による自伐型林業を、山守の長老である田中さんが応援し、行政も支援に動き出しています。地方創世ビジョンの中核に自伐型林業を位置づけるに至っています。「森のホームドクター」にと大谷訓大さんに間伐施業を委託した藤森さん。単に自分の山林のことだけではなく、地域のことを考えての選択でした。理解がある所有者が他にも広がる可能性があるのか、町が始めた「山林バンク」について考えてみました。

智頭林業の歴史を振り返る

鳥取県智頭町は、中国地方で江戸時代から続く伝統ある民有林業地です。全国的にみると、木材価格は1980（昭和55）年をピークに低迷期に入りましたが、縁桁などの長尺材や柾目の板などの役物需要があった90年代前半のバブル経済期までは、智頭林業地の地位は揺るぎないものでした。その頃まで100ha以上の森林所有者は山守に管理を任せ、さらに大きな所有者は地区ごとに山守を配置していたそうです。林業労働者も多く、「雑木師」という職業もありました。

しかし、この20年間で役物需要は激減し、町内の原木市場（石谷林業）の価格は、スギで約3分の1、ヒノキでは5分の1まで下がりました。

林業離れが一気に進みました。そうした中においても、森林が町の面積の93％を占める智頭町は、林業の町として、さまざまな対策を行ってきました。第三セクターの林業会社設立（1991（平成3）年）による林業労働者の雇用改善、緑の雇用事業による森林組合や民間事業体での若手研修生の受け入れなど、担い手対策にも熱心に取り組んできました。

さらに、森林を活かした地域振興策にも積極的で、2000年代になって、森林セラピーや二酸化炭素吸収量クレジット化を始めました。「森のようちえん」も森を活かした取り組みとして全国的に有名です。森林組合は森林認証（SGEC）を取得しています。

林業のあり方に対する危機感と自伐型林業への期待

しかし、インタビューでは将来の智頭林業に対する強い危機感が多く聞かれました。木材価格の低迷と補助金制度の変更に振り回され、林業への感心が薄れ、荒い施業が目立ってきています。例えば、一度の伐出の効率だけを考えた路網、機械的な選木、面積当たりの搬出材積を多くする間伐、残存木が傷ついた間伐の現場などが智頭町でも散見されるようになってきているといいます。

そうした中で、今だけではなく将来のことも、自分だけではなく地域のことも考えた林業を模索する若者の姿が支持を得ているのです。補助金の規定だけに合わせる数合わせの林業から、若者たちが仲間と切磋琢磨しながら創り上げようとしている、やりがいのある愉しい林業への支持といえるかもしれません。

田中さんと藤森さんは自伐型林業が存在することで、所有者が複数の委託先を比較・選択できること、選択肢があることで地域の森林づくりのレベルが上がることになるとの考えでした。

住民自治の中で育まれてきた若者が活躍しやすい風土

また、技術的には未熟でも、若者たちを地域ぐるみで応援する。寛容性のある風土が育まれていることを強く感じました。智頭町は1990年代から住民自治と人材育成を通じた地域づくりを実践してきました。

住民からの提案を百人委員会が予算化する仕組み、集落レベルから旧村単位の地区振興協議会に展開している「日本1/0村おこし運動」などです。森のようちえんと「木の宿場」も百人委員会で採択された取り組みです。これらの活動を牽引したのは、若い頃から青年団活動を担い、町外で勤めた経験のある50~60歳の世代です。所有者の藤森さんも、建設業経営の傍ら、有機米を生産、販売する集落での活動に熱心に取り組んでいました。

大規模森林所有者が地域の中で圧倒的な力を有する

身分制社会のような地域の構造を、第二世代が変えていたといえると思います。智頭町でフィールドワークを続けている家中茂先生によると、「大谷君たちの自伐型林業は智頭町にとって満を持して現れた」のです。

智頭町版「山林バンク」への注目

行政の自伐（型）林業支援の取り組みも一気に進み始めています。興味深いのは、智頭町独自の「山林バンク」制度でしょう。

同制度は所有者から自伐型林業者へ山林の所有・利用権の移転を促す制度です。施業の委託の場合は、分収林制度や提案型集約化施業と同じく、林地の「所有と利用の分離」を進める制度と言えます。森林政策で永らく課題とされてきました。ただし智頭町の「山林バンク」では、町役場は所有者と山を求める若手林業者の仲介をしますが、契約の内容は当事者間での話し合いに委ねるマッチングを想定しています。

なお、智頭町では私有林境界の多くが尾根となっていることも、「山林バンク」制度の必要性を高めています。つまり、自伐型林業の技術的な核となる安全な道を作設するためには、所有界をまたぐ尾根筋に作ることがベストの場合が多いのです。前節（179頁）で紹介した藤森さんの施業地（2ha）の場合、隣接地（町有林）の同意も得て、尾根筋に所有界をまたいで作業道を開設していました。自伐型林業は、機械の稼働率が問題となる高性能林業機械を利用する場合に比べると、施業地の面積規模は小さくて良いものの、作業道の有効な設計を考えた面積規模は必要だといえます。

役場を訪問したのは山林バンク事業開始前の時期だったので、具体的な実績はこれからです。理解ある所有者は広がるのか、行政はどのように関与すべきかなど、自伐型林業の展開を探る上で、今後とも注目していきたいと思います。

自在に展開を

今年（2016（平成28）年）4月、智頭町では、歴史ある御柱祭が開催され、大谷訓大さんは地元、那岐地区の御柱の伐採を任されました。ベテランが務めてきたその役割を、林業を始めて6年、史上最年少で務め上げました。ある先輩の雑木師さんからは「賭けだ」と言われたそうです。

智頭林業を背負う重みを感じつつも、目指す新しい林業を自在に展開し、その経験をぜひ、他地域にも発信してほしいと思った旅でした。

●今、そして明日へ

地域の持続を見据えた事業

智頭町の山村再生課によると、同町の山林バンク制度への登録は当初は2年間ありませんでしたが、2019年度末までに18カ所、面積32haの実績とのことです。登録山林の中には自伐型林業者を応援したいと地域の共有林を登録した森林もあるそうです。登録森林は地域おこし協力隊の任期終了後の若者に管理を委せています。町では、同山林バンク制度は森林所有者の山離れを進めることにもなるため、登録を積極的に推し集めることはしていないとのこと。新たな森林経営管理制度との棲み分けを模索中です。

一方、「智頭ノ森ノ学ビ舎」は取材後も活動領域を広げています。林業技術のスキルアップ研修の実施の他に、智頭の生業と暮らしを伝えるための「多世代共創コミュニティモデルの開発」（社会技術研究開発センター事業、鳥取大学・家中茂教授代表）といった地域全体の持続性を見据えた事業にも参画しています。

高知県 本山町編1

Iターン自伐型の社会学

――林業で定住促進

旅の記録

「山主さんが行う」のが典型的な自伐林業ですが、これに収まらない、新たな自伐スタイルが各地に登場しています。山を所有しないIターン者による地域での森づくり・素材生産活動もその1つです。各地の市町村では、こうした取り組みを自伐型林業として、支援する例が登場しています。なぜ、市町村が支援するのか。林業生産力向上という面もありますが、なんと言っても若い人（家族）を地域住民として迎える定住促進策でしょう。林業＋副業で自立してもらい、地域を担う一員になってもらう。人口減少に悩む地域の願いが込められています。

元地域おこし協力隊員（総務省事業）3人の自伐型林業への取り組みを支援する高知県本山町を訪ねました（2016年6月取材）。

きっかけは協力隊、自伐型の若者たち

本山町の地域おこし隊は、第1期（2010～2012（平成22～24）年度）に10名、第2期は6名が着任しています。第1期は、自分のやりたい活動を行う自由型として、一方、第2期は「林業振興活動」「特用林産物振興活動」「地域おこし活動」と内容を示し

たミッション型として公募が行われました。その中で、1期の野尻萌生さん（30歳）、2期の中西晋也さん（38歳）と川端俊雄さん（44歳）の3名が任期後に本山町で、林業事業体「山番 有限責任事業組合（LLP）」を立ち上げました。

本山町政策企画課の大西千之課長（左）と著者

彼らが目指している自伐型林業の姿は、次節（201頁）で紹介するとして、まずは彼らを支援してきた本山町政策企画課の大西千之課長に話を伺いました。

佐藤　任期終了直後に林業事業体を興すなど、順調なスタートですね。

大西　印象的だったのは、川端さんが任期中に「木の加工の勉強をしたい」と研修を希望したことです。任期の3年間で、林業の施業技術を磨き、6次化を考え、施業での収入を計算して経営的に見通しを持ってから独立しました。彼らのような活動が広がっていけば、我々も地域も元気になります。

佐藤　今後の地域おこし協力隊の募集については？

大西　昨年も林業振興活動員の募集をしましたが、応募者は1人でした。林業は、技術を確かめ合ったり、悩みを出し合えるように複数での採用が良いと考え、選考までには至りませんでした。次年度は川端さんたちをモデルに再募集します。

佐藤　林業担当の協力隊員を選考する際のポイントはありますか。

大西　しっかり物事を組み立てて考えられる人かどうか、ということでしょうか。話をしていると、林業への思いが伝わってくるので、「好きで、努力して、習得する」ことができる人なのかを見極めるようにしています。

本山町のIターン自伐型の支援スタイル

大西　町としては、自伐林家全体の支援になることを、地方創生の資金を使いながらやっていきたいと考えています。そのために、森林組合と連携して組織をつくり、技術習得や林業機械の貸し出しなどをしていきたいと考え、昨年は3ｔウインチ付きグラップルを購入しました。また、山バンクにも取り組み、境界の確認など集約化にかかる立ち合いなどの費用を支援していく予定です。

佐藤　山を持たないIターン者が自伐型林業で生計を立てるのは厳しいようにも思います。

大西　しっかりした副業を提案していきたいと思っています。町では、アウトドアの拠点づくりにも取り組んでいるので、カヌーやラフティングなどとの複合経営など、ちょっとしたビジネスでしっかりと定住してもらいたい。川端さんの場合は、自分の伐った材を自分で挽いて、集成材に加工し、町内の木材加工会社「ばうむ合同会社」に販売する6次化のめども立てていて、すごいなと思います。

佐藤　Iターン者の支援で心がけていることは？

大西　人を育てていくためには、一緒にやることに力を入れていきたい。彼らの意見は勉強になります。常に課題は変化するので、それに行政としてどう対応して寄り添うか、いつも考えさせられます。彼らのような人に、確実に2、3人ずつ定着してもらうことが、20年後、25年後につながる近道になるのではないかと考えています。

自伐型林業者を迎え、活気づく地域

佐藤　Iターン者を地域はどう受け止めているのでしょうか。

大西　3人は、100世帯ほどの汗見川地区に移住し、地域に根付いています。汗見川地区はもともと交流活動が盛んな所ですが、第1期の野尻さんが先に暮らし始め、運動会など地域活動に積極的に参加してくれて、地域としては魅力的な人が入ってきてくれたと、本当にウェルカムでした。彼らの人柄や、努力があったからこそですね。

地域の方から「のんちゃん」と呼ばれている野尻さん。2010（平成22）年に協力隊として本山町に赴任し、体験交流活動や特産品づくりの活動等で、汗見川地域の方々と関係を深めてきました。任期後の現在は「汗見川活性化推進委員会」の事務局を務めています。2015（平成27）年には消防団にも入り、Iターンの先輩として地域に根ざした活躍をしています。

野尻　汗見川に住み始めて3年目に消防団に誘われ、考えておきますと言ったら、その後、電話で靴のサイズを聞かれて、そしたら制服がきて、気づいたら団に入っていました（笑）。ここには「山師の会」（10名）があって、上の世代が若い世代（40代）にチェーンソーなどの技術を伝える活動をされています。川端さんや中西さんが移住してきた影響は非常に大きいと感じていて、汗見川の10年後を考える会合が開かれたときも、2人に期待する声が挙がっていました。

森林組合と自伐型林業の役割分担

森林組合にとって自伐型林業が増えることはどう受け止められているのか、本山町森林組合の橋本浩一専務に話を伺いました。

佐藤　自伐型を目指すIターン者についてどうお考えでしょうか。

橋本　労働力が増えるので、いいことだと思います。実際に2016（平成28）年度は川端さんたちに1団地の間伐を委託しました。うちの林産班は直営が1班と請け負いが3班ですが、直営班は就業規則の関係で、仕事量が捗らない。だから経営的には請け負いをやる人が増えてほしいのが本音のところです。

佐藤　技術的にはどう評価していますか。

橋本　間伐した現場を見せてもらいましたが、きれいな施業だと思いました。うちの直営班の施業もきれいですよ。

佐藤　組合と自伐型林業者の施業地がバッティングしませんか？

橋本　ないですね。うちは経営計画の中だけでやっていますし、森林経営計画内でも、境界がはっきりしてない所は施業ができてない。彼らは、そういう小規模でやりにくいところの山主さんから理解をもらいながら施業をしていくようです。

森林組合の橋本浩一専務（写真右）

佐藤　そういう山で山主さんが自伐に取り組む可能性は？

橋本　山に関心のある方は高齢者ですし、農林家の後継者で山仕事ができる人はごくわずかです。だから、彼らのような取り組みは歓迎です。町は人口減でガソリンスタンドも閉鎖したりしています。Iターン者には、家族をつくって定住してほしい。仕事は、林業の技術を持っていたら、これから先は引っ張りだこじゃないですか。

旅の考察ノート

これまで本書でも紹介してきたように、各地の自伐林業の現場でIターン者の活躍が見られるようになっています。山を所有していないIターン者による自伐型林業、その発火点ともいえるのが高知県です。都市部から農山村への定住を進める地域おこし協力隊制度が、自伐型林業の広がりを後押ししています。

市町村の定住促進策の構え

地域おこし協力隊制度は、若者が都市から過疎地域へ移住し、さまざまな「地域協力活動」をすることを支援する制度です。2015（平成27）年度には673自治体で2625名の隊員が活動しています。総務省の資料によると、隊員の約8割が20～30歳代、約4割が女性、そして任期終了者の約6割が同じ地域に定住しています。任期後の仕事はさまざまですが、雇用されるのではなく、いくつかの自営業を組み合わせた暮らしが指向されているのが特徴となっています。

協力隊員の募集は、受け入れる地方自治体が活動内容や条件、処遇を定めることができます。そのため、市町村がどのような人材を求めているのか、任期終了後の定住まで考えているかなど、市町村の構えが問われる制度だといえます。定住促進は自治体の総合的な政策への位置づけが必要です。

本山町では、隊員の経験や希望を尊重しながら、地域で生活し、独立することをサポートしています。自伐型林業で独立する3名には、林業機械のリースや森林組合とタイアップして施業地を確保するという具体策が考えられていました。大西課長の「しーっかり定住を」という力のこもった言葉には、行政マンであると共に地元住民でもある役場職員の3人への期待を感じました。

地域との信頼関係をつくる

Iターン者の定住にあたって、住まいの確保と住民との信頼関係の構築は、最初のステップです。「山番」メンバーの3人は、町中心部から車で30分ほど山間部に入った汗見川地区で空き家を借りて暮らしています。地域のさまざまな行事や清掃活動などにも積極的に参加しています。

特に、消防団への加入は大きなポイントのようです。女性消防団員ともなればなおさらです。協力隊第1期目の野尻さんが消防団に入って信頼を得ていたので、その伝手《つて》で間伐の依頼があり、そこから施業地の確保も進んだとのこと。林業の担い手としても地域で認められるようになっています。

森林組合と自伐型林業の協力関係

今回の取材では、森林組合と森林所有者からも自伐型林業者への期待を伺うことができました。

本山町は吉野川上流域の嶺北林業地帯の一角にあり、森林率89％、うち人工林率は76％に達しています。四国山地中部に位置する白髪山を頂く奥地は国有林と企業の社有林が占めていますが、町全体としては森林の多くを林家世帯が所有し、10haに満たない小規模林家がほとんどです。町の高齢化率は46％に達しており、他出後継者への相続による不在村化も進行しています。また、地域の特徴として、吉野川を挟んで北（左岸）は林業が盛んで「山師が多い」地区、南（右岸）は農業が盛んで、棚田が広がり森林は零細所有というように、同じ町内でも森林所有の構造に違いがあります。

本山町森林組合は、かつて多かった自伐林家組合員の高齢化や緑の雇用事業による雇用者の定着率が低いなどの影響で、素材の取扱量は２４００㎥程度に減少しています。森林組合は森林経営計画の樹立も進めていますが、２０１５（平成27）年度の認定率は14％程度です。とりまとめはそれ以上の面積を行っていますが、間伐の必要量をこなす労働力が不足しているため、計画を申請できない状況とのことです。そのため、２０１５年度には経営計画の１団地を「山番」設立前の協力隊員に委託しました。

つまり、本山町では、森林組合が森林経営計画をまとめた部分の一部を委せうる担い手として自伐型林業者が期待されていることがわかりました。また、本山町には、条件が緩和された森林経営計画（区域計画）の最小面積要件の30haでもまとめられない零細所有森林が多くあります。

小規模森林所有者にとっての自伐型林業

これまで間伐経験のない零細所有の林家は、主に吉野川右岸の農業地域に多いといいます。右岸地区で「山番」に間伐を依頼した、写真の山の所有者である筒井哲詩さん（65歳）の所有山林は１haです。そのうち今回60aを間伐しました。

筒井さんによると、間伐の動機は、用水路上の林地が暗くなって、日当たりを良くしたいと思ったから、とのこと。隣接の所有者がインターネットを通じて協力隊の活動を知ったことがきっかけで、依頼したそうです。林内が明るくなって、農作物への獣害対策にも繋がると大変喜ばれていました。筒井さんは、お金の支払いが必要だと思っていたそうで、逆に間伐材を販売して少しでも収入がありそうだと聞くと驚かれていました。

このように、林業事業体では採算をとるのが難しい小規模な事業地を自伐型林業が担当する。つまり、施業地を林業事業体と棲み分け、相補う関係ができているといえます。小回りのきく自伐型林業は住民に身近な生活環境や景観の保全にも寄与できるといえます。

しかし、そのように美しくまとめていいのか、と考えこんでしまいました。

「これから、どうやって食べていくの？」

地域おこし協力隊の任期中は、別途給与があるので、条件の悪い施業地を引き受けても、生活できるかもしれない。でも、独立して、本当に食べていけるのだろうか、と老婆心ながら心配になりました。

自伐型林業者らしい経営術はあるのでしょうか。森林組合との関係においても、1回だけの施業を請け負う一人親方とどのように違うのかも気になるところです。そうした点は、「地元者の雇用の場を奪うことなく、本山町で新しい仕事を創り出して、地域を魅力的なものにしたい」という川端さんの実践を紹介しながら、次節で考えたいと思います。

３割弱の間伐を行った筒井哲詩さんの裏山。筒井さんは「上の山境まですっと見えてきれいになった。（高齢化が進むなか）こういう人がたくさんいてくれたら僕らも助かります」と語る（左は、施業を請け負った「山番」の川端俊雄さん）

高知県　本山町編2

Iターン自伐型の経営学
――副業型自立経営の工夫いろいろ

旅の記録

新しいタイプの自伐型。町の支援を得ながら、目指すは自立。林業雇用とは違い、賃金収入をあてにせず、どう生業をつくっていくか。技術力を高めての仕事受注、林業以外の副業、さらには加工・販売等6次化から起業まで。経営力や生活力に至る総合的な応用が求められます。地域に定着し、自立経営を目指す本山町の若き自伐型林業者、川端さんと野尻さんの挑戦の現場を訪ねました。

地域おこし協力隊から自伐型林業へ

本山町で3年間、地域おこし協力隊（以下、協力隊）として活動した、野尻萌生さん（30歳）、中西晋也さん（38歳）、川端俊雄さん（44歳）の3名は、任期後の2016（平成28）年4月に林業事業体「山番 有限責任事業組合（LLP）」を設立しました。そこに至るまでについて、川端さんと野尻さんに話を伺いました。

佐藤　協力隊に応募した動機は？

川端　前職は、テーマパークなどの塗装（エージング塗装）をしていました。仕事は面白かったんですが、夜間の作業なので一生は続けられないと思い始めた頃に、協力隊の募集を見て、林業に関心もあったので応募しました。

野尻　私は、大学時代にタイの農山村での国際協力の経験から、自分の暮らしの足元を辿っていきたいという思いが生まれました。本山町でこういう仕事があると知って、里山の風景への憧れもあって、大学卒業と同時に赴任しました。

佐藤　協力隊の任期後もここに住むことにしたのは？

野尻　任期が終了だから終わりますというものでもないかなと、自然な流れでした。

佐藤　林業技術はどうやって学びましたか。

川端　（他県で）山仕事のバイト経験もありましたが、本格的な施業技術については、ここに来て、消防団で出会った師匠（高橋春吉さん）から伐採方法、仕事の流れなど一連のことを学びました。道づくりは、橋本光治さん（徳島県／橋本林業）や岡橋清隆さん（奈良県／清光林業㈱）の研修を受けました。

野尻　私は、協力隊の講習の一環で、NPO法人土佐の森救援隊が行っている「副業型自伐林家養成塾」を受講して、伐採から道づくりなど、ひと通り研修を受けました。それまでは、林業はケガが怖いし、大きな音が苦手だし、作業も難しいことだと感じていましたが、この研修がきっかけで、林業は奥深いけれど、私も始めてみようと思うようになりました。

川端　奥深いからおもしろい。

野尻　はい（笑）。林業は体だけでなく、段取りを考える力や感性なども使う仕事ですよね。若い林業者が

左から、著者、野尻萌生さん、川端俊雄さん

道具を大事にしていたり、段取りが上手かったり、そういう姿に憧れがあって、かっこいいなと感じています。

林業機械の販売・修理業から素材生産まで行う高橋春吉さん（63歳）は、川端さんや中西さんたちにソーチェーンの付け方から指導した「山の師匠」です。川端さんのご案内で高橋さんを訪ねしました。

川端さん（右）の「山の師匠」高橋春吉さん

高橋　自分も一度町を出て、戻ってから林業を始めたので、川端君みたいにIターンで林業をするのは、不安だろうなと思ってね。彼らに教えるときは、例えば造材でも、まず自分で考えさせてやらせてみる。それから1つずつ現場で指摘して教えていきました。今後、彼らが施業を請け負った山は、1つ1つが看板になっていくのだから、たとえ赤字になっても、それは勉強代だと思って良い山にする。そうすれば、必ず反響があるはずだから。

施業収益は自分たちの努力次第

山を持たず、地縁もなかったIターン者が、どのような林業を目指しているのか。「山番」の2人に、質問は続きます。

佐藤　山番での3人の役割は？

川端　山が一番好きな中西が代表で、僕は会計です。野尻は汗見川活性化推進委員会の事業推進員という仕事をしていて自由に動ける立場にないので、時間があるときに現場に来て作業をします。

佐藤　どういう山仕事をしていく予定ですか。

川端　森林組合がやらないような所の施業を請け負いでやりたいと思っていて、そういう山主さんからの依頼はすでに結構いただいています。山主さんとは協定書を交わし、木の駅に出すB、C材等は、僕たちの収入にしていますが、A材は山主さんに2000円／㎥を返す契約にしています。僕らみたいな、未熟な者に山を伐らせてもらって、勉強させてもらっているところなので、絶対に材の返還金は支払わないとあかんと思っています。

佐藤　植えた人の苦労に報いるという思いもありますか。

川端　そりゃそうですね。植えてもらってなかったら僕らの仕事はないので。

佐藤　経営的にやれますか。

川端　大丈夫、食っていけますよ（笑）。菊池俊一郎さん（愛媛県／青年林業士）から教わったことは大きくて、「採材を丁寧にすれば、1本に30分多く時間をかけても、単価を1日で6000円上げることができる」ということでした。それを習ってから、山でお金を得る方法は、自分たちの努力でできる、山を持っていたら絶対林業でやっていけると思いました。

佐藤　山番の企業イメージは3人で共有していますか？

川端　持続可能な森林経営ということくらいでしょうか。それと、昔の人が頑張り過ぎて植えた針葉樹は、広葉樹に転換していく必要があると思っています。例えば、山林バンク（本山町が計画中の、森林所有者と山を持たないIターン林業者を繋ぐために集約化等の費用を支援する事業）の仕組みを使い、僕たちが地代を山主に支払い、広葉樹への樹種転換などのゾーニングや施業内容などの山の管理について、完全に任せてもらうというやり方を考えています。

自立への工夫―副業、6次化

佐藤　山番の給与はどのくらいを考えていますか？

川端　初年度は日給1万2000円、月給20万円で、そこが最低ラインです。現在、約2㎥／人日は伐出しているので、1万2000円の日当は出せます。目標は4㎥／人日です。

佐藤　副業については？

川端　山番としては、メンバーが副業を持って稼ぐことは大歓迎です。僕が山仕事をするのは、お盆過ぎから4月までで、雨の日や5～7月は副業として、自分の伐った材を製材してフリーパネルを制作します。フリーパネルは36㎜の角材を圧着して作る集成材で、原木換算で120㎥、製品換算で60㎥の生産を目指しています。そのために補助金と自己資金で移動製材機や小規模乾燥機を購入しました。このパネルは、町内の「ばうむ合同会社」と提携して製造するので、売り先が確定した確実な収入になります。この6次化で、所有者への立木代金を倍に、パネル価格を3割安くすることができると考えています。

佐藤　移住して暮らしの面ではいかがですか。

川端　町の支援は手厚くて、びっくりしているくらいです。家も町の紹介で借りました。畑・茶畑・田んぼそれぞれ1反と裏山の全部込みで月1万円です。将来的には、町内で山を購入して、その山の木で家を建てたいと思っています。

野尻　私は、元小学校の教員住宅だった民家を月5000円で借りています。現金収入は、事業推進員としての仕事をメインに、副業を合わせた暮らしをつくっているところです。

旅の考察ノート

最近、山村を訪問すると、多くの魅力的なIターンの若者との出会いがあります。それが本自伐の旅の楽しみの1つともなっています。

地域に縁もゆかりもないIターン者が自伐型林業？山も所有していないのに、経営的に成功できるのか？

正直なところ、私自身そのように疑問を持っていました。しかし、本山町を訪問し、川端さんと野尻さんの話を伺って、その思い込みが覆されました。同時に、Iターン者が自伐型林業で暮らしていけるようになる

には、次のような主体的な力量が必要だと感じました。

出会いを活かし、学ぶ力

第一は、師匠を見つけ学ぶ力です。川端さんは、チェーンソーの師匠、道づくりの師匠、伐倒・造材の師匠と出会い、林業の技術を磨いています。地域おこし協力隊は自治体の支援があるとはいっても、林業技術を誰からどう学ぶかはさまざまです。川端さんは「師匠に恵まれ、運が良い」という言い方をされますが、出会いを活かせるのも実力です。

もちろん、師匠を見いだしやすい環境にあることも確かです。地元の「山の師匠」高橋さんからは、林業技術に加えて、前節（198頁）で紹介したような本山町の森林所有の特徴や施業地確保についてもアドバイスがあります。悩んだ時にすぐに相談できる身近な師匠の存在は重要です。

高知県では、ＮＰＯ法人土佐の森救援隊による「副業型自伐林家養成講座」が若者の林業参入を広げるきっかけとなっていることもわかりました。さらに、道づくりと造材を学んでいる橋本さん、岡橋さん、菊池さんはいずれも「ＮＰＯ法人持続可能な環境共生林業を実現する自伐型林業推進協会」（両法人ともに理事長は中嶋健造氏）の講師陣です。川端さんは、そのＮＰＯ法人の若手メンバーが集う「先祖の山守り隊」の活動を通じて、師匠と出会いました。本山町に招いて研修会を企画するなど、主体的に学びの場を作っています。

選択して、組み立てる力

第二は、学びの中から選択して、経営を組み立てる力です。林業と副業を組み合わせて収入を安定化させ、山番での収益アップのために採材を徹底して、販路を確保することを課題だと捉え、確実な歩みを始めています。

特に、川端さんの「ばうむ合同会社」とタイアップした木材の６次産業化の取り組みは特質すべきでしょう。同社は本山町商工会青年部木部会の活動から生まれた会社です。「地域社会を支え、地域の皆さまの期待にこたえる」を経営理念にして、「嶺北材」の加工・販売と焼酎製造・販売事業を行っています。レーザー加工技術に優れ、コースターなどをレース編みのように繊細にカットした「もくレース」シリーズが人気です。川端さんはレーザー加工する前の集成板を製造、納品しています。

構想し、提案する力

第三は森づくりを構想し、提案する力です。Iターン者にとって、森林所有者とどのような関係を構築するかは経営を確立する上で、やはり重要なポイントです。

優れたレーザー加工技術でフリーパネル（集成材）をレース編みのように繊細にカットし、コースター等の製品にした「もくレース」シリーズ

「山番」は前節でみたように、組合がまとめた森林経営計画の一部を請け負っています。また、経営計画外に受託した森林は高知県の単独事業「緊急間伐総合支援事業」を活用して間伐し、立木代を必ず所有者に支払っています。生産した材の一部を加工まで行うことによって、取引量と価格を安定化させ所有者への還元も多くできるとのことでした。

経営的にもやっていけるという手応えを感じ、当初は所有者が要望する間伐のやり方に従っていましたが、最近は「山番」のほうから間伐率などを提案することも始めています。丁寧な作業をすることによって、次の施業にも繋がることが期待されます。

しかし、「山番」のメンバーはそうしたスポット的な施業の受託にとどまらず、本山町の森林を持続的に管理し、高すぎる人工林率（76％）を抑えて、一部は自然林に還すような森づくりがしたいと構想しています。想い描くような森づくりを行うためには長期的に一定の森林に関わることができるような仕組みが必要です。そのために、川端さんは、毎年一定料金で借地する仕組みや将来的には山林を購入することも考えていました。過疎化が進行する本山町では、森林組合に山を売りたいという相談が年に数件寄せられていきます。組合では条件が合えば、売買の斡旋も行っています。

林業と山村ライフを楽しむ力

第四の主体的な力量として、「楽しむ力」をあげたいと思います。2人の話は気負うところがなく、野尻さんの奥深く、面白いという話から、改めて林業がIターン者を魅了する生業になると感じました。また、川端さんのお宅にもおじゃましましたが、空き家を自らリフォームして暮らしを満喫している様子が伝わってきました。「山番」のメンバーが山村での生活を楽しんでいる姿は、必ずしや、地元住民や他出している後継者世代が、山村での暮らしの価値を再発見することに繋がると思いました。

川端さんとフィアンセの北出聖佳さんと愛犬のリン。北出さんは農業振興活動担当の地域おこし協力隊員

高知県の小規模林業支援策

最後に高知県の小規模林業を対象にした施策を紹介します。高知県は、森林経営計画を策定できないような小規模所有者の間伐については、「緊急間伐総合支援事業」で補助しています。さらに、2015（平成27）年から「小規模林業アドバイザー派遣等事業」、2016（平成28）年6月から「高知県小規模林業総合支援事業」という事業を開始しています。「総合支援事業」は、副業型林家育成の研修と林地集約化の支援を目的としており、NPO法人および市町村長が補

助の必要性を認める団体が対象です（詳しくは、高知県四万十市編2／401頁参照）。林地集約化の支援としては森林経営計画を策定していない5ha以上30ha未満の森林を対象としています。自伐型林業は5ha程度でも経営的に安定すると考えられ、施策の効果が期待されます。

高知県では、本山町だけではなく佐川町や四万十市など他の自治体でも自伐型林業が広がり、うねりとなっています。県知事も参加して小規模林業についての「対話と座談会」が開催されるなど、小規模林業支援が地方創生の重要施策となっています。本山町にはぜひとも再訪し、「山番」の数年後の姿を見てみたいと思いました。

●今、そして明日へ

「恒続林」を目指した施業を

移住者3名で立ち上げた「山番 有限責任事業組合（LLP）」は、設立時の3名から地域おこし協力隊終了者2名を増員し、5名で活動を行っています（2020（令和2）年3月）。山番の2019（平成31）年の施業実績は主に森林組合からの仕事の請け負いで間伐8haでした。

川端俊雄さんは聖佳さんと結婚して、お子様2人（2歳、0歳）も誕生し、4人で本山町汗見地区に定住しています。ゆくゆくは自伐林家として夫婦で林業を行いたいと、地域内で山林購入を計画中とのこと。自伐型林業者から自伐林家へ。その理由を伺ったところ、スギ一辺倒ではない「恒続林」を目指した施業を自分の山で試したいからだということです。林業を始めて7年目、素材生産だけではなく、将来の森づくりへ興味が広がっています。

自伐推進で山村地域の再生・持続へ①

ニュータイプの山村回帰へ

――「育った場所の価値を高めたい」Uターン青年の自発型経営スタイル

旅の記録

Uターンの理由で思いつくのは、「家（世帯資産）を継ぐ」「定年田舎回帰」です。けれど、そうした従来型Uターンとは違う、新たな山村回帰のスタイルもあるのではないでしょうか。恵那市編で紹介する三宅大輔さんです。村を出て、海外も歩き、「育った場所の価値」に気づく、そしてその価値を高めたいという思い、それを自伐型林業など地域での仕事で実行しています。「世帯資産経営」というより、「地域経営」重視型と言えるかもしれません。活動は、自伐型林業の仕事（環境）創出だけではなく、地域の文化活動など、広い意味での経営（マネジメント）にまで広がっています。その活動は、自らの知恵と身体を使う自発型（ボランタリー型）でもあります。こうしたニュータイプの山村回帰を私たちはどう評価していくか。広域合併した恵那市の旧串原村に住む三宅大輔さんを訪ね、話をお聞きしました（2017年4月取材）。

集落の山をやりたくて森林組合から独立

三宅大輔さんの暮らす旧串原村は、岐阜県南東、愛知県に隣接し、南端には県境となる矢作川が流れる山深い所。ご自宅にお伺いしたところ、３人のお嬢さんや猟犬ジョーとリリーと連れ立って、ご自宅から徒歩1分にある施業地を散歩しながらお話を伺うという、楽しい取材からスタートしました。

佐藤　きれいに整備された施業地ですね。

三宅大輔さん（39歳／岐阜県恵那市串原）

大学卒業後、旧串原村（2004（H16）年合併して恵那市）に戻って役場に就職。「渡航費が貯まったから」と２年で離職して海外へ。帰国後、恵南森林組合で５年間現場作業に従事。2007（H19）年に同組合を退社し、今度は生まれ育った地元・串原を舞台に同組合の協力を得て林業活動を展開している（串原農林／従業員は正子夫人と他1名）。

主に森林組合からの請け負いで、集落の山の整備を始め、2012（H24）年度（区域面積約70ha）と2013（H25）年度（約30ha）には、自宅周辺の山を自ら集約化して（約40戸）、森林経営計画を個人で作成（詳細は恵那市編２で紹介）。正子夫人、３人の娘さん、猟犬のジョーとリリーの家族と、日々手入れする山に囲まれて暮らしている。

三宅　僕らが伐出した後を、親父が几帳面なので、すぐに焚き物に出せるようにと整理しています。まだ散髪したてみたいな山ですが、そのうち魅力が上がってきたら、家族でキャンプしたいと思っています。

佐藤　林業を始めたきっかけは？

三宅　24歳のとき公務員を辞めて海外に放浪の旅に出ました。串原に戻って、どうしようかなと思っていたら、森林組合で山仕事をやらないかと誘われて5年間働きました。やってみて、林業は自分に合っている仕事だと思ったんですが、その頃の仕事は国有林が中心で、片道2時間かけて隣町の現場に通っていました。自分の住んでいる集落の山が荒れているのにと、疑問を感じるようになって、地元の山をやりたいからと組合を辞めました。

佐藤　独立して林業会社を興されたんですね。

三宅　うちの集落では、林業をやる人もほとんどなくて、山の手入れもされてなかったけど、しっかり光を入れて風通しを良くしてやったら良い山になると思ったんです。

佐藤　ご自身の所有林は？

三宅　うちは親父もお祖父さんも左官屋だったので、所有林は少しあるくらいでした。でも、集落全部が親戚みたいなもので、頼めば山の手入れも任せてもらえて。「大輔が集落の山の担当をやり始めた」みたいな、そんな感覚で受け止めてもらえたんだと思います。うちのような代々の林家でなくても、これからは、自分たちのような自由な暮らし方や価値観でもやっていける林業でいいんじゃないかと思うんです。

三宅大輔さん一家

佐藤　林業の魅力については？

三宅　やっぱり体を使う現場で、朝起きたときから真剣勝負をやらせてもらえるところですね。なんとも言えん充実感があります。僕の才能は体を動かすことかなと。国有林での仕事は工場のような感覚だったけど、今は、守っている山に住んでいて、仕事というよりも暮らしの一部という感じです。山をやり始めてから地域の歴史も勉強をするようになりました。

佐藤　山の手入れをしたことで所有者の反応は？

三宅　あまり多くはないけど、山が良くなったと言ってくれて、それが一番嬉しいですね。串原で建てる家の材は、串原の木を使いたいと去年、串原の材を使った家が1軒建ちました。今年ももう1軒建つ予定です。串原には製材屋さんも大工もいるし、うちの親父が左官なので、壁は親父が塗りました。木を植えた世代の人たちが元気なうちに、その木が家になるところを見せられるのが嬉しいです。

狩猟で集落の山を守る

三宅　自分が集落の山を守っていくという気持ちが強

くなって、猟も始めました。ジョー（猟犬）が鳴きだしたら、その声をたよりに鉄砲を担いで飛んで行きます。自分が行くのが遅れて、ジョーが獣にやられてケガをしたことが何度もあるので、全速疾走で駆けつけます。山の中を走り回るので、身体感覚で山が見えてきます。猟を始めてから山の見方が変わりましたね。

佐藤　身が軽いんですね。

三宅　猟師の先輩に「犬と寝食を共にしろ」と言われて、夜もジョーたちと一緒に寝ています。夜明けとともに猟犬に起こされて、山の中を散歩するのが日課なもんで、夜中に鹿が来たとかもすぐわかります。今年も猟期が始まって、立て続けに4頭獲ったら、それから全然獣は来なくなりました。

佐藤　猟はグループでやるものだと思っていました。

三宅　初めて行く他所の山だと獣が上手ですが、ここの山なら自分と猟犬でやれます。自分と犬が守れる範囲は50haくらいで、その範囲に猟をする人が1人いると山は守れる。2人いるとベスト。人間の永い歴史のなかで、人間の暮らしと野生の間に立ってくれとるのが犬だったんじゃないかと思います。

昆虫食や祭り――地域文化を守り繋ぐ

三宅　最近、串原が注目されているのは、ヘボ（クロスズメバチ）。僕らが子供の頃は、ヘボを普段から食べていて、その昆虫食が海外から注目されて、ドキュメンタリー番組になったり、イギリスの研究者が来たりしました。串原には、20年続くヘボ祭りもあって、今の70代、80代のおじさんたちが始めた祭りですが、高齢化で止めるというので、3年前から僕たちが引き継ぎました。ヘボの愛好家の中には、羽音でヘボの個体識別ができる達人もいます。そんなおじさんたちが、夏の初めに採ったヘボを秋まで巣箱で育てて、巣を祭りで競売します。それを求めて、静岡、岐阜、長野などからお客の来る、村一番の祭りです。

佐藤　食虫文化の先進地なんですね。

三宅　祭りの太鼓もすごいカルチャーだと思います。山のテンコツ（山頂）にある中山神社は、串原の総氏神で、秋の祭りでは6組の集落が集合して、太鼓を叩きまわるので、山全体が揺れる感じです。子どもの頃から楽しみにしてきた祭りで、昔は男だけだったんですが、今は、女性も外国人も参加して、時代に合わせて進化してやっています。

佐藤　三宅さんの郷土愛の強さをひしひしと感じます。

三宅　海外を旅して思ったのは、世界で通用するのは百姓や職人といった手に職がある人だということです。そういう人らが地域に根付いた暮らし方をしている所だから、海外からも人が訪れるんじゃないかと。それなら串原にも祭りや暮らしの文化もたくさんあって、世界に通用する人がいっぱいいるなと、自分が生まれ育った場所の価値の高さに気づいたんです。

旅の考察ノート

「串原のこの風が好きなんです」。野人的な雰囲気の漂う三宅大輔さんが、森林を案内しながらつぶやきました。五感を研ぎ澄まし、真剣勝負で林業と狩猟に向き合っています。村の祭りの継承者でもあります。風でふるさとを語る若者、というだけで三宅ワールドの魅力に引き込まれてしまいました。散歩の後は、正子さん手作りの料理で賑やかな食卓、そしてご自宅に民泊をして夜更けまで話を伺いました。

故郷の荒れる山を放っておけない

大輔さんの仕事、楽しみ、暮らし、祭り、全ての話が串原の森を守り、価値を高めることに繋がります。いつか故郷に帰るつもりで行った海外放浪。先々で、手に技を持って働く人々が輝いて見えました。漁師に居候して働いたこともあります。しかし、サーフィンを極めるために行き着いたインドネシアで交通事故に巻き込まれ、現地で入院した後、串原に戻ってきました。リハビリ中、故郷の風に吹かれながら、手に技をつけ、自分に合った仕事がないかを考えました。

「NPO法人奥矢作森林塾」の代表理事で、元森林組合職員の小林太朗さんから林業を勧められ、組合の作業班で5年間働きました。林業技術は身につきましたが、組合の現場までは片道2時間もかかり、ふるさと串原での仕事はありませんでした。森林組合も合併が進み、管轄する範域は人が故郷と感じる範域よりも大きくなっています。

串原は恵那市の中でも小規模零細私有林が中心で集約化が難しい地域です。地元者によって山林が所有、植林されてきましたが、高齢化に伴って串原の森林が荒れていました。それを放ってはおけない、周りの誰もが心配する中、森林組合を辞めて独立しました。

ジョーとリリーを連れて串原を語る
三宅さんと著者

集落内外40名から約70haの森林管理を委されています。インタビューの2日目に大輔さんと集落を歩くと、行く先々で「大ちゃん」と声がかかります。高齢者にとっては、「あのやんちゃな大輔が山をやり始め、家族も養っている」と感慨深く、山林の委託は応援という意味もあるとのことでした。大輔さんにとっては、個々の私有林ではあっても集落の山を守っているという感覚です。自伐型林業の集落営林の可能性を感じました。

狩猟で多角的に山を見ることができるようになった

狩猟のことになると、大輔さんの話はまるで映像を見るような語り口になりました。

大輔さん、ジョーとリリーの縄張りに進入したイノシシやシカを仕留める、という方法です。最近、集落内の農作物被害が減ってきたことが実感できるようになってきました。縄張りは、串原の森林全体のほんの一部ですが、目に見える効果が現れていることに驚きました。

狩猟は、山の傾斜や土の状況など山の隅々までを知ることになり、路網や間伐の時にも役立ち、所有者との話し合いを通じた施業提案にも繋がっているとのことでした。

自営業だからへボ祭りを継承できる

夜も更け、大輔さんの話は、串原のユニークな伝統食や文化についても話が及びました。

串原のへボ祭りは、蜂好きの現在70歳代が中心となって23年前に始められました。へボは昔から串原で貴重な蛋白源として食され、ハチご飯や五平餅のたれにも使われる串原の食文化です。へボ祭りは、今では、千人以上の来場者がある串原最大の祭りになっています。中部地方の山間地のハチ愛好家が多く集まってきます。愛好家はクロスズメバチの巣を採取して、巣箱で育て、祭りで巣の大きさを競います。それを売買し、見物客に食事を振る舞います。祭りの広報、五平餅の準備、参加者がハチに刺された場合に備えて、消防団や医療関係者との連携も計らねばなりません。ハチ巣の売買では時には喧嘩の仲裁も必要です。

実行委員も高齢となり、20年を期に、祭りを取りやめようという話が出ていました。それではユニークな祭りが途絶えると引き継いだのが大輔さんと義弟の川上瑛さん（36歳、自動車関連企業勤務を経て、トマト農家）でした。

2人が引き継いで4年目になります。祭り前後の数週間はへボ祭り中心の生活になります。通勤時間が長く、休みが自由にならない勤め人だったらとても継承できなかったでしょう。自営業だからこそできた、祭りの継承です。また、へボ文化を守るためには蜜源を絶やさないことが重要であり、風通しの良い明るい森林づくりを心がけているそうです。

世界に発信し、地域の文化価値を高める

さらに、へボ祭りは単に祭りを継承しているというだけではなく、へボを通して串原と世界を繋ぐ取り組みが始まっていました。

今、昆虫食が密かなブームになっています。イギリス出身の人類学者が昆虫食研究のために串原に1年間

滞在。さらに、串原のヘボ祭りの様子はヨーロッパのインターネット番組制作会社が収録し、多くのアクセスがあります。海外からの訪問者に対しても、普段通りのスタイルで歓迎します。海外放浪時に培った能力が発揮されています。

夫婦で二人三脚の経営

大輔さんは身体を張った仕事は得意ですが、事務仕事は大の苦手です。森林経営計画の作成、一人親方事務組合での労災保険加入など、多くの事務が必要ですが、そこは、しっかりものの正子さんが受け持っています。

正子さんは串原中学校に英語教師として勤めていた時、海外放浪後のリハビリ中の大輔さんと知り合い、結婚。今は、時々英語を教えながら、子育て、串原農林の事務、大輔さんがしとめたイノシシ等の加工を担当しています。英語でホームページを開設し、希望があれば海外の旅行者を泊めています。

森林組合から独立して自営で林業を始めた当初は、収入も不安定でしたが、最近は安定してきました。将来の教育費を考え、収入増のために、フランス料理店へジビエ料理の材料としてイノシシやシカ肉の販売も計画中とのこと。夫婦それぞれの能力を活かした複合的な6次産業化が模索されています。

最後に、家族5人の仲睦まじさを象徴する句を紹介します。

「しもやけの指の先までにる親子」

長女、みのりちゃん（10歳）作、第34回全国児童俳句大会入賞句です。

自伐推進で山村地域の再生・持続へ②

地域分業型でU・Iターン自伐者の仕事確保

旅の記録

森林組合を退職し、地元・旧串原村を舞台に林業活動を始めた三宅大輔さん。独立してどのように仕事を創っていったのでしょうか。そこでは、U・Iターン仲間の若い力の連携と森林組合等との関係がカギとなっています。

恵那市編2の主役は、同地区林業推進のリーダー的存在がNPO法人奥矢作森林塾（代表・小林太朗さん）であり、串原農林（代表・三宅大輔さん）です。地域の山主さんの計画づくり、施業などを行っており、三宅さん自身はUターン自伐林家でもあります。こうした若い力の活躍の場を創っているのが地域分業スタイルです。森林組合と地区在住の彼らがそれぞれの持ち味を生かして役割を分業し、それがまた地域の仕事確保に繋がってもいます。そんな現地を訪ね、恵南森林組合の皆さん、小林さん、そして三宅さんから話をお聞きしました。

広域合併森林組合と地域との分業スタイル

旧串原村で地域林業のリーダーとなっている小林太朗さんや三宅大輔さん。彼らのような人材を育てた恵南森林組合で、小木曽孝平専務と小倉英敏統括課長に話を伺いました。

佐藤　まずは、組合の森林経営計画の取り組みの状況を教えてください。

小木曽　管内の各地区に集約を働きかける担当者（プランナー）がいて、人工林1万3900haのうち1割程度で経営計画（林班）を立てています。ただ、串原はNPO法人奥矢作森林塾（以下、森林塾）が経営計画を立てて、その計画内の施業を組合が一部受注しています。森林塾は、串原の地域おこし、山づくりの団体として設立され、現在の理事長の小林太朗君は、以前はうちの職員でした。

佐藤　小倉さんは、三宅大輔さんと一緒の作業班にいらしたと伺いました。

小倉　はい、同じ班の直属の後輩でした。彼は地域愛

恵南森林組合で。左から小倉英敏統括課長、著者、小木曽孝平専務

恵那市の林業

恵那市内の森林面積は39,050ha（市域の約78%）、民有林面積は34,130ha、うち20,803ha（約61%）がヒノキを中心とした人工林。経営計画認定面積11,761ha（2015（H27）年度までの累計）。市内には、恵那市森林組合と恵南森林組合等の11事業体があり、素材生産量は11,422㎥（2015（H27）年度）。

恵南森林組合

1999（H11）年に恵那市恵南地区5つの森林組合（旧恵那郡南部：岩村町・山岡町・明智町・串原村・上矢作町）の合併により誕生した広域森林組合。管轄森林面積27,591ha（国有林4,800ha、民有林22,790ha）。組合員数3,108人。組合作業班は5班22名（30～40歳代）。東濃ヒノキの生産と国有林からの受託（請負事業）を経営の柱としてきたが、民有林事業へのシフトを進めている。

の強い子なので、串原をなんとかしたいという思いから独立したいと言い出して。でも、私も周りの先輩たちも、林業は甘くないので、もう少し経験を積んだほうが良いと大反対しました。そうでないと、自分が苦しくなるし、山主さんにも迷惑がかかるからと。しかし今では、自分で経営計画を立てたり、立派にやっている。大したものです。

佐藤　独立志向の方は今後も組合から出てくるでしょうか？

小木曽　うちの作業班から独立した林業者が他に串原で1人、上矢作に1人います。組合としては中堅が抜けて若い人を補充しているところです。

NPOが地域の管理センター役を
―旧串原村での計画づくりと施業実行の分業

NPO法人奥矢作森林塾の代表の小林太朗さんは、旧串原村森林組合に就業し、合併後の恵南森林組合で串原を中心とした管理業務に18年間従事。3年前より現職に就きました。まずは、三宅大輔さんとの接点から伺いました。

小林　僕が「山は楽しいぞ」と大輔を恵南森林組合に誘いました。彼は当時、組合に40名ほどいた作業班のメンバーの中でも一番仕事に厳しい人たちがいる班に入って、5年間よく頑張ったなと思います。

佐藤　大輔さんが組合を辞めると言われたときは？

小林　僕も大反対でした。ただ、当時の組合の人材育成方針は、「組合を独立しても林業経営ができるような技術者を育てる」ということでした。でもみんな、実力はあっても独立は別の話。そこを大輔は、やった。ですから当時、組合職員として串原の管理業務をしていた僕は、上司から「絶対にあいつを失敗させるな」と言われたこともあって、独立した彼に仕事を発注し続けました。それなのにその頃の彼は、約束の時間に来ないとか、請求書の額が一桁違うとか、ひっぱたこうかと思うことも多くて（笑）。

佐藤　少しずつ教育をされたんですね。

小林　はい。彼も次第に責任ある仕事ができるように

ＮＰＯ法人奥矢作森林塾の代表の小林太朗さん（左）

なり、独立して3年目に自宅周辺の1林班で経営計画を立てました。ＧＩＳも森林簿もないなかで、組合の支援を得ながら図面を整理して、1軒、1軒所有者を回って長期受託契約を結んだ。その間に隣接するもう1林班の経営計画を県の林業普及職員の指導を受けながら立てています。

佐藤　串原で施業を行っている事業体は？

小林　串原で老舗といえる三宅林業。それと、恵南森林組合と大輔（串原農林）。加えて、うちの森林塾にも2名作業者がいます。串原では、うち（森林塾）が経営計画を立て、その施業をするのが、大輔であり、三宅林業や我々森林塾、恵南森林組合でやるという、おおよその流れができています。

佐藤　ＮＰＯが作成した計画の施業割合は？

小林　うちが3割。残りの35％が恵南森林組合、35％が三宅林業で、大輔（串原農林）は三宅林業からの日当の請け負いでやっています。

佐藤　小林さんご自身が組合を辞められて思うことは？

小林　組合の看板の大きさをしみじみ感じています。今、組合から串原の大事なフィールドを任せてもらっていて、パートナーとして大切な存在だと思っています。

生まれた地域が好きで農林業起業（三宅大輔さん）

前節に引き続き三宅大輔さんに、独立後の林業経営について伺いました。

著者と語る三宅大輔さん

三宅　組合を辞めた理由の1つは、串原の三宅林業の親父さんに教わりたいと思ったこともあります。三宅林業の親父さんは、伐出から製材、建築までやる、すごい山師なんです。組合で働いていた頃は収入面では守られていたけど、自分が学びたい場でやりたいなと。

佐藤　敢えて厳しいところに身を置くということですね。串原農林としての仕事の割合は？

三宅　林業が9割。義弟がやっているトマト栽培の手伝いや草刈りなどが1割。林業のうち、組合や森林塾などからの下請けは3～4割。たまに恵那市内で特殊伐採をやることもありますが、それ以外は自分が経営計画を立てた中での施業です。補助申請の事務は、嫁さん（正子さん）が県の普及員の方や商工会に教えてもらいながらやっています。

佐藤　経営計画を立てる時に、所有者にはどんな働きかけを？

三宅　ほとんどが集落内の所有者で、40名ほどを取りまとめましたが、お金の話が出ることは一切なくて、「好きなようにやれ」と言ってもらえました。だからこそ、下手なことはできないなと。たまに、「山をもらってくれ」と言われますが、自分の山にするのではなく、財産区のような集落の山にしていけないかなと考えています。

佐藤　三宅さんは山林に対して、コモンズという意識が強いですね。

三宅　海は誰の物でもないように山もそうなればなと思うんです。でも人の山を管理して面白いのは、所有者の性格や考え方がわかることですね。子供の頃は、ただのおじいさんだと思っていたけど、山を見ると几帳面に管理してあったり、その人のスタイル、生きた証が山に残るので林業はやりがいがあるなと思います。

旅の考察ノート

森林組合から独立し、出身集落の山林で自伐型林業を始めた三宅大輔さん。経営が軌道に乗るまでの助走期間には、森林組合やＮＰＯ法人からの組織的かつ個人的なバックアップがありました。

そこには、全国的に広がっている、山林を所有していない若者による自伐型林業への参入を支援するためのヒントが、詰まっていました。特に、次の４点は重要だと感じました。

助走期間における仕事の確保と助言者の存在

第一は、独立後の仕事確保についてです。旧串原村の地元集落の山林を整備したいと森林組合から独立した大輔さんですが、すぐに自分だけで仕事を確保できたわけではありません。

独立時には大反対だった元上司から、「技術者が作業班単位で独立しても経営できる能力を持つ将来の鑑になるので、大輔を絶対失敗させるな」と指示が出て、森林組合の事業の一部を串原農林に委託してくれました。同じ集落内（旧串原村木根集落）の親子で素材生産から製材を営む「三宅林業」からの委託を受けることもありました。さらに、旧串原村を範域とするＮＰＯ法人奥矢作森林塾からも、森林経営計画の施業の一部を請け負わせてもらっています。大輔さんに組合への就職を勧めた、ＮＰＯ代表の小林さんは大輔さんの独立後も、ビジネスマナーのようなことまで教えたとのこと。

独立時に林業技術は身についていたとしても、自営で林業を営むには、勤め人とは違います。食べていくには、木材を販売でき、補助金が交付されるまでの資金をどうやり繰りするのか、所有者との契約や材の販売なども自ら行う必要があります。助走期間の仕事の確保と小林さんのような厳しくもあたたかな助言者の存在は、自伐型林業者独立の成否を握ることになると思いました。

地域課題に取り組むＮＰＯ法人の役割

第二は、組織としてのＮＰＯ法人の役割についてです。ＮＰＯ法人奥矢作森林塾は恵那市の中で旧串原村と旧上矢作町をベースに矢作川流域の森林再生と水質保全、地域の暮らしを見つめ直す活動を行っています。町村合併をして恵那市になりましたが、地域の生活圏や農林地の所有構造などが異なると地域の課題も異なります。本ＮＰＯがカバーしている2つの旧町村は、矢作川流域で、源流域である長野県根羽村や下流域の愛知県豊田市と歴史的に密接な関係があります。

さらに、2000（平成12）年の東海豪雨災害は流域としてのさまざまな連携を深め、森の健康診断、木の駅プロジェクトという市民参加の森林保全活動の発祥の地でもあります。下流域の住民向けにエコツアーや子供たちのキャンプなど、ＮＰＯ法人奥矢作森林塾は、流域連携を深めるためのさまざまな企画を行っています。最近では古民家をリフォームして移住者受け入れの窓口にもなっています。一方で、林業作業員を雇用して森林経営計画をたててＮＰＯ主体で間伐施業を行い、森林組合事業との調整や一部を地域の事業体に請け負わせることも行っています。

市町村や森林組合が合併する中で、生活圏での課題を引き受けるミニ役場、組合支所のような役割を果たしていると感じました。大輔さんの集落での活動と合併市町村、森林組合との広い範域を繋ぐ中間組織として注目されます。こうした地域振興のためのＮＰＯ法人は、本書「熊本県 芦北町・水俣市編３」76頁でも紹介したように、熊本県芦北地域では自伐林家を支援するＩターン者受け入れの窓口として重要な役割がありました。自伐林業を支援する組織としても大いに注目されます。

森林組合は地域の定住者や林業の担い手輩出に大きな役割も

森林組合による人材育成と輩出

　第三は、森林組合による人材育成と輩出力についてです。当初、ＮＰＯ法人がどうして森林経営計画を作成するスキルがあるのか疑問でしたが、小林理事長も林業作業を担当する近藤雅彦さんも森林組合職員・作業班経験者とのことです。小林さんは旧串原村森林組合時代の約20年前に埼玉県からＩターンで作業班員として就職。組合長から職員として働くことを勧められ、森林施業プランナーとして合併後も串原地区を担当していました。３年前からＮＰＯ法人の理事長となり、森林組合での経験を活かして、地域全体をサポート、下流域との連携へと展開しています。三宅大輔さんもそうですが、恵南森林組合出身者が、森林組合を辞めても地域に残り、森林管理を担っています。

　森林組合を一事業体としてだけ見ると、定着率が低いとマイナス評価になるかもしれませんが、地域の定住者や林業の担い手輩出という点から見ると、大きな役割があるといえます。そうした観点からの事業体評価も必要ではないでしょうか。

　森林組合の小木曽専務と組合最初のＩターン職員である小倉統括課長からは、中堅が抜けて、若手現場従事者を育てるご苦労もお聞きしました。Ｉターン者を受け入れ、地域に林業者を輩出するには、給与などの労働条件の安定の他に、次の世代まで繋げる山づくりをどのように実現しようとしているのかをきちんと言葉と技術で伝え、リーダーシップのある先輩がいることが必要です。大輔さんの直属の上司だったという小倉課長の話を伺いながら、強く感じたことです。

森林を所有する意識が変化している

自伐型林業を広げるためのヒントの第四に、森林を所有するということの意味が変化してきていることです。そのことを踏まえた仕組み作りを挙げたいと思います。大輔さんは、将来、森林を所有したいという意識はなく、集落の山として財産区のような形態で管理していきたいとのこと。同時に、土地に働きかけた過去の所有者の性格までを感じながら、施業するという林業の醍醐味の話もとても魅力的でした。

農地や林地は家の財産であり、容易に売買や貸借が進まないというのが、長らく日本の農林地所有の特徴だと考えられてきました。今も、自分の自由になる山を所有したいという方々もいらっしゃいます。私有林も含めて集落みんなのものという土地感覚はどこから来るのでしょうか。

この点は、次節で大輔さんに森林を委せている所有者の方々の声を紹介しながら、さらに考えていきます。

岐阜県　恵那市編3

自伐推進で山村地域の再生・持続へ③

移住者を増やし、農林業参入を支援 地域力アップ実現の理由とは

旅の記録

都市部居住者の約４割は「地方へ移住してもよいと思う」という意向調査結果もあります（内閣府政府広報室、２０１４（平成26）年10月）。移住者を惹きつける源泉は、仕事環境（森林資源、農地）、住まい（空き家斡旋）、地域の魅力（文化活動）など。旧串原村に移住者が多い理由でもあります。移住者は比較的若い層であり、農林業就業者も登場しました。移住者と共に地域の体質を変える姿は、「創造的過疎」への転換ともいえるでしょう。

こうした地域力のアップには、若い力（Ｕ・Ｉターン者）が大きく寄与しており、彼らの経済的基盤の一部を林業（自伐）が支えていると共に、自伐スタイルそのものが移住者の稼ぎ（家計収入への寄与）・仕事となる可能性があるのです。地域力アップの推進役となった方々から話を伺いました。

人口の1割弱、66名の移住者がやってきた

ＮＰＯ法人奥矢作森林塾（以下、森林塾）が、恵那市から管理運営を任されている、奥矢作レクリエーショ

ンセンターを訪ね、代表の小林太朗さんから話を伺いました。

佐藤　森林塾では、非常にさまざまな事業をされていますね。

小林　はい、最近は人口減少対策の活動が非常に評価されています。８年前から、串原の空き家を地域の方と一緒にリフォームして移住者に住んでもらう「古民家リフォーム塾」という事業を行っていて、８年間で24戸の空き家に66名の移住者に来ていただきました。

佐藤　人口８２０人の旧串原村に66名の移住者ということは、１割近くということですね。

小林　東京、大阪、名古屋など全国から、終の棲家を探している方が移住されています。恵那市に13の旧町村がありますが、そのうち都市部を除いた町村の人口減少率が平均10％（２０１２～２０１７（平成24～29）年）ですが、旧串原村は５％台となっています。

佐藤　移住者の年齢層やお仕事は？

小林　60代以上が６割。それ以外は、30、40、50代が同じくらいです。30代の子供のいるご夫妻は、古民家カフェをやっています。40代の方は、特殊技術を生かして、メーカーで、不定期で働きながら、就農を模索するなどいろいろです。

移住者の７割は山林購入
――農林業の新たな担い手へ

佐藤　小林さんも20年前にＩターンで移住されたと伺

NPO法人 奥矢作森林塾

2000（H12）年の東海豪雨災害で、山林の荒廃に危機感を持った、旧串原村の大島光利氏によって、森林再生等を目的に設立された（NPO法人化は2006（H18）年）。現在は、森林管理や移住定住支援（奥矢作移住定住促進協議会事務局、古民家リフォーム塾）、チェーンソー講習や間伐体験などの学習活動、都市居住者との交流事業、恵那市施設の業務管理（指定管理受託）など多岐にわたる事業を実施している。特に森林管理では、旧串原村地域の森林経営計画の作成を行い、雇用する２名の職員が施業を行う他、恵南森林組合や三宅大輔さん（串原農林、岐阜県恵那市編２／218頁で紹介）等に施業の発注を行うなど串原地区の森林管理の中核を担っている。

いました。その頃と比べていかがですか？

小林　全く違いますよね。私は、ただ田舎でのんびりしたいと思っていましたが、今の方は目的意識があり、お金ではない価値観と、地域振興に貢献したいという気持ちを併せ持っています。そういう移住者たちが3年前から、「串原・里山づくりの会」を立ち上げて、山林の整備活動を始めました。地域の方たちからも、

NPO法人 奥矢作森林塾代表の小林太朗さん。恵那市から奥矢作レクリエーションセンターの運営委託をされている

「移住して来た人が地元のために汗をかいてくれて頑張っているね」と、とても評価されています。

佐藤　移住者の方は山をお持ちですか？

小林　7割の方が家と一緒に山も購入されています。里山づくりの会に入るきっかけは、所有林からストーブ用の薪を伐り出すために、チェーンソーワークを覚えたいという方が多いです。

佐藤　その技術を活かして収入を得ることもできますね。

小林　昨年「くしはら木の駅実行委員会」を立ち上げました。薪加工販売組織も立ち上げる予定です。材の出荷者として、里山づくりの会だったり、うちの森林塾や、串原農林、三宅林業などを考えています。

　大企業を辞めて、農業を始めた方もいます。川上瑛《てる》さん（36歳）・ひとみさんご夫妻です。ひとみさんは、前節でご紹介した三宅大輔さん（串原農林）の妹さんです。川上さんのご自宅を三宅大輔さんと訪ねて、瑛さん（恵那市上矢作出身）から話を伺いました。

佐藤　トヨタ自動車にお勤めだったとか。

川上　はい、14年間働いた後、3年前に退職して農業を始めました。辞めたのは、前職が嫌だったからではなくて、串原から豊田まで通う時間を地元のために使いたいという気持からです。

佐藤　農地の確保はどうされましたか？

大企業を辞めて農業を始めた川上瑛さんと妻のひとみさん

川上　知り合いが引退して、農地も使ってくれということでした。今はそこで、串原のベテランに教わりながらトマトの栽培をしています。冬場は寒天づくりのアルバイトに出ていますが、ゆくゆくは林業などとの、半農半Xを目指しています。

大輔　瑛がトマト栽培を始めたので、80歳のおじいさんが、負けとられんと畑をやり始めたり、地元のおじさんたちも、移住してきた人たちに張り合って、元気になっています。俺も負けずに本領を発揮しようという感じです。僕たちは、良い意味で個性を持っていて、それを表現できる世代なので、移住してきた人たちとの接し方も、今までにない関係がつくれると思っています。

移住者の子育てを支援する地域高齢者

三宅明さん（78歳）は、三宅大輔さんの本家筋にあたる方。兼業農家をしながら、旧串原村の村議や地域協議会の会長等を歴任しました。地域活動にも熱心で、大輔さんが森林経営計画を立てる際に、最初に相談した方でもあります。大輔さんと一緒に話を伺いました。

佐藤　大輔さんが森林経営計画を立てる際に、周りの

著者と三宅明さん

方への声かけなどをしましたか？

明　いえ特には。この周辺の山は、村外所有者はいますが、村外者に山を売った人はいないので、所有者からの理解は得やすかったと思います。ここの山林は価格が安いので、移住者用の住宅地や森林整備に活用できたらと思います。土地が安いのは強みにもなります。

佐藤　それを逆手に、移住者の住宅や、若者の収入の場になればということですね。

明　はい。僕の若い頃は、農林業に将来を感じられなかったんですが、50年を経て、林業をやる大輔が出て、瑛君も大企業を辞めて農業を目指すというから、若者の価値観が変わってきているんですね。

佐藤　若者や移住者を応援する風土が串原にはあるように感じます。

明　串原では2013（平成25）年頃、小学生の数が11人でしたが、翌年に22人になり、小さな村でもやり方によっては増えるんだと感じました。それで子育て支援をしようと、壮健クラブ（老人会）では子育て支援募金制度を始めました。移住者は地域に貢献されているので、移住者にも安心してもらいたいと考えたからです。

旅の考察ノート

「集約化した山林は、将来的に集落の森として財産区のような形で管理したい」。三宅大輔さんのこの言葉

は衝撃的でした。個別林家が世帯として私有林を継承していく形ではなく、集落で土地を継承する。土地所有の意識が変化している。単に個人的な想いなのか、それを可能とする地域的な特徴なのか、また他の地域でも可能なのかを知りたいと思いました。

土地の空洞化現象の広がり

前節では当地森林組合が20年前からIターン者を職員や作業班員として受入れ、退職後も地域に定着している姿を紹介したところです。串原では移住世帯が増加することによって人口減少が緩和され、小学校を存続することに繋がっています。大輔さんが住む木根集落では、すでに約4割が移住世帯になっているとのことでした。

串原の移住者の多くが空き家、その周りの山林も一緒に入手しています。農業を始めた川上瑛さんは借地料ゼロで農地を借りています。農林産物の価格低迷が原因とはいえ、「土地が安いのは強み」（三宅明さん談）となり、移住者が土地を確保しやすくなっているといえます。

つまり、旧串原村は戦後当初には約3000人だった人口が3分の1以下の820人まで減少し、宅地、農地、林地の価値がほとんどなくなっているのです。土地の空洞化ともいえる状況であり、世帯として土地継承ができなくなった中で起こっている現象です。

一世代を飛び越える

このことは50～60歳代の農林業従事者が少ないということでもあります。「串原村誌」によると、串原はかつて養蚕生産が盛んでしたが、昭和40年代までに需要が急減して一気に過疎化が進行しました。一方で、ダム開発による水没集落の移転、ダム工事による雇用創出と完成後の村内雇用先の減少、そして豊田市など近隣に安定的な雇用の場ができ、後継者世代のほとんどが農林業に従事せず、世帯ごと都市に引っ越す挙家離村も多くありました。

現在、78歳の三宅明さんが若く感じるほど、それ以上の世代（大正および昭和一桁生まれ）が今でも串原の農業の主な担い手です。祭りなどの地域活動もその世代が担ってきましたが、徐々に限界に近づいていました。農林業を世帯として継承できる可能性はないという認識が広がっていました。

そこに登場した大輔さんや瑛さんは、一世代を飛び越えた、孫の世代の担い手だといえます。地域の存続さえ危ぶんでいた高齢者にとって、農林地を守ってくれる後継者がようやく現れたのです。大企業を中途退職して農業を始めた瑛さんのような人の登場は、一世代前にはとても考えられなかったことです。

移住者を受け入れる体制づくり

このように、旧串原村は移住者を受け入れる客観状況として、人口減少と超高齢化によって土地の空洞化が広がり、安定的な労働市場があって第二世代の50～60歳代の農林業の後継者層が少なかったことが指摘できます。しかし、過疎・高齢化は全国の農山村に広がっていることであり、人口減少を緩和できるほど移住者を受け入れるためには、主体的に流れを作るための体制づくりが必要です。串原地区で移住定住の支援を担っているのが前述228頁で紹介した、ＮＰＯ法人奥矢作森林塾です。山林管理や森林ボランティア活動を行いながら、空き家の調査と持ち主の意向調査、「空き家リフォーム塾」の開催、移住希望者と家主の調整役を果たしています。

当ＮＰＯ法人は、前理事長の大島光利さん（現・奥矢作移住定住促進協議会会長）が呼びかけ、約30名の会員が集まって設立されました。廃校となった旧串原小中学校を拠点に活動しています。大島さんは、「外からの力と若い力抜きに串原の地域づくりはできない」「空き家も田舎の資源の1つ」と考え、当初

串原の移住者の多くが空き家、その周りの山林も一緒に入手。「土地が安いのは強み」となり、移住者が土地を確保しやすくなっている

から移住者の受け入れに力を注いできました。理事長職を受け継いだ小林太朗現代表は自らIターン者であり、移住希望者の要望を聞き、家主や地域とのコーディネータ役として適任です。

移住者が地域活動を担う

旧串原村では、移住者の中から自治会長が誕生し、地元住民と協力しながら、イベントを運営するなど、地域活動を移住者が担うようになっています。寄り合いなどでは、30～40歳代の移住者を中心に発言することも増え、移住者の地域貢献意識が高いとのことでした。大輔さんは同年代として、祭りを移住者とともに盛り上げています。

さらに、移住者は既存の地域活動への参加だけではなく、「串原・里山づくりの会」という独自の組織も立ち上げ、活動しています。荒廃した里山の管理という側面もありますが、ストーブ用の薪を確保するための技術習得という側面もあります。自家用薪の生産から始まり、余力があれば、ストーブユーザーに販売することも可能になります。新たな自伐（型）林業者の誕生に繋がる動きとして、注目されます。

三宅明さんの話は含蓄があり、大輔さんにとっても良き相談相手になっている

元気な高齢者の活躍

最後に、高齢者の経験知の高さと活躍について指摘したいと思います。地域振興に携わってきた三宅明さんの話は、含蓄がありました。大輔さんの良き理解者であり相談相手です。江戸時代の文献にも「串原は昔ながら」と記載されるほど、温和な集落として知られていたことなど、串原の歴史についても話を伺うこと

ができました。

明さんの地域貢献の活動は、例えば、集落を桃源郷のようにしたいと枝垂れ桃を植栽する活動、東日本大震災の仮設住宅での仕事づくりのために布草履づくりを普及するなど、幅広いものでした。明さんは、若者が農林業を志向して移住し、地域に小学生が増えたことを奇跡的なことだと喜び、子育て支援募金を壮健クラブで積み立て、学童クラブに補助しています。将来は子供の一時預かりも考えているとのことでした。

近年、都会では高齢者世代と子育て世代の分断が指摘されています。高齢者の活躍の場があり、世代間の繋がりがある農山村の健全性を強く感じた旅になりました。

備長炭産地の持続に向けて①

共同販売、原木資源確保で木炭生産者を支える森林組合の役割

小さいながら、地域の特色・価値を引き出し、伸ばす。経営方針を貫くみなべ川森林組合を訪ね、松本貢参事に話をお聞きしました（2017年4月取材）。

備長炭と梅への誇り、備長炭生産者の活躍

みなべ川森林組合が管理運営をしている「紀州備長炭振興館」は、紀州備長炭の資料館として一般客を受け入れながら、森林組合の事務所としても機能しています。ここに参事の松本貢さん（55歳）を訪ねました。

旅の記録

日本有数の備長炭産地・みなべ町。若い世代が多い備長炭生産者を支え、リードするのが、みなべ川森林組合です。1つは生産者個々ではなく、まとめて共同販売することで生産者側に有利、かつ安定した取り引きを実現していることです。もう1つは、原木確保への取り組みです。ウバメガシ林づくり技術の習得や除伐材の薪材・チップ利用、あるいは山主さんと木炭生産者を繋ぐ原木林利用のコーディネートです。規模は

聞くと、森林組合の職員は松本さんと女性職員の2名のみとのこと。組合経営から炭の配達までこなしている松本参事に、地域のことから取材は始まりました。

松本　みなべは小さな町だけれども、梅や備長炭で日本一ということで、みんな誇りを持っているんです。だから「みなべのために」と目標を立てれば共感してくれる、連帯意識がある地域です。

みなべ川森林組合

みなべ町森林面積：8,114ha（組合員所有面積5,934ha）。人工林率49%
組合員数：733名（正組合員705名　准組合員25名）
役員・職員数：理事・監事16名、職員2名、臨時作業班員6名
主な事業：紀州備長炭や木酢液等の販売事業（4,570万円／2016（H28）年）を経営の中心としている。「紀州備長炭振興館」（1991（H3）年開設）の指定管理業務も担う。林業経営では、県単予算による伐り捨て間伐80haを行うが、搬出間伐は実施していない。事業総利益、約3,750万円（2016（H28）年）。

佐藤　備長炭生産者は何人いらっしゃるんですか？

松本　県内で154名ほど。みなべ町内では36名（40〜60代）です。炭焼きさんは炭を焼くだけじゃなくて、原木を伐る択伐施業を何百年と絶え間なく続けて、原木林を育成し、おかげで今まで備長炭産業が続けてこられました。炭焼きは自伐林業そのものです。

自営生産システムを継ぐIターン者、共同販売で生産者を支援

佐藤　自分の所有林から原木を調達する炭焼きさんはいらっしゃいますか？

松本　ほとんどいません。炭焼きさんが山林所有者と交渉して立木を買って自分で原木を伐り出す人と、伐出業者が伐った木を買う人とが半々くらいです。

佐藤　町内の36名の炭焼きさんのうち、Iターンの方は何人ですか？

松本　8名です。彼らは移住促進などの補助金に頼らない人たちで、それでも来てくれる人は、ほんまに定住してくれますね。

佐藤　Iターンの方は森林組合の組合員さんですか？

松本　准組合員です。森林組合では、Iターン者を含めた6名の炭焼きさんが焼く炭を全て買い取って、毎月現金払いしています。（自営収入確保に寄与することで）Iターンの彼らが定住して生活できるように努めるのが我々の役割だと考えています。ただ最近、Iターンの炭焼きさんたちは、インターネットでの直販を始める人が増えて、流通が変わってきています。直販は安定的に継続してできるのか、少し心配な面も感じています。

みなべ川森林組合参事の松本貢さん（右）と著者

原木確保の取り組みと後継者育成

佐藤　備長炭の原木の適寸はどのくらいまでですか？

松本　缶ビールから一升瓶の太さくらいまでですね。直径5cmよりも細い木を残しておく択伐をすれば、短期間で山が復活して、次は10～15年で伐れるので、非常に循環が早いんです。今は原木が手に入りにくくなって、争奪戦になっています。だから原木確保のために、択伐や植林なども必要だし、そのための資金を備長炭価格に上乗せするなどの策も必要だと思います。

佐藤　択伐の実施状況は？

松本　２０１２（平成24）年の調査で、県内の炭生産者１８６人のうち、択伐しているのはわずか10名、残りは全伐していたということがわかりました。それで県と木炭協同組合の共催で、択伐施業について学ぶ「山づくり塾」を3年前からやるようになりました。その結果、今では80人くらいが択伐をしているようです。その山づくり塾は、１つの自伐林業塾みたいなものです。炭焼き技術も大事だけど山づくりも大事だよということとを伝えて、後継者育成に努めてくれているところです。

佐藤　所有者さんが原木の伐採方法について指定をすることは？

松本　昔の山主さんは厳しかったけれど、今の山主さんは、山を知らないですからね。それで、山主さんも一緒に山づくりの研修を受講してもらって、立木を売るなら、択伐をしている炭焼きさんにしてほしいとお願いしています。先人が次の世代の人たちのために残してくれたウバメガシを我々が伐らせてもらっている。だから我々は、自分たちがしてもらったように、次の世代に残していく、恩送りができるような山づくりをしていくことが大事だと思います。

20haの皆伐地に炭問屋さんがウバメガシの造林をしている

森林組合で購入した小型チップ機

佐藤　ウバメガシは植林もなされているんですか？

松本　植林は今までなかったんですが、備長炭の問屋さんが昨年から20haの裸地を購入して、ウバメガシの植林を始めています。

佐藤　原木の萌芽更新のために、周りのシイを除伐するそうですね。

松本　それを言うんだけど、除伐はボランティア作業になるんで、やる人は限られていて、シイばかりが増えています。シイは菌床用のチップ材になるんですが、県内には原木をチップに加工できるところがなかったんです。それで森林組合で小型のチップ機を購入して、チップに加工して販売することにしました。不要な雑木を買い取って、それをチップや薪として活かしていけるような、地域産業を確立できたらと思っています。

地域のための森林組合を目指して

佐藤　炭焼き以外の林業については？

松本　うちは作業班を持っていないので、間伐等は近隣の森林組合に委託しています。将来的には、地元の山は地元の人でと考え、自伐型で取り組める人を育成しているところです。間伐材の販路も必要ですから、今年から薪用の間伐材を買い取って、販売も始めています。

佐藤　薪の買い取り価格は？

松本　針葉樹も広葉樹も生木は5000円／t。薪に加工した場合は1万円／㎥です。年間の販売目標は、ピザ窯用やストーブ用薪が約50t。薪ボイラー（温泉施設）は、スギの間伐材で150tです。他に、シイタケ菌床用のチップを約300t。薪とチップで合計500tです。

佐藤　地域のための森林組合という考え方が強いように感じます。

松本　組合理事のほとんどが地元の梅農家で、梅づくりができるのは、この薪炭林の環境のおかげだと皆さんわかっているんです。森林組合だけだと、山の良いところ取りで終わる危険性もあるなか、本来の山を守ろう、地域を元気にしようというやり方の1つが自伐型林業で、それをフォローしていくのが森林組合の力じゃないかなと思います。森林組合は、全ての組合員さんとコンタクトが取れ、自伐型林業を育成するためにも一番良いポジションにいると思います。

旅の考察ノート

自伐型林業の推進を掲げる森林組合が和歌山にある

と聞いて、ホームページを開くと可愛いマスコットの「びんちょうタン」が出てきました。炭の各種情報と地元の旧南部川村への熱い想いが満載です。

新しい動きが始まっているに違いないと確信して、みなべ町を訪ねました。参事を含めて2人で切り盛りする小さな森林組合が、地元特産物の振興に大きな役割を果たしています。

備長炭と梅の町・みなべ町

みなべ町は役場に全国唯一「うめ課」があります。山の中腹まで梅園が広がる景観が特徴的であり、その奥が林地です。林地は人工林と天然林がおおよそ半々で、天然のウバメガシを使って備長炭が生産されています。森林は急傾斜地で、崩壊危険箇所も多く、道の開設が難しい条件です。ウバメガシの搬出にはモノラックや野猿、シュートなども利用されています。

400年以上続く伝統ある備長炭生産は職人芸であり、それぞれの生産者は販売する問屋が決まっていました。

備長炭の共同販売を担う森林組合

そうした伝統的な販売チャンネルがありながら、みなべ川森林組合が備長炭の共同販売に取り組むようになったのは1990年代になってからです。

80年代までは植林、下刈りという利用事業中心の森林組合でした。前任者から25歳で参事職を引き継いだ松本さんは、事業量が毎年減って組合の解散も考えたといいます。転機は、梅販売会社の社長だった方が組合長に就任し、経営感覚の必要性を説かれたこと、1991（平成3）年に備長炭振興館ができて、指定管理者になり、組合事務所を役場から振興館に移動したことです。備長炭を購入したいと消費者からの問い合わせもあり、備長炭販売を手がけるようになりました。

また、その頃から移住して炭焼きを始めたいというIターン者が振興館を訪ねてきました。松本さんが地元の炭焼きさんを紹介し、弟子入りして技術を習得、約2年後に独立という形で、炭焼きの新規参入者が増えてきました。「定住してもらうためには、彼らの生活を守ること、備長炭を買い取って安定的に販売して継続していける体制をつくる」とIターン者が生産した炭全てを買い上げることを決意します。Iターン者に准組合員になってもらい、毎月現金で精算していきます。販売できなければ、組合の赤字になります。

炭の販路拡大に邁進し、径級や質で仕分けをして販売し、炭問屋や顧客の信頼を得てきました。飯米や水道水に入れる炭や消臭効果のあるインテリアなど、新しい用途での販売網も開拓してきました。今では、備長炭の販売事業が森林組合経営の柱になっています。

森林組合の事務所機能も兼ねる紀州備長炭振興館。
備長炭の販売事業が森林組合経営の柱になっている

近年はインターネットの普及で、森林組合の共販事業を通さず、直接消費者に販売する生産者も増えています。しかし、一方で森林組合の販売力に信頼を寄せて、組合出荷を続けるIターンの生産者もいます。窯入れしたら少なくとも1週間は昼夜にわたって仕事があるという作業工程の中で、販売を委せて生産に集中できること、なにより出荷した全量を森林組合が買い取ってくれることは生産者には大きなメリットです。

Iターンの炭焼きさんと組合員を繋ぐ

また、原木調達という面でも森林組合がコーディネート役を担っています。Iターンをして新規に炭焼きを始めるにあたって、原木確保は必須であり、立木を購入して自ら伐採する生産者は、ウバメガシ林の所有者と交渉しなければなりません。森林組合は所有者である組合員700名とコンタクトができる立ち位置です。松本参事は、原木伐採から担う炭焼きさんを、「自伐型林業そのもの」であるとして、「所有者と自伐型の人の間に入る地域の相談役としての森林組合の役割」もあるとの意見でした。とかく森林組合に対抗するものとして自伐型林業が捉えられがちですが、地域林業のコーディネーター役としての森林組合と自伐型林業との関係づくりの可能性を感じました。

ウバメガシ資源の持続のために

現在、備長炭生産にとって大きな課題となっているのが、原料であるウバメガシ資源の減少です。みなべ町も過疎化が進んでいますので、炭焼きを始めたいというIターンの移住者を受け入れてきました。しかし、近年では資源の減少のため、これ以上は受け入れが難しい状況になっています。

択伐施業を行い、株立ちした幹の一部が残されたウバメガシ

紀州備長炭はウバメガシでこその商品価値であり、ウバメガシを全伐してしまう伐採が増加しています。一株全てを伐採するのではなく、生えを残す択伐が昔ながらのやり方ですが、近頃は択伐を指定する山主さんも少なくなっているとのこと。ウバメガシの全伐後は、利用用途が低いシイノキに林相が変化してきています。

紀州備長炭存続の危機でもあり、和歌山県では伐採マニュアルを作成し、研修会を開催しています。松本参事によると、次の代に「恩送り」するような伐採は、自ら伐採して自ら炭を焼くような生産者だとのこと。自営的＝自伐的な炭焼き生産者を増やしていくことの重要性が指摘されました。

自伐（型）林業で均衡のとれた資源利用を

ウバメガシの伐採方法の普及と共に、森林組合が取り組んでいるのがシイノキと人工林間伐材の販売先の開拓です。シイタケ菌床用チップの生産施設の導入と共に、松本参事が町に働きかけて、町内の鶴の湯温泉に薪ボイラーが導入されました。ピザ店に薪販売も行い、販売の出口を広げ、伐り捨て間伐から利用間伐へ、単価の安いシイやスギを利用するための第一歩を踏み出しました。全てにわたって、地域の資源を有利販売して、地域を盛り上げたいという一貫した姿勢があります。

松本参事が町に働きかけて町内の温泉施設に導入された薪ボイラー

シイや人工林の間伐材を搬出するには、今後、路網の開設と新たな担い手の育成が必須です。そのために当地の産業構造に合うと松本参事の心を捕らえたのが、地元梅農家による副業的な自伐林業です。その新たな動きは次節で紹介します。

小さな森林組合の粘り強い挑戦。松本参事への取材は、これこそ協同組合の原点だ、と思う話でした。

和歌山県　みなべ町編２

備長炭産地の持続に向けて②

４００年続く薪炭・梅システムを継ぐ若者たち

薪炭林と梅林が共生する土地利用が織りなす独特の里山。自伐（型）林業と炭焼き、梅づくり、畑作を組み合わせて自営する若い世代の姿がここにもあります。「みなべ里山研究会」メンバーの皆さんです。４００年の伝統を継ぐ方々を訪ね、話をお聞きしました。

旅の記録

傾斜地の薪炭林と梅林の共生関係が造る「みなべ・田辺の梅システム」が世界農業遺産に認定されています（２０１５（平成27）年）。４００年続く持続可能な生産システムとして評価されました。そして、それを継ぐ人々がみなべ町で活躍しています。

みなべ町の備長炭生産は、比較的若い世代が多く、Iターン者・岩澤健一さんもその１人。師匠に学び、その後独立して家族と共にこの地に定住しました。地域の山主さんと交渉し、原木の伐採（択伐）から窯による製炭までをこなす職人です。

Iターンで炭焼き職人　産地の伝統を継ぐ

24年前、一生の仕事を探すために全国を自転車で旅していた若者が、みなべ町で炭焼きさんになりました。神奈川県から移住してきた岩澤建一さん（46歳）

です。岩澤さんに、炭窯とウバメガシを択伐している現場を見せていただきながら、話を伺いました。

佐藤　炭焼きを始めたきっかけは？

岩澤　テレビで炭焼きを見て関心を持ちました。当時、全国を自転車で旅している途中で、みなべ町の紀州備長炭振興館を訪ねて、松本参事に相談しました。その後、松本参事が親方を探してくれたので、そこで1年間修業をして、次の年の3月には独立しました。

佐藤　ご両親から反対されませんでしたか？

岩澤　大反対。それで見返してやろうと、バネになりました。

佐藤　年間の炭の生産量は？

岩澤　6～7月は梅の収穫の手伝いに行ったり、月でばらつきがありますが、年間で15kgの箱を800～900箱くらい出荷しています。

佐藤　森林組合に出荷されているんですか？

岩澤　独り立ちしてからずっと、ほぼ全て森林組合に納めています。初めは良い炭が焼けないのに、だいぶ松本参事に目をつぶってもらって、迷惑をかけました。

佐藤　これで食べていけると感じたのは？

岩澤　最近かな。自分なりの感覚がつかめるのに15～18年くらいかかりましたね。今は、浄水用や飾り用の炭も焼きますが、それぞれ焼き方が違うので、毎回、窯から出してみるまで冷や冷やします。

佐藤　奥が深いですね。炭の原木は自分で伐って？

岩澤　自分で伐ったり、伐ったのを買います。1回の炭焼きで、ウバメガシが約5・5tと、窯を温めるための口焚き用の雑木が約300kg必要です。だいたい、ウバメ3・5tを伐出業者から買って、残りの2tと雑木約300kgを自分で伐るようにしています。その1回の窯で約50箱（1箱15kg）の炭ができます。

佐藤　自分で伐る時は、所有者さんに自ら交渉されるんですか？

岩澤　はい。山を見て、その山の所有者さんを森林組合に教えてもらいます。山にある木の量を換算して、搬出方法も考えながら値段を山主さんと交渉します。

佐藤　ウバメは択伐をされているんですか？

岩澤　はい。ウバメやカシ以外のシイノキなどの雑木は除伐して口焚き用に使っています。昔は、つくり山と言って、ウバメガシの択伐をちゃんとしている山もあったんですが、今は、択伐のルールを守らずに伐る人もいますし、山に関心のない山主さんもいます。

佐藤　自分で伐採もする炭焼きさんと、伐出業者では伐り方に差はありますか？

岩澤　やっぱり伐るだけの業者は、ウバメだけ伐って周りの雑木は除伐しないので、この先、ウバメの育たない雑木山が増えると思います。でも最近は、自伐している炭焼きさんも年代に関係なく、択伐のルールを守らない人もいて、だんだん意識が変わってきていますね。

佐藤　持続的ではないですよね。

岩澤　それで県が、択伐施業の研修会を開いていますが、参加するのはいつも同じ意識のある人たちなので、なかなか状況は変わらないですね。自分たちが伐らせてもらえるのは先輩方が残してくれた山があるからなので、それを次に渡していかないと絶えていくんですが。

みなべ町で炭焼きさんとして活躍している岩澤建一さんと著者

山仕事と梅生産の働き方「みなべ里山研究会」の皆さん

薪ボイラーによるハウス野菜栽培に取り組んでいたグループから派生した「みなべ里山研究会」は、森林資源の活用に重点を移した活動を目指して、２０１３（平成25）年に発足しました。農業と兼業しながら、作業道の開設やスギ・ヒノキの間伐、薪生産の他、林業研修事業などを行っています。代表の石上進さん(60歳)や大野淳一さん(41歳)に話を伺いました。

左から「みなべ里山研究会」の大野淳一さん、著者、同研究会代表の石上進さん

佐藤　農業と山仕事のサイクルを教えてください。

石上　4~7月は梅と田んぼ。林業は、10~3月までです。11月から梅の剪定も始まりますが、私は梅畑の面積が少ないので剪定は、ずらしながら林業をしています。梅畑を2ha超えている人だと、剪定が冬の間中はかかるので林業との兼業は無理ですね。

大野　私も山には10~3月の間に、月に17~20日出ています。収入の割合は、畑(野菜中心)が7割、林業が3割くらいかな。

石上　青梅の収穫は、手で1つずつ採るので人手がいるんです。それで、この辺の人はパート勤めをしていても、6月になると梅収穫作業のために会社を休むので、(独特の雇用事情をきらい)企業はここから撤退してしまうんです。

佐藤　梅と組み合わせて働く必要があるんですね。梅の収穫量はどのくらいですか?

大野　一番条件が良い所で反当たり3~4t、平均は2t。うちだと日照不足もあって1tです。

石上　価格は年によりますが、梅干しの一番良かった年で、1万8000円/1樽(10kg)。今は、4000

～４５００円。樽当たりの手取りは約３０００円ですね。

大野　梅で２００万円を売り上げるには10ｔの収穫が必要で、そのためには人件費が１００万円かかります。

佐藤　林業は他の仕事と比べてどうですか？

大野　現場で条件が変わるので創意工夫をしながらやるのが面白いです。

石上　若い人がどんどん育っていくのを見ているのが楽しいです。それに林業は今、勢いがあるなと感じています。

傾斜地条件、備長炭生産地に合った道づくりを実践

佐藤　以前は建設業で道づくりをされていたそうですが、２・５ｍ幅の作業道を狭いと感じることは？

石上　いえ、理にかなっていると思います。紀州は山の傾斜がきついし、土壌がもろい。それで、自分なりに考えて、盛土は転圧した上に軟らかい土を置いて根株を置いてと基礎を作っています。ここは雑木が多くて、根株は萌芽して根付くんですね。黒ボク土もシダと岩砕を交互に間に挟んで、表面に草が早く生えるような土を置いたりしています。そうやれば、勾配がきつくても道が付けられるようになって、逆に楽に作業できるようになりました。

佐藤　すごく丁寧ですね。

石上　一生使える道にしたいんで。僕らは、10年間作業道を付けているけど、５年前の大雨でも壊れていないので、そこは自信があります。

佐藤　年間どのくらい開設していますか？

石上　２～３㎞かな。

大野　メンバーは４人いるけれど専業がいないので、行ける人が交代しながらやっています。

石上　炭焼きも、昔は現場ごとに山の中に窯を作っていたけど、今の窯は固定して木を窯に運んで焼くので、道の必要性はより高いと思います。

旅の考察ノート

山から海岸部までの多様な生態系を保った農業システムが継承されていると世界農業遺産の選定で高く評価された「みなべ・田辺の梅システム」。薪炭林原木の択伐が重要な評価のポイントとされました。しかし、岩澤さんのウバメガシの択伐現場に行くと、礫の多い驚くほどの急傾斜地で、立ちすくんでしまいました。ここでの択伐作業を考えると、継承の難しさを痛感しました。みなべの生産体系を次世代に継承するために、何が必要かを考えてみました。

技術と精神性を受け継ぐ

炭焼きさんの技術継承は、かつては親から子供へというのが基本でしたが、Ｉターン者の場合は師匠に弟子入り、修業して、自営業者として独立という形をとっています。岩澤さんは、1年間の弟子入り修業を経て独立。師匠からは基本技術と共に、先輩の炭焼きさんが残してくれた山を守るという精神性を受け継ぎました。

さらに一人前になるためには、独立後も試行錯誤の連続でした。一口に炭といっても用途や原木の大きさによって窯への入れ方や焼き方を変える必要があります。コーヒー焙煎用に製造番号7番（岩澤さんの番号）

炭焼きさんたちにもウバメガシ資源の減少に対する危機感が広がっている

の炭を、と注文する顧客もつくようになってきました。

ただし、コーヒー焙煎用に適した炭は70～80年生の大径のウバメガシが必要で、そうした原木は入手困難になっています。炭焼きさんたちにもウバメガシ資源の減少に対する危機感が広がっています。択伐施業が伐採者のモラルとして普通だった時代ではなくなっている状況の中で、技術の普及と共に、次世代への資源持続を考えて択伐をした炭を認証するなどの取り組みが必要だと感じました。環境保全的な施業への支援の必要性です。

労働集中期のある梅生産と組み合わせる働き方

次に、みなべ特産の梅栽培の継承という観点からみると、6～7月の収穫時期の労働力確保が課題です。1つ1つ実を傷つけないように収穫していかねばなりません。採取だけではなく、みなべでは収穫した梅を白干しにする一次加工までを梅農家が行います。また、加工業者が町内にあり、南高梅の特性や各年の気候などを勘案して加工しています。この「生産者と加工業者との密接な連携」が梅干しブランドを作り上げてきました。

収穫時期には、みなべ町は梅一色の生活となり、梅農家だけではなく、炭焼きさんも林業従事者も多くが梅の収穫に携わります。企業を誘致しても、梅の収穫時期に労働力を確保できないため撤退するという状況です。

そのため、みなべ川森林組合は通年雇用を目指すのではなく、臨時作業班に育林作業を依拠してきました。通年雇用化が林業労働問題の解決策として、林業事業体の評価軸となっていますが、地域の特産を守るにはこうした労働需要の特徴に合わせた林業のあり方を考える必要があるのです。

自伐型林業推進を森林組合の方針に

また、梅干し業界では不動のブランドを確立しているみなべの梅ですが、需要の減少や輸入ものにも押されて価格の低迷に直面しています。労働力の季節変動を均すことと梅だけに頼らない収入源として、注目されているのが林業です。さらに、森林組合の臨時作業班員の高齢化が進み、近年では伐り捨て間伐施業を近隣の森林組合に発注するという状況にも至っていました。

　そうした中で自伐型林業に関する講演会の様子をネット（ユーチューブ）で見た松本参事は早速、土佐の森救援隊が活動する現地に足を運びました。みなべ町の事情にマッチした林業のあり方として、自伐型林業と幅員の狭い壊れない道づくりが必要だと確信。急傾斜で礫地での薪炭林の択伐にも作業道は役立ちます。

　森林組合が主体となって、自伐型林業に関する中嶋健造さん（現NPO法人持続可能な環境共生を実現する自伐型林業推進協会理事長）の講演と道づくりの研修を企画し、「みなべ里山活用研究会」の設立に繋がりました。自伐型林業の推進を森林組合の活動方針に掲げ、道づくりは大橋式作業道を実践する岡橋清隆さんにルート選定の指導を依頼しました。

「みなべ里山活用研究会」が作業道づくりを担っている

梅だけに頼らない農業を模索し、農業用ハウス加温のための薪ボイラーと薪調達も手がける

グループで道づくりと間伐を自伐型で請け負う

　みなべ里山活用研究会は、会長の石上進さん（60歳、建設業、梅と米の兼業）の他、梅やハウス野菜農家でみなべ町の中でも山間地区に住む4人がメンバーです。梅は季節的にも価格変動があり、初物の青梅が出回る時期だと高値が付きますが、山間部は寒いため価格が下がってからしか収穫ができません。そのため、梅だけに頼らない農業のあり方を模索していました。農業用ハウスを加温

するための薪ボイラーと薪調達をするための研究会が前身です。メンバー全員が兼業形態で、道づくりを手始めに、スギ・ヒノキの間伐、広葉樹伐採と薪生産、ウバメガシの択伐をグループとして請け負っています。

メンバー4名のうち、石上さんは山林を所有していますが、5ha以下と小規模です。みなべ町の人工林は、村外在住の大規模な山主さんの所有比率が高いのが特徴であり、施業地を確保することが課題となっています。石上さんが山主さんと直接交渉する場合もありますが、森林組合が所有者をまとめて、里山研究会が作業道づくりと間伐を自由にやれるようにという契約を仲介しています。

見習いとして加わった地域おこし協力隊員の青木友宏さん。趣味のアコーディオンで演奏会も開催している

同研究会では、研修会を兼ねた作業を年に10回以上も実施し、外部からの研修生も受け入れています。そうした中で、地域おこし協力隊員の青木友宏さん（26歳）が見習いとして加わり、趣味のアコーディオン演奏会を森で行うなど新しい動きも見られます。

コーディネーター人材の養成を

最後に、本地域での生産システムの継承を考える上で、最も大きな課題だと感じたのは、森林組合の松本参事の後任問題です。前節でも紹介したように、炭、薪、用材の販路拡大と自伐型林業の展開、Iターン炭焼きさんへの師匠や山の紹介は松本参事の活躍なしには語れません。地域の特性を知り、将来を見据えて実行する力。舞台回しのような、地域のコーディネーター役を育てることが、参事の今後最大の仕事だと感じました。

梅栽培と備長炭生産の繋がりと両者の持続を

最近のみなべ町での新たな動きを松本参事に伺ったところ（2020（令和2）年3月）、梅農家の後継者がグループを作って、チェーンソーの研修を開始していることを教えていただきました。それは、高齢化した農家では管理が難しくなった急傾斜の梅園を伐採して、ウバメガシへ改植するためです。「みなべ・田辺の梅システム」が世界農業遺産に選定されたことをきっかけにして、梅栽培と備長炭生産の繋がりと両者の持続を考えるようになった現れだと言えるとのことでした。農家林家による伐採技術の獲得、および農地の林地化という土地利用再編だと捉えることができます。

松本参事によると、後継となる森林組合職員の人材発掘、育成にも引き続き、取り組んでいきたいとのことでした。

宮城県 気仙沼市編1

自伐（型）林業で地域エネルギー事業を推進①

平均年齢66歳 8名で年間500tほどのバイオマス材を生産・出荷 ——八瀬・森の救援隊

旅の記録

地元企業が立ち上げた復興のシンボルでもある地域エネルギー会社。熱電供給の燃料となる木質バイオマス材を地域の森からどう調達するか。森林組合や事業体はもちろん、多くの人々が地元のエネルギー会社を支援したいと立ち上がりました。

八瀬・森の救援隊のメンバーも同じ思いです。手入れや利用されないままになっていた分収林を間伐し、

年間500tほどを燃料として生産・供給しています。メンバーの多くは元会社員。作業現場を訪ね、皆さんの活躍ぶり、思いを聞きました（2018年2月取材）。

元会社員が中心、平均年齢66歳のチームワーク

尾根にアカマツの残るスギ林で、間伐作業をしている「八瀬・森の救援隊」の皆さんを訪ねました。雪が

舞い散る中、作業をされていたのは、会の代表の吉田實さん（71歳）や吉田幸男さん（67歳）、吉田勝彦さん（70歳）、岩下隆さん（71歳）に加え、地域おこし協力隊として林業技術を磨きながら施業を手伝っている小柳智巌さん（41歳）と星裕輔さん（29歳）です。まずは、代表の實さんと幸男さんに話を伺いました。

佐藤　いつもここで作業をされているんですね。所有者は？

實　所有は市ですが、管理は集落が行う部分林です。各集落がそれぞれ部分林を持っていて、30～50名の会員のいる部分林組合があります。どこも管理ができなくて荒れているので我々が間伐をしているんです。

八瀬・森の救援隊の吉田實代表

佐藤　部分林組合員の有志が「八瀬・森の救援隊」を立ち上げて間伐をしているということですね。

幸男　はい、設立4年目、年金をもらいながら8名で。ほとんど会社勤めをしていたメンバーです。定年退職の前後に震災になって、震災後にこういう間伐材の買い取り事業が立ち上がったので、みんなで林業研修を受けて、代表を決めて、みなし法人として取り組んでいます。

佐藤　皆さんの林業経験は？

實　若い頃に、部分林の共同作業で刈り払いなどをやっていた程度です。

佐藤　管理している面積はどのくらいですか？

實　4つの集落の部分林のなかの約30 haを5年間で間伐する森林経営計画を立てています。

佐藤　一番作業に出る方で年間どのくらいですか？

幸男　作業をするのは、8月から翌年の4月までの9

カ月です。月に約20日作業をしていますので、全部出ても180日ですが、一番来ている人でも150日ほどでしょうか。それで、年に約400～500tの丸太を伐出しています。

佐藤　施業は間伐中心ですか？

幸男　はい。皆伐だと市のバイオマス証明が出ないんですね。気仙沼市が発行してくれる間伐証明（「伐採届適合通知書」「合法性・持続可能性及び発電利用に供する間伐等由来の木質バイオマス証明書」）があると6000円／tで売れます。地域の山をきれいに手入れして、管理しませんかということでスタートした事業ですから。

佐藤　会として売上金の分配はどうされているんですか？

實　作業に来ると日当8000円です。加えて、年度末に収支を見て余剰分は再分配しています。

佐藤　年金プラスの収入としては、やり甲斐になりますか？

實　そうですね、それなりのものはあります。

気仙沼地域エネルギー開発㈱のバイオマスエネルギー事業の概要

気仙沼市は、東日本大震災後に「気仙沼市震災復興計画（2011（H23）年10月）」を策定し「再生エネルギーの導入」を目指した。そこで、木質バイオマスによる電力事業が検討され、その担い手として白羽の矢が立てられたのが、市内でガソリンスタンドを経営していた㈱気仙沼商会（大正9年設立）の高橋正樹社長だった。

高橋社長は震災で本業が甚大な被害を受けた中、気仙沼地域エネルギー開発㈱を設立し2014（H24）年2月、小規模の木質バイオマスガス化発電プラント（800kW）による電熱事業に着手。原料となる8,000tの木材は、全て地元の間伐材を活用するとして、現在、8割は市内の森林組合や素材生産業者が、約2割は個人の自伐（型）林業者から購入している（原木の買い取りは㈱気仙沼商会）。個人林業者からの買い取り価格は6,000円／tで、現金3,000円と地域通貨3,000円で支払われている。

八瀬・森の救援隊

気仙沼市八瀬地区の有志により、2014（H26）年に設立された自伐型林業グループ。現在メンバーは8名、平均年齢66歳。八瀬地区の「部分林（市有林を集落が分収林契約し、部分林組合が管理を行う）」で間伐を行い、年間約500tの原木をバイオマス用に伐出している。

佐藤　集落への立木代金等の支払いは？

幸男　集落には契約の段階で、林道を入れて間伐をして管理するので、出る材は、自分たちの日当にしますと言っています。作業は、収入になること以上に、部分林への先行投資の意味があるのでやれていると思います。自分たちの山だから、後々若い人に継ぐときに、道付けも間伐も一通りやっているので、「後はお願いね」と言えるじゃないですか。

佐藤　山を次世代に継いでほしいということですね。

實　それを期待しています。ただし、自伐による収入は微々たるものですから、それを若い人たちに今すぐやれと勧めるところまではなかなかいかないですね。

八瀬・森の救援隊の吉田幸男さん

佐藤　森林組合に施業を委託することは？

幸男　森林組合は大面積のところで高性能機械を入れて皆伐中心でやるようで、５haとかの間伐は、私たちのように自分たちでやりなさいということだろうと。

佐藤　会社員だったころと比べて今はいかがですか？

實　気の合った連中と、和気あいあいとやって楽しいですね。

幸男　気仙沼地域エネルギー開発㈱と一体になって、コミュニケーションをとりながらやっています。みんなとも飲み会をしながらね。日々の作業では、今日は伐倒をこのくらいやって15ｔ出そうとか、道を何ｍ付けたとか、１日の仕事が見えるし、仲間とのコミュニケーションが深まるので充実しています。それに、やった分だけお金になるのも励みになるし。

佐藤　地域の皆さんからの理解はいかがですか？

幸男　震災後に、電気も地産地消でやりたいと、高橋社長がリスクを背負って事業を立ち上げたので、それに共感して私たちも団体を立ち上げたんです。自分たちの収入だけではなくて、治水やいろいろな自然の保全にもなると、後世に残せる山になっているという思いでやっているんですね。そこを周りから評価してほしいなと思います。

自分たちの木が電力の20分の1を生む

月に一度、地域の方々と廃校を利用して蕎麦のお店を開いている吉田勝彦さん。「明日は蕎麦の日なので、準備があるから今日は早退」とのこと。そこを呼び止めてお話を伺いました。

佐藤　林業をやろうと思ったのはなぜですか?

勝彦　もともと地元の廃校を活用して「八瀬森の学校」というそば打ち体験や教育旅行の民泊などの活動を10年くらい前からやっていたんです。その関係で、高橋社長とスローフードの活動（食が繋ぐ人と自然、人と人などの関係を、食の視点から見つめ直して、自分たちの生活の質を高めていこうという取り組み）を一緒にやっていました。その高橋社長が、バイオマス事業をすると言うから、手伝わないとね、と思ったんです。

佐藤　最初に話を聞いてどう思われました。

勝彦　自分の本業だけでも大変な時に、そんなこと止めたほうがいいと（高橋社長に）言ったんですよ。だってバイオマスなんて儲けになるかわからないでしょ。だけど、口だけ出すのはだめだなと思って、何をすればいいのと聞いたの。見捨てておけなかったのさ。おかげで、こんな寒い時に、年寄りが山に来て木を伐ることになってね、他にもやることはいっぱいあるのにね（笑）。

左から、吉田實さん、著者、吉田幸男さん

佐藤　それでも続けられているんですね。

勝彦　始めたら、みんなやっているから横の繋がりもあるし。みんなも金が欲しくてやっているわけじゃないからね。バイオマス発電で使う丸太は年間８０００ｔ。私たちが出している木が４００〜５００ｔ。電力の20分の１くらいにはなっているな、少しは社会貢献ができているのかなと思ったりしてね。我々は、震災の時にいろいろなかたちで支援を受けているから、それに応えないと、恩返ししないとなという気持ちもあるんだよね。

自分の人生に目覚めた

八瀬・森の救援隊は八瀬地区の方たちによって設立されました。その中で唯一、林業研修を受講した後に集落外から参加するようになったのが岩下隆さん（71歳）です。

八瀬・森の救援隊の吉田勝彦さん

佐藤　八瀬で林業を始めたきっかけから教えていただけますか？

岩下　ちょうど1年前に、三陸新聞にアカデミー（自伐林業家育成塾・森のアカデミー）の広告が載っていたので応募したんです。そしたら、研修で八瀬の方々に出会って、みんな心をひとつにしてやっておられて、それに惚れてのめり込んだんです。

佐藤　森のアカデミーに参加される前は何を？

岩下　鹿折という気仙沼湾の東側の所で、造船の鉄工所をやっていました。そこの工場と自宅が一緒に津波に流されて。いまさら工場を整備してもね。それで震災後は、そっちこっちから声をかけてもらって、日本全国に働きに行っていました。

佐藤　鉄工の技術があったから声がかかっていたんですね。でも林業は全然違うので、驚かれたこともあったのでは？

八瀬・森の救援隊の岩下隆さん

自伐林業家育成塾　森のアカデミー

2012（H24）年より開催されている林業研修。「山主自ら山の手入れをし、間伐材で収入を得る自伐林業家の基本となる間伐や搬出を学ぶ」ことを目的として、チェーンソー、作業道、簡易架線集材等の研修を行っている。これまで14期、42回開催され、参加者は延べ600名。当初は、気仙沼地域エネルギー開発㈱が主催していたが、現在はNPO法人リアスの森応援隊が行っている。NPO法人リアスの森応援隊は、自伐型林業の拡充のための研修や補助申請のサポートを行うため、2015（H27）年に設立された（理事長は高橋社長が兼務）。

岩下　林業経験はなかったんですが、山に入るとスカッとして気持ちが高揚して、やっと自分の人生に目覚めたような感じですね。鉄工所をやっていた頃よりも山に来るのが楽しくてバリバリ動きたくなります。

佐藤　何が違うんでしょうか？

八瀬・森の救援隊の皆さんと

岩下　緑の空気を吸って、山はいいなと感じていますね。鉄工所は鉄粉とか溶接の煙の中で、そういう所で永くやっていたので。

佐藤　収入源としてはいかがですか？

岩下　収入は度外視みたいにな

っていて、山が好きだということでやっています。

佐藤　奥様の反応はいかがですか？

岩下　家にダラダラいるよりも、亭主元気で留守がいいという感じですね（笑）。

フィールドノート

東日本大震災で甚大な被害を受けた気仙沼。小規模な木質バイオマスの熱電事業は、復興のシンボルです。

八瀬地区の定年退職者が立ち上がり、集落外の岩下さんも加わって地区の森から間伐材を出荷しています。年金＋αという経済的な意味だけではなく、仲間との仕事の楽しさ、定年後の生き甲斐、復興の一翼を担い、後世に良い山を残すという心意気、事業を立ち上げた高橋社長への応援など、さまざまな意味がありました。わずか2割と侮ることなかれ。

宮城県　気仙沼市編2

自伐（型）林業で地域エネルギー事業を推進②

県外からの若者たちがスタッフに伐出、事務、自伐研修を支援

旅の記録

気仙沼の地域エネルギー事業には、地域外からもさまざまな支援があり、若い人材力もその1つ。再生可能な地域資源でエネルギーを創る地産地消（電力は東京への販売も実施）。その発想に若者たちが惹かれ、事業に関わって気仙沼に定住しています。地域おこし協力隊メンバーや自伐型林業支援のNPO職員として活躍する方々です。間伐の現場に出たり、木質バイオマスの証明など出荷者に必要な事務手続きを支援したり、自伐型林業研修のコーディネートなど、その力が大きな支えとなっています。支援に活躍する方々を訪ね、話をお聞きしました。

バイオマスの新しいエネルギーに惹かれて

以前よりバイオマスに関心を持っていた小柳智巌さん（41歳／埼玉県出身）。2年前に東京で開催された就業説明会で、気仙沼地域エネルギー開発㈱（以下、地エネ）の高橋正樹社長に出会ったことから林業の道へ

入りました。星裕輔さん（29歳／仙台市出身）は、カメラマンとして東京で働いていましたが、風景撮影をした縁などから気仙沼に移住しました。今2人は、気仙沼市の地域おこし協力隊員として、自伐型林業に取り組んでいます。

佐藤　小柳さんが気仙沼で林業を始めたきっかけは？

小柳　高橋社長に出会い、被災地で新しいエネルギーを作ろうとしていることに強く惹かれました。社長から林業研修への参加を誘われ、実際やってみたら伐採も楽しかったたし、ここはバイオマス用に材を流通させるシステムも整っていたので林業に見込みがあるとも感じました。それに、気仙沼の海や山の魅力も大きかったですね。

佐藤　気仙沼市の地域おこし協力隊員という立場で、地エネに出向されているんですね。

小柳　はい、林業の現場作業と研修のコーディネートの仕事をしています。年2回の研修では、講師のサポートなどをしています。平日は基本的に八瀬・森の救援隊の方々と一緒に山仕事をしていますが、今年度から、星君と2人で他の場所でも施業を行う予定でいます。

佐藤　2人が請け負う山はどういうところですか？

小柳　部分林（気仙沼市有林の分収林の名称）ですが、その地区の人と高橋社長と繋がりがあっていただいた話です。約30haの山で、マツの病害が深刻になる前に間伐をしてほしいと依頼されています。

佐藤　伐採したマツを全部チップにするのはもったいないですね。良い木だけでも住宅材にするような流通との繋がりを見つけるとか、付加価値の付く使い方を探せるといいですね。

林業の「自由性」に魅力を感じて

佐藤　星さんはどうして林業を？

星　カメラマンの仕事はこれから衰退するだろうなと思っていたので、半分写真、半分は何か別の収入の道をと考えていて、林業は面白いかなと。それで調べたらバイオマス発電所の求人が気仙沼にあって、林業を本格的にやりたいなら地域おこし協力隊として取り組めると紹介されました。

佐藤　八瀬の森では、60代、70代の方から指導を受けているんですね。

星　はい、皆さん人生経験も豊富で引き出しが多いなと思いますし、道具を丁寧に使うとか、いろいろ学ぶことは多いです。

左から小柳智巌さん、著者、星裕輔さん

佐藤　現場応用力みたいなものが高いんでしょうね。農山村に生きてきた人たちが培ってこられた技能を見た時に、都会から来た若者だから感激できることもあるでしょうね。林業を始めて1年弱だそうですが、いかがですか？

星　このまま林業で食べていけたらいいなとは思っています。林業は働き方もすごく自由で、例えば半年だけ気仙沼で林業をして、半年は日本各地や海外に行ったりできそうで、それは魅力ですね。でも、やればやるほど収支が厳しいな。5年後に食べて行けるかなとも思っています。

気仙沼で仕事・定住、独立への思い

佐藤　地域おこし協力隊の任期後のお2人の予定は？

小柳　来年の10月で協力隊としての3年間の任期が切れるので、そのタイミングで自伐林業家として2人で独立できたらと考えています。

星　今は林業技術を上げて山仕事で信頼を得ることが最優先かなと思いますが、将来的には森林を利用したイベントを企画していきたいなと。ここで、山と海と両方を舞台にした結婚式をやれば写真も撮れるし。そういうことを地域の人たちとやれたらと思います。

佐藤　新しい森の活かし方として、ぜひ実現してください。期待しています。

人と関わり、地域の発展に繋がる仕事を

自伐型林業を支援するために２０１５（平成27）年に設立されたＮＰＯ法人リアスの森応援隊（以下、リアスの森）。リアスの森の立ち上げ時から、事務局の中心となっているのが佐々木美穂さん（26歳／兵庫県出身）です。佐々木さんは、大学１年生の時、所属していた国際ＮＧＯ活動の繋がりから、震災直後の気仙沼に入り、以降、長期の休みの度にボランティアとして来訪を重ねました。神戸の女子大生だった彼女がなぜ、林業に？

佐藤　佐々木さんが入社した経緯は？

佐々木　大学卒業後の就職を考えた時に、仕事のために住む場所を選ぶよりも、住みたい所で仕事を探したいと考えるようになりました。それで気仙沼で仕事を探していた時に高橋社長に話をいただいて就職することとなりました。仕事は、バイオマスプラントと林業とどちらがいいと聞かれたので、「人と関わる仕事で、ゴールが目に見えている仕事ではなくて、自分が関わることで地域が発展できるような仕事がしたい」と言ったら、「じゃあ林業だね」と言われて。それで、1年目はリアスの森の立上げ、翌年から運営をしています。

佐藤　地域の方から依頼された森林経営計画も佐々木さんが中心に立てていて、さらに、今年（2018（平成30）年）からは森ワーカー事業も始めたと聞きました。

佐々木　はい。これまで14回の「森のアカデミー（林業研修）」を開催して、卒業生（森ワーカー）が延べ600人以上いますが、今も木を伐出し続けている人は限られています。それは、個人の山主さんの所有林は1、2haなので、1、2年で間伐が終わってしまうからです。それで、その人たちにもっと間伐してお金を稼ぐ機会を作りたいということで、人手が足りてない自伐林業家と卒業生をマッチングさせるシステムとして「森ワーカー制度」を考えました。お金を払っても

人手が欲しい自伐林家、技術はあるけれど、間伐する山のない森ワーカーの情報をうちは持っているので、お互いに紹介したり、お金のやり取りを仲介したり（仲介料は無料）する仕組みです。

佐藤　延べ600名の卒業生はどういう方ですか？

佐々木　気仙沼市内の方が8割、男性が9割ですね。延べ600名ですが、正味人数は300名余りです。農家林家の方が多くて、米づくりが暇な時にちょっと山をやってもいいかなという方や退職して時間がある方が多いです。

「NPO法人リアスの森応援隊」事務局の佐々木美穂さん

佐藤　300名の参加者というのは多いですね。

佐々木　2012（平成24）年から森のアカデミーを年2、3回続けていて、毎回、地元新聞にも広告を出しているので、皆さんに事業が定着してきた感じです。

佐藤　小規模森林所有者は林業をやる気も能力もないわけではなく、呼びかけたら研修にも参加されるし、仕組みがあれば林業をやりたいという人がいるということですね。

佐々木　はい。現役で働いている人も土日に山に入って気分転換をしたいという方もいらっしゃるので、そういう方ももっと誘えたらいいなと思っています。

生きる術のすごさ

佐藤　実際に山に入りたいけど、自分の山の場所もわからないという人への手助けもされているのですか？

佐々木　そうですね、地エネに搬入するためには、まず個人林業者として登録した上で、バイオマス証明書と伐採届が必要です。その際に山の場所の特定が必要なので、資料の作成を手伝いながら、一緒に市役所に行って場所を確認したりします。今年度、八瀬・森の救援隊のようなグループではなく、全くの個人で搬入されているのは17名です。個人の搬入者数は減ってきてはいるんですが、搬入量は増加しているので、個人のポテンシャルは上がってきていると思います。

佐藤　地域の動きとして、八瀬の集落以外でも取り組むところは出てきていますか?

佐々木　やりたいという所は出てきていますが、地域のキーマンとなる人を探すのが大変ですね。これからは、後継者がいないような方の山を紹介する山林バンクにも取り組む必要があると思っています。

佐藤　地元に精通した団体が山林バンクに取り組む意義は大きいですね。ところで、佐々木さんのような、都会生まれの女性が地方の価値をどう見ているのでしょうか。

佐々木　震災直後にこちらに来て一番びっくりしたのは、何もないはずなのに自分の家のストッカーから魚を出して来たり、畑から野菜をとって来たりして、ずっと食べ物が豊富だったんですね。電気がなくても、ダルマストーブで火を焚いたりして。ここの人は生きる術が備わっていてすごいなと。私もここで暮らして生きる力は、かなりついたと思います。

東北の自伐型ネットワークづくりを

震災後、東北には多くの自伐型林業に取り組む団体が誕生しました。それらの団体の繋がり作りや研修のサポートなど、地元に根付いた支援を行う中間支援組織として「東北・広域森林マネジメント機構」は設立されました（所在地・宮城県仙台市／2016（平成28）年11月）。東北地方を飛び回っている事務局長の三木真冴さん（32歳／埼玉県出身）の車の走行距離は、1カ月に3000㎞にも及ぶといいます。

佐藤　埼玉出身の三木さんがなぜ東北に?

三木　大学時代から国際ボランティア団体に所属していて、震災の10カ月後にこちらに来て、NPO団体職員として仮設住宅のコミュニティ支援をしていまし

「東北・広域森林マネジメント機構」
事務局長の三木真冴さん

た。復興支援は、地元の人たちが主役で、それをサポートするのが我々の役割ですが、高齢化・人口の流出の影響で地元に復興の担い手となる人が少ないことが課題だと考えていました。それで、外部の人が住民になって担い手になることが大事だと思っていました。震災後5年目頃になると、どこの団体も撤退していくんですが、私のNPOも撤退することになりました。それでも、町が復興したわけではないんですね。それで、産業発展に関わるようなかたちで被災地に残りたいと思って、町の産業を考えたときに、町の大部分は山だなと。それで、林業に関心を持ちいろいろ調べていくと自伐型林業に出会いました。

佐藤　東北のマネジメント機構としては何を？

三木　事業としては、自伐型林業の研修会などを企画したり、木材の売り先を作ることをしています。東北は個人の自伐林家はあまり多くないので、個人向けの買い取りの情報は明らかになってないことが多いです。だから買い取り先を増やすということです。それから山の確保。将来的には山林と自伐型林業者とのマッチングをやっていくといったことなどが活動の柱です。

佐藤　団体が発足して1年余りですが、その成果は？

三木　「自伐を始めて材をお金に換えたことがある人」ということで定義すると、被災3県で100名くらいになっています。また、我々のネットワークには、地域おこし協力隊の方、行政、自伐林家、山主、企業の方などが入ってくれて、情報共有が活発に行われています。木材の出口としては去年（2017（平成29）

年）、製紙会社が軽トラ搬入での小口の買い取りをしてくれることになり、自伐の人が出荷し始めました。研修については、各団体の研修兼交流会を開いたり、特に東北は広葉樹の活用への関心が高いので勉強会を開いたり。西日本から招いた講師が効率良く回ってもらえるように各団体の研修の日程調整をしたりしています。

佐藤　ネットワーク力のある中間支援組織は重要ですよね。まとめるよりも繋げる動きをされている印象があります。

三木　自伐を目指す1人1人の方からヒアリングをして、補助金を申請する手伝いや、材を直販できるように段取りしたり、研修のお誘いをしたり、個人を支援することが多いですね。

自伐型林業実践者でもある三木さんが受託している私有林で

フィールドノート

　東日本大震災の後、全国から多くの若者たちがボランティアとして東北を訪れました。さらに地域の本格的な復興に関わりたいという若者が、林業振興とエネルギーを結びつけた地エネの事業に惹かれ、自伐型林業者として、あるいは自伐林業を支援する仕事を選択しています。三木さんは支援組織事務局長と共に、大船渡市にある私有林約100haを受託する自伐型林業の実践者でもあります。

　佐々木さんは、当初、方言が理解できずに戸惑ったそうですが、今では気仙沼の地エネ事業に欠かせない存在です。「森ワーカー制度」は、森林所有者の心に火を点す事業です。

宮城県　気仙沼市編3

自伐（型）林業で地域エネルギー事業を推進③

復興のシンボル 地域発エネルギー産業創造へ

旅の記録

地域発エネルギー産業創造の主役が気仙沼地域エネルギー開発株式会社です（以下、地エネ）。注目したいのは、主役と大勢の脇役が一体となって復興のシンボルである新事業創造に取り組む、徹底した地域主義の姿勢です。事業主体の地元老舗企業（燃料事業）、地元金融機関（出資）、林業事業体や自伐（型）林業者（燃料生産）、地元商店街（地域通貨発行協力）、そして市役所など地域経済を支えるさまざまな関係者が参加し、経済効果を共有できる仕組みこそが新事業推進のエネルギーとなっているようです。

事業主体である地エネの高橋正樹社長、そしてバイオマス材証明の発行、燃料材となる市有林資源活用など舞台裏を支援する市役所担当課（農林課林政係）、自伐（型）林業を東北に広げようと活動をしている中間支援団体を訪ねました。

「あなたがやるしかない」

訪問した地エネの事務所は、港まで300mほどの距離。事務所の壁には天井近くまで届いた津波の跡が薄く残っていました。会社社長として、地域リーダーとして過密スケジュールの中、高橋社長はあたたかい笑顔で迎えてくださいました。

佐藤　今回の取材で多くの方が、高橋社長に惹かれて事業に参加したと言われていたのが印象的でした。まずは、高橋社長の震災前からのお仕事（㈱気仙沼商会）と震災の時のことを教えていただけますか？

高橋　家業は、大正9年から地域に燃料を供給している会社で、僕は5代目の社長になります。津波では、漁船用燃料の備蓄基地やガソリンスタンド、ガスの供給施設やそれに伴う車両等のほとんどが流され、本社を含めた15の事業所のうち、残ったのは2カ所でした。社員も2名亡くしました。震災当日は、避難所に集まった社員たちと、（営業を）やるしかないねと話し合って、翌朝から残った2カ所のガソリンスタンドで、地下からガソリンを手動で汲み上げて給油を始めました。たまたま2台のタンクローリーが残ったおかげで3日目から油も潤沢に入るようになって。被災11

気仙沼地域エネルギー開発㈱による木質バイオマス熱電供給事業の主な参加プレーヤーと役割

- **気仙沼地域エネルギー開発㈱**　木質バイオマス熱電供給事業、地域通貨の発行
- **㈱気仙沼商会**　間伐材買取、チップ製造・供給
- **NPO法人リアスの森応援隊**　林業研修（森のアカデミー）企画運営、自伐林業家支援
- **気仙沼市森林組合、本吉町森林組合、㈱小山材木店、八瀬・森の救援隊、気仙沼 ふるさとの森協同組合、自伐林業家**　間伐材の供給
- **気仙沼市**　バイオマス証明の発行等
- **スローフード気仙沼、地元商店等（150店）**　地域通貨（リネリア）加盟、協力
- **ドイツAHT SERVICE社、㈱小野寺鐵工所、石川電装㈱**　プラントの供給・メンテナンス等
- **気仙沼信用金庫、信金中央公庫、七十七銀行、日本政策金融公庫**　資金提供
- **三菱商事復興支援財団**　資金出資
- **東北・広域森林マネジメント機構**　自伐型林業団体支援

参考資料：経済産業省東北経済産業局、2017.2.28

日後には、一時ストップしていた一般の人にも給油を再開しました。

佐藤　震災後にバイオマス発電事業を着手するに至るまでのお話を伺えますか？

高橋　寝ないで会社の復旧をしていたさなかの6月20日に、気仙沼市の復興計画の市民委員会に入ってくれと言われ座長になりました。それで地元出身者と地元住民との11名の委員で、アイデアを入れよう、魂を入れよう、市民の思いを入れようと、10日に1回くらいのペースで集まって復興計画を立てました。その計画の柱の1つが、再生可能エネルギーでした。復興計画が10月に議会を通って、11月から着手するとなって、いざ発電の事業を誰がやるのかとなった時、他からは断られて最後に僕のところに来た市の担当者から、「あなたがやるしかないんじゃないか」と言われて。

気仙沼地域エネルギー開発㈱の高橋正樹社長と著者

僕は、復興計画を立てた1人だし、市の教育委員として持続発展教育にも取り組んでいたし、スローフードのまちづくりだと言っていたし、何より化石燃料の事業者でしたから。

佐藤　お1人で大きなリスクを背負うことになりますね。

高橋　リスクが高いから止めなさいと、周りには反対する人も多かったですね。でも、森林組合からは、あんたがやるなら何でも応援するぞと言ってもらって。だんだん、やるしかないなと。

小規模のガス化発電を選んだ理由

佐藤　小規模のガス化発電を選んだ理由はなんです

か？

高橋　大規模だと原料を県外や外国から入れる必要があります。そうなるとスローフードの考えじゃなくなるんですね。持続的な発展とも違う。プラントの規模が小さければ小さいほど収支が大変になるのはわかっていましたが、命題が地産地消でしたので、大規模という選択肢はなかったですね。でも当時、小規模のガス化発電は国内に7件しかなく、プラントを実際に視察に行く時間もないまま導入に踏み切ったこともあり、設置から本格稼働まで3、4カ月の予定が、2年もかかりました。現在も、稼働率を上げる努力を続けています。

佐藤　熱の供給先となるホテルの真下にプラントが設置されているのも素晴らしいなと思いました。

高橋　木質バイオマス発電のエネルギー変換効率は低くて、30％しか電気にならず70％は捨てているということでしたが、地産地消だ、スローフードだと言っていて、それはもったいないなと。捨てている熱を使うのがポイントでしたので、24時間潤沢に熱を使うのは、病院かホテルだなと考えました。そしたら、たまたまホテルの下にうちの土地があったので、ホテルへの熱供給を見越して、そこにプラントを設置しました。

まず勉強会からスタート

佐藤　皆さんの理解を得るためには何を？

高橋　地元木材によるバイオマス発電をやるということで、シンポジウムを開きました。30名くらい山主さんが来ればいいと思っていたら一般の方を含めて80名くらい来てくれました。そこで僕がいろいろ話をして、この事業は、山の資源を活かす解決策になって、全国でも助かる人がたくさん出てくるので復興支援の恩返しにもなるというような話もしたので、皆さん本気だなとわかってくれて。

佐藤　直接、思いを伝えたんですね。

高橋　それから、市に頼んでアンケートを2万世帯くらいに送ってもらいました。約500通の返信があり、「山はあるけれど木を伐る技術がない」「伐り方を教えてくれるならやってもいい」「先祖がやってくれた山を放置していることが気になる」「以前はやっていたけど歳でできないから、間伐材はタダでいいから手入れをしてほしい」といった回答がありました。それ以外に「山も技術もないけれど面白そうだからやってみたい」という人が合わせて200名くらいいたので、簡単ではないけれど、やれるかもしれないと、自伐型林業に向けた研修（森のアカデミー）を始めました。研修は去年までに14期、42回開催し、延べ600人の参加者になりました。

地域通貨利用で商店街が協力

佐藤　材の供給元として、森林組合のような組織的な経営体による安定供給を確保しつつ、自伐林業者を増やすという両面の取り組みをされているところが大事だなと思いました。

高橋　自伐林家を増やそうと説明会を市内7カ所くらいに出向いて開催しました。山側としたら木を高く買ってほしいのはわかるけれど、みんなが少しずつ良くならないとだめなんだと、僕だけが儲かっても、皆さんだけが儲かってもだめなんですと話をしました。僕は、ここで生まれて育って商売をやってきましたから、いろいろな人との繋がりがあって、みんなが良くならないと上手くいかないとわかっています。ただ、結構それをやるのは大変なんですけどね。

佐藤　地域活性化策として地域通貨（リネリア）にも取り組まれていますね。

高橋　地域通貨の説明を商店街に話したら、「その券は、最後にお前のところに持って行けば油代になるんだな、だったらいいよ」と話が早いんです。みんな震災直後にうちの2カ所の給油所でガソリンを入れた人たちですから、地元の信頼をいただいています。地元の地に足が着いているというのはそういうことなんでしょうね。それで、リネリアの取り扱い店は、今では150カ所になっています。

間伐材木質バイオマス証明の工夫

地産地消型の地域エネルギー事業において、地元の行政からの支援は重要です。気仙沼市役所産業部農林課林政係の熊谷晃さん（課長補佐兼林政係長）と櫻田真樹さん（主査）に話を伺いました。

佐藤　気仙沼市では、森林経営計画の対象林以外からの材でもFIT制度で活用できる間伐証明を出されていますね。独自証明書を出している市町村があることを初めて聞きました。

熊谷　地エネに間伐材を出すという条件で証明を出しています。伐採届を市が受理していますので、森林簿上の材積から、その山の間伐の数量を出します。その数量を地エネさんに伝えていますので、自伐林家さんが出せる数量は確認ができます。

佐藤　実際に山に確認に行くことはありますか？

櫻田　別の案件で現場に出た時に見に行ったりして、昨年は全部確認しました。地エネさんと情報共有をして、あそこはどうなっている？と聞きながらやっています。

佐藤　地元資本による、小規模発電の熱利用というのは貴重な取り組みです。気仙沼でそれができたのはどうしてでしょうか？

熊谷　地エネさんの熱意がなければ、できなかったと思います。みんな不安な部分はあったと思います。でも行政スタートではなく、

地元新聞広告でシンポジウム開催を周知

震災の翌年には自伐型林業に向けた研修（森のアカデミー）を開催した

地域通貨「リネリア」

地エネさんが強い意志でやられているので、市も県も協力しやすいですし、いろいろな部分でお互いの信頼関係が築けているから上手くいっているのだと思います。

佐藤　地域おこし協力隊の隊員は、地エネへの出向というかたちになっていますね。

櫻田　地域おこし協力隊は、任期後に自立できることが重要になります。林業に関しては現場で地域の方との信頼を築くことがなければ、自立は厳しいのかなと思っています。ですから、隊員として現場で仕事を覚えたほうがいいという高橋社長の考え方に共感しています。

佐藤　民間企業で実践を積んだほうが、3年後に独立できる力が付くということですね。

市有林資源の利用

佐藤　部分林組合の経営状況はいかがですか？

櫻田　戦後の拡大造林の時、地域の方に市有林に植林して管理いただいている、地区部分林というのが市内に約２０００haあります。そろそろ主伐期にきていますので、再造林の補助も22％ほど追加しています。経営計画を立てていれば植林経費の９割は補助金で賄えるので、こういう補助を使って、良い場所だけでも植えませんかと、部分林組合にもお話ししています。おかげさまでもう一度植えようかという所も出てきています。

佐藤　間伐に積極的な部分林組合もありますか？

櫻田　地エネさんが、間伐をしませんかと声かけをされて、間伐を依頼されている部分林組合も出てきています。特に、地エネさんはアカマツの手入れを積極的にPRされています。アカマツを間伐すれば相当な面積になるかと思います。

佐藤　部分林の材の分収はどうなりますか？

気仙沼市役所産業部農林課林政係の熊谷晃さん（右）と櫻田真樹さん

櫻田　集落8割、市が2割の契約です。しかし、分収を市が主張すると間伐が進まないので、保育間伐という認識で主伐以外は分収にはなってないです。間伐材の活用については、経営主体である部分林組合で考えるというスタンスでいます。

自治体への働きかけ
——自伐の潜在力を広げ、引き出すために

気仙沼のエネルギー事業を支えている自伐（型）林業。自伐（型）林業を東北各地へ広げていくための働きかけをされている、東北・広域森林マネジメント機構の事務局長 三木真冴さんに話を伺いました。

佐藤　東北の市町村で、自伐（型）林業を施策に取り入れているのは、気仙沼市と陸前高田市などでしょうか？

三木　はい、他に花巻市と西和賀町（岩手）は林業分野の地域おこし協力隊がいます。岩手は県が民間の自伐型林業研修の補助をしている事例もあります。当会の行政への働きかけは、県に対してよりも市町村へのアプローチを重視してきました。

佐藤　月に３０００㎞も車で走るそうですが、東北地方は広いから大変ですね。

三木　おかげで顔が見える関係はできてきました。僕自身が林業を何もわからないのでは、地元の人からも信頼されませんから、林業の現場に出て、一緒に作業をして、だんだん認めてもらえるようになりました。

佐藤　個人やグループの取り組みを繋いでいくのも大

東北・広域森林マネジメント機構事務局長の三木真冴さんと著者

事ですね。

三木　今年、多面的機能支払交付金の申請をしたいという団体が8つほどあります。自伐型林業をやりたいということで、1年くらい前からヒアリングしてきた方たちです。補助金の紹介や申請の手伝いなどが、今年は多くなりそうです。

旅の考察ノート

自然災害が相次ぐ列島に住む私たちにとって、災害への備えと発災後の復旧・復興力をいかに高めるかが課題となっています。東日本大震災で未曾有の被害を受けた宮城県気仙沼市の取り組みは、多くの教訓を示しています。3回にわたって紹介してきたインタビューは、これまでの自伐林業旅の中で最も取材先が多い旅になりました。再生可能エネルギーと自伐（型）林業が復興のシンボルとなり、さまざまな人々が震災復興に向けて歩み続けています。

地域の担い手、という意味

まずは、地域エネルギー開発の立ち上げを決意した高橋正樹社長の存在です。経営するガソリンスタンドも自宅も被災するという状況の中で、市の復興計画策定の座長となり、計画の柱であった小規模バイオマスガス化による熱電プラントの建設・運営までを引き受けました。生活や仕事もままならない状況で、地域のことを考え、責任を背負って踏ん張る人の存在。これまで安易に使ってきた「地域の担い手」という言葉の本当の意味を知った思いがしました。

高橋社長の力を引き出したのは、外部人材に頼りがちな復興計画づくりに地域住民が主体的に関わり、意見を反映させるプロセスでした。教訓の第一は、復興計画を絵に描いた餅にせずに、計画に魂を入れるためのプロセスと地域の担い手の存在です。

培ってきた関係性の中で輪を広げる

高橋社長が渦の中心になり、その周りに多くの協力者が集い、取り組みをサポートしています。周りの人々の理解を得られたのは、高橋社長が災害前から取り組んできた気仙沼のスローフードの町づくりの経験、そして燃料供給という地域インフラを担ってきた実績がありました。

バイオマス用木材の供給は、森林組合からだけではなく、出材量の2割程度は自伐林業家養成塾（森のアカデミー）を受講した森林所有者や集落で市有林を分収林契約している「部分林」の組合員によって賄われています。八瀬地区の部分林組合員有志が設立した「八瀬・森の救援隊」。定年退職者9名の林業従事の動機はさまざまでしたが、リスクを背負って事業を始めた高橋社長を応援したいという点は共通していました。

間伐材の買い取りは現金と地域通貨「リネリア」が支払われますが、地域通貨の利用可能店舗数が150に上っていることは驚きでした。経済の地域循環を眼に見える形で実現しています。換金とその保証を地エネと気仙沼商会が行っており、「最後は気仙沼商会でガソリンに換えられる」というのは地域通貨普及の強みです。

若者を惹きつける自伐（型）林業と仕事観

さらに、取材で特に印象的だったのが、震災後に移住し、仕事として関わる若者たちの活躍です。自伐型林業での独立を目指す地域おこし協力隊員（小柳智巌さんと星裕輔さん）。NPO法人リアスの森応援隊の事務局を担う佐々木美穂さん。東北の被災三県の自伐型林業のネットワークNPO法人の三木真冴さんの4名からお話を伺うことができました。

2010（平成22）年と2015（平成27）年の国勢調査の比較から、20・30歳代の「田園回帰」現象の全国的な広がりが注目されています（第1章／14頁参照）。

特に、岩手県と宮城県の海岸部自治体でその傾向が強いことが指摘されています。

「自分が関わることで地域が発展できるような仕事がしたい」という佐々木さんの言葉に被災地に移住した若者の仕事観が浮かび上がりました。リアスの森応援隊事務局、山林を所有しないアカデミー受講者と所有者をマッチングする「森ワーカー制度」、森林経営計画の作成など地エネ事業の運営は佐々木さんの活躍抜きには語れません。

独自の合法性証明による行政の小規模な自伐（型）林業支援

地エネ事業の広がりと自伐（型）林業を結びつける上で重要な役割を果たしているのが気仙沼市による伐採の合法性証明です。市は2013（平成25）年5月に「合法性・持続可能性及び発電利用に供する木質バイオマスの代行証明に係る事務取扱規程」を施行しています。「伐採を業としない臨時の出材をするもの、零細な個人経営の業者で業界団体に加入が困難なもの」に対して、伐採届適合などの通知書を確認した上で、合法性証明書の発行を行っています。伐採届け出と森林簿データから材積を推定して地エネと共有することで、地エネがＦＩＴ対応の木材を受け入れています。その証明を担保するために、市は申請者情報の公表と所有林等への立ち入り検査ができるとされています。

近年、各地に大規模なバイオマス発電所が設立されていますが、ＦＩＴ材証明が取得できるのは認定林業事業体に限定されるなど、バイオマス発電所に自伐（型）林業者が木材を直接持ち込めない地域が多いのが現状です。ハードルを下げて、小規模な自伐（型）林業でも出材可能にする気仙沼市の取り組みは画期的です。

被災三県を繋ぐ自伐型林業ネットワークの存在

もう1点、今回の取材で明らかになったのが被災三県の自伐型林業ネットワーク組織の存在です。東北・

広域森林マネジメント機構は２０１６（平成28）年11月設立で、２年に満たない組織ですが、気仙沼市での証明書発行の他市町村への紹介、自伐型林業研修会の運営、森林所有者と自伐型林業者とのマッチング事業など新たな試みが始まっていました。

森林の価値を上げる取り組みの必要性

最後に課題を述べておきたいと思います。気仙沼市の自伐（型）林業の将来を考える上で、エネルギー用木材供給先行の森林利用だけではない多様な森林利用の可能性を模索することが重要です。当地に多いアカマツや広葉樹の建築やクラフト用材としての販路を開くことは、地域おこし協力隊員が自伐型林業者として経済的に自立する上で重要となります。

材としての利用だけではなく、元カメラマンである星さんの夢でもあるイベント会場として森を活用するというのもユニークです。自伐型林業とカメラマンの組み合わせは新たな「半林半Ｘ」として注目です。

気仙沼市では未曾有の災害から立ち上がり、外部人材を得ながら新しい動きが始まっていました。多くの人の力を結集して復興の火を心に点すという面において、地場企業による小規模な木質バイオマスエネルギー事業と自伐（型）林業に大きな意味があるといえます。

群馬県　みなかみ町編1

人・自然共生のまちづくりで自伐型林業①

アウトドアガイド業と林業副業を組み合わせ定住促進

旅の記録

みなかみユネスコエコパーク（2017年登録）。保護・保全が目的の世界自然遺産とは違い、保全と利活用の調和を目指します。首都圏の水をはぐくむ利根川源流域で、自然と人が共生できる地域事業モデルをどう創るか。ここで暮らす人々の生業、森を生かした経済活動を地域でどう持続させるか。林業の役割とは何か。「住民自らが行う小さな林業」を共生の手法として「まちづくりビジョン」に掲げ、自伐型を目指す人たちに技術、経営を伝える研修が進められています。チェーンソーを使った実習現場を訪ね、自伐型林業を学ぶ方々に話をお聞きしました（2018年12月取材）。

林業技術を学ぶ山主さん、アウトドアガイドさんたち

みなかみ町では2016（平成28）年度から自伐型林業研修事業（NPO法人自伐型林業推進協会へ委託）を

行い、毎年50名程度が座学、実習で学んでいます。取材で訪ねた実習地（スギ人工林）では、A材出荷を目指して、選木、伐倒、造材のフォローアップ研修が行われていました。講師の山口祐助さん（兵庫県在住の自伐林家）に話を伺いました。

佐藤　山口さんの講習を拝見できて良かったです。

山口　今日の伐倒は、ロープで牽引して追ヅル伐りをしました。伐倒の時は、ツルの残し方で失敗することがあって、それが一番怖い。でも、追いヅル伐りは、倒れるタイミングがコントロールしやすいので、径の大きさに関係なく追いヅル伐りを勧めています。

講師の山口祐助さん。
兵庫県在住の自伐林家でもある

佐藤　みなかみの皆さんは受講生としてはいかがですか？

山口　熱心で上手ですね。教えがいがあって楽しいです。切り株を見てもわかるように水平に切れていて上手い。この切り株なら誰に見せても大丈夫です。

体験教育活動と自伐の組み合わせを目指して

自伐型林業研修の受講者を対象としたフォローアップが行われていたこの日。参加者は山主さん（町役場職員さんを含む）の他、アウトドアガイドや野外体験活動インストラクターの方々が目立ちました。その中で、まずお話を伺ったのは、北山郁人さんです（NPO法人奥利根水源地域ネットワーク理事、（一社）みなかみ町体験旅行常務理事）。北山さんは、奥利根水源地域を舞台に自然環境保全、利活用、体験活動などの事業をし

今回の旅で出会った方々

●自伐研修に参加されていた団体、メンバー

・リンカーズ（山主、町役場職員等男女29名で構成。町内で自伐型林業を目指す）
原澤真治郎さん（みなかみ町役場職員、55歳）
大川志向さん（みなかみ町役場職員、38歳）

・NPO法人奥利根水源地域ネットワーク
北山郁人さん（理事、44歳）

・「モクメン」（アウトドアガイド業メンバー4名で構成、自伐型林業で副業収入を目指す）
宝利誠政さん（東京都出身、16年前にみなかみ町に移住、43歳）
須田建さん（神奈川県出身、5年前にみなかみ町に移住、30歳）
入澤仁さん（ラフティングガイド2年目、実家は県内川場村の山主、25歳）

・渓流アウトドア（キャニオニング）ガイド業
小谷野隆裕さん（45歳）

・クラフトビール醸造
竹内康晴さん（クラフトビール醸造所OCTONE Brewingオーナー、47歳）

●「自伐型林業研修」主催、講師

・みなかみ町エコパーク推進課
髙田悟課長

・兵庫県在住の自伐林家　山口祐助さん

みなかみ町の概観
森林資源状況

首都圏へ水を供給する利根川源流域。谷川岳、水上温泉など多くの観光資源を持つ。総人口19,645人（2017（H29））、森林率90%、全森林の約8割が国有林、全森林の約7割が広葉樹。

観光業が主要産業。年間観光客入込（宿泊・日帰り）376万人、消費額190億円（平成27年度版町政要覧）

観光関係事業者：

・旅館・ホテル等111軒
・アウトドア観光（谷川岳等山岳、ラフティング等）事業者・団体35
・みなかみ山岳ガイド協会登録のガイドは総勢32名（2018（H30）年4月現在）
・渓流アウトドア（キャニオニング）ガイド約30名など

自伐型林業推進の好事例として、みなかみ町は「平成30年度ふるさとづくり」地方自治体表彰受賞（総務大臣表彰）

資料：みなかみ町町政要覧、みなかみ町観光協会サイト

「自伐型林業研修」カリキュラム
（2018（H30）年、みなかみ町主催）

①チェーンソー取扱研修
②作業道開設、森林づくり研修
③選木・伐倒・造材研修
④集材・搬出研修

各2日間（休日コース、平日コース）を2カ月間で受講、個別カリキュラム受講も可。コース受講、個別受講あわせて50名ほどが参加（2016（H28）年度から開催）

ています。

佐藤　環境教育プログラムに、年間何人くらい受け入れをしていますか？

北山　1万5000人くらいです。海外からの人も多くて、昨日から台湾の高校生が来ています。日本との交流事業として台湾からは年間500名くらいを受け入れています。

佐藤　プログラム提供で得られる収入は？

NPO奥利根水源地域ネットワーク理事・（一社）みなかみ町体験旅行常務理事の北山郁人さん

北山　それぞれですが、例えば修学旅行で茅場での半日体験だと1人1500円くらいです。

佐藤　北山さんが自伐の研修を受講した理由は？

北山　企業向けの林業体験をプログラムとして提供したいと思っているんですが、そのフィールドを整備するためにも、自分たちに林業技術や知識が必要でした。将来的には、林業をいろいろな仕事と組み合わせて、年間のうち3～4カ月間程度やっていける体制にできたらと思います。例えば山林所有者には、道を入れて観光的な使い方のできる整備をするので間伐材はくださいというような契約ができるといいなと。町内にはマウンテンバイクやバギーの会社もあるので、道を入れて、マウンテンバイクやトレッキングのコースとしての使い方もできるかもしれません。

佐藤　茅場の保全活動をされていますが、茅を始めとする森林資源の活用については？

北山　茅は文化財修復用に販売していますが、需要が多いようで出せば出しただけ買ってくれる感じです。クロモジの消臭剤やミズナラのプレートも作っています。ノベルティグッズとして販売できないかなと思っています。ヤマハンノキにヒラタケを植菌する試みも行っています。ホテルの敷地内に置いてもらって、お客さんにキノコ狩りを楽しんでもらい、残ったキノコはホテルに買い取ってもらおうかと考えているところです。

みなかみ町では、さまざまな環境保全活動が展開されています。奥利根水源地域の背景について、みなかみ町エコパーク推進課の髙田悟課長は、こう話してくれました。

みなかみ町エコパーク推進課長の髙田悟さん

髙田　みなかみ町は、「関東の水がめ」や「ダムの聖地」と呼ばれることもあり、東京を含む首都圏の３０００万人に水を供給しています。ですから東京の人には、みなかみ町のことは、水源地としてよく知られています。町民は、利根川上流のこの環境を守っているということを誇りにしているんです。

奥利根源流の水から生まれたクラフトビール

ゆたかな森がはぐくむ水を生かして、クラフトビール醸造（エールが中心）も始まりました。醸造長は神奈川県からUターンした竹内康晴さんです。奥様と２人で町内で醸造所と併設のタップルーム（試飲所）を経営しています。その竹内さんが自伐型林業研修に参加したのにはある思いがありました。

佐藤　Uターンした理由は？

竹内　ビールを作ることを地域のために生かしたいと考えた時に、ここに帰ってきたほうが広がりがあるなと。町がユネスコエコパークに認定されたし、ここだと水に触れる機会も多いですから。会社名は、OCTONE Brewingと言います。Octoneは奥利根をひねった名前で「オクトワン」と読みます。OCT（ラテン語の8）とONE（英語の1）で、たくさん支流がある利根川とその水からできるビールという意味です。ロゴの絵も木の根が水を育む姿で、ビールを飲んだ人の考え方が回転して、自然について考えてくれたらなとそんな感じを表しています。

佐藤　水や林業に関心を持ったきっかけは？

竹内　僕が20代の時に集中豪雨があって被害を目の当たりにしました。その時、人工林は放置していると災害に繋がるという話を初めて聞いて、このままでは良くないなと思っていました。

OCTONE Brewing ロゴ

佐藤　自伐研修を受講していかがでしたか？

竹内　面白かったです。木が狙った方向にずどんと倒れるのも気持ちいいし、伐採すると森の姿が変わっていくし。いろいろな人との出会いがあるのも楽しいです。ここは、土地の魅力だと思いますが、ある意味活気がある地域で、アウトドアの会社も多いし、大型薪ボイラーを導入する活動をしている会社もあるし、そういう人たちと話もできて面白いです。林業は経営としては難しいところがあると思いました。事業として成立しないと継続的に森に関わり続けるのは難しいんだと納得しました。

ガイドと自伐型林業のベストマッチ

人が定住できる経済環境こそ「人と自然の共生」の事業モデルづくりが目指すものでしょう。みなかみ町には、アウトドアガイドとして働く人は多いのですが、実は町内定住が難しいという実態もあります。年間を通じてガイドの仕事が継続しないため、他の仕事で一時期町外に出るというのがその理由です。そこを埋める仕事として自伐型林業が大いに期待されています。今回の研修地の山林所有者でもある、リンカーズの原澤真治郎さん（みなかみ町役場職員）は次のように語ってくれました。

原澤　アウトドア会社が町内には35社程度あり、そこで働く人が約３００人はいると思います。でも、その中で定住しているのは数十人。ここで年間を通して収入を得られたらみんなが定住できるんです。そのための副業となり得る自伐に可能性を感じています。

自伐型林業研修に多くのアウトドアガイドさんが参加しています。「モクメン」もそうしたメンバー４人が集まって創ったグループです。代表の宝利誠政さんたち３名のメンバーに話をお聞きしました。

佐藤　研修に参加したきっかけは？

宝利　最大のきっかけは町の自伐型林業の取り組みで

自伐研修の元参加者で、町内でクラフトビール醸造所を経営する竹内康晴さん

町内で自伐型林業を目指す「リンカーズ」のメンバーである原澤真治郎さん

す。研修の機会もあるから参加しようと、メンバーの中山が言い出したんです（中山悠也さんは取材日、所用のため不在）。

須田　僕は山もない、チェーンソーも持ったことがないのに林業なんてできないと思っていたんです。でも、中山さんは前の職場が林業を主体とするラフティング会社だったので、林業への知識もあって、話を聞いていると僕にも林業ができるんだという気持ちが生まれました。林業映画の『WOOD JOB!』を見て、こういう生き方もあるんだとイメージが持てていたのも良かったですね。

入澤　僕は4～10月までの期間のラフティングの契約社員として会社に入っているんですが、冬の仕事をどうしようかと考えていました。そこへ、中山さんたちから林業やろうよと言われて。その一言でこんなにテンポよく進んでいるのが驚きです。

佐藤　受講を決めた時から林業をやろうという気持ちだったんですか。

宝利　僕は山岳ガイドなので、山を1年中歩いていて、木を伐って山をきれいにするということは以前から考えていました。それを林業としてやっていけば収入にもなるし、これは天職だと思いました。しかも、一緒にやろうと言う仲間もいました。近隣の人たちも山主さんたちも山の現状に困っていて、「お前が山をやれや、竹を切れや」と言われて。じゃあやりますみたいな背中を押された感じです。

佐藤　研修を受講して発見や驚きはありますか？

宝利　例えば、山口さんのような何十年も林業をやってきた人が1本1本をこれだけ大切に考えて選木していることに驚いています。いろいろな林業のやり方があると思うけど、あんなふうに1本1本を大切にできるようになりたいなと、本当にそう思います。

佐藤　林業を生計として位置付けておられるんですか？

宝利　そうなれば理想ですね。雪山ガイドをやる僕らはいいんですが、川のシーズンが終わると仕事がない者もいますし、僕らも夏季の川や山の時期と雪山が始まるまでの10～12月の仕事として山仕事ができたら助かります。

佐藤　ガイドの仕事がない時期はどうされているんですか？

須田　それぞれですが、秋は、ちょうどコンニャクの最盛期なのでそこに行く者もいますね。年間雇用されている人は、会社からコンニャク農家などに出向という形をとることもありますが、川のシーズンが終わるといったん契約は切れて他で働いて、冬に戻ってきてスキー場に働きに行くという人が多いですね。

佐藤　年収の目安として、ガイド料と林業でどのくらいをお考えですか？

宝利　将来的に考えるとガイドと林業を合わせて500万円になればいいなと。もちろん夢という意味では1000万でしょうか。今は、林業を任意団体でやっていますが、先々、法人にするなら通年で従事する人を雇用してもいいかなと。そういう考えを持てるくらいの可能性も魅力も林業に感じています。

「モクメン」メンバーは、共有林の整備を受託しています。その施業現場でも話を伺いました。

宝利　ここの7・5 haの共有林を「モクメン」に任せてもらっています。共有林の管理をしているのが友達のおじさんだったので、「交付金をいただいて、山の整備をしたい」と相談して、集落の方を取りまとめていただきました。

佐藤　施業に対するリクエストはありましたか？

宝利　特になくて、間伐をして山がきれいになるならいいよと。材の売り上げは期待してないけど、でもそうなったらいいなとは言われました。販売はこれからの課題です。

林業での学びはガイドにも生きる

興味深いことに、林業を学ぶことは、ガイド業との相乗効果もあるようです。

佐藤　講師の山口さんが、みなかみ町の人は上手いと言われていました。

宝利　僕らはロープワークの技術があるので、それが役立っているとは思います。今は山を歩きながら、林業の目線で山を見るようになりましたね。ガイドをする時林業の目線で同じ場所を見ると案内する時に役立つなと。逆にガイドの経験が林業でも役立つとも感じています。

アウトドアガイド業をしながら自伐型林業で副業収入を目指す「モクメン」のメンバー。左から入澤仁さん、須田建さん、宝利誠政さん

佐藤　他にはないガイドができますね。ガイドさんに定年はあるんですか？

須田　70歳で冬山のガイドをしている人もいるし、夏山は85歳で尾瀬国立公園のガイドをしている人もいて先は長いです。

佐藤　アウトドアをされる人は体幹もしっかりしているので林業向きですよね。安全に対する意識も高いですよね。

須田　安全確保は常に染みついていますね。

木を伐っていくと感覚が磨かれる

みなかみ町にはキャニオニングという渓流アウトドア（渓流の岩滑り、滝壺ダイブなど）が盛んです。そのガイドである小谷野隆裕さんは、伐出を学ぶ楽しさを語ってくれました。

佐藤　熱心に研修を受けておられましたね。林業は去年からということですが、それまでにチェーンソーなどを使った経験は？

小谷野　去年が初めてです。研修では、伐倒の際に細い木もチェーンソーで全部伐るのではなく、クサビを使うというやり方や、選木の時に樹冠を見るということを教えてもらって、なるほどなと思いました。

佐藤　林業に興味を持ったきっかけは？

小谷野　漠然と水の元である森を良い状態で次の世代に繋ぎたいなと考えていた時に、たまたま自伐の研修があって。参加してみたら、森を持続的に活性化させていくのはこれだなと。

渓流アウトドア（キャニオニング）ガイド業の小谷野隆裕さんと著者

佐藤　実際に木を伐ってみてどうですか？

小谷野　伐ることで他の木が活きるということが体でわかってきました。実際伐る時には、これを伐ると掛かり木になるので、先にあれを伐ってとか考えて、将棋のような楽しさ、角を殺して車を活かすみたいな、その感覚が楽しいですね。それと健康にすごくいいんじゃないかな。森林浴というのもありますが、普段の仕事として、人生の活動として森の仕事は良い事ずくめかなと思います。

フィールドノート

みなかみ町では，個性溢れる移住者の面々が自伐型林業に取り組んでいました。アウトドアガイドと自伐型林業の親和性に納得。また、町役場職員を中心としたリンカーズの活動がユニークです。山林を所有する職員を中心に部課横断的なメンバーで活動しており、自伐型林業が地域振興の重要なパーツになっています。

取材先がどんどん広がり、明るく賑やかな取材となりました。全ての方に共通していたのは、首都圏に水を供給する利根川の魅力とその価値を高めたいという想いでした。

群馬県　みなかみ町編2

住民みんなが担う小さな林業で地域の自立を

人・自然共生のまちづくりで自伐型林業②

旅の記録

みなかみ町が目指す、人と自然が共生できる地域事業モデル。そこでの自伐型林業の役割は何でしょうか。1つは定住化に繋がる意義があります（前節参照）。町の施策としては、民有林の7割を占める広葉樹を木工製品、地産地消の木育活動に活かすプロジェクトや木質バイオマスの地域エネルギー活用などが進められており、住民自らが行う小さな林業への期待が寄せられています。

そういった中、山主さん、役場職員等で構成する自伐型林業グループ「リンカーズ」の皆さんは、山の整備・利用を通じて1人1人が山の将来について責任を持つ姿勢と行動力を身につけながら自伐型林業を学んでいます。この取り組みを、まちづくりの視点で見ると、生産活動を超えた、地域自立に向けた教育的・総合的な活動として自伐が機能していると捉えることができます。

リンカーズの皆さんや「自然と人の共生を実現するまちづくり」の司令塔であるエコパーク推進課の高田悟課長に話を伺いました。

「自伐の考え方がエコパークに合う」からスタート

町主催のフォーラムをきっかけに役場職員さんたちの発案でリンカーズが結成され、自伐型林業への学びが始まりました。そのスタートにはエコパークへの想いがありました。

佐藤　役場にお勤めの皆さんが中心になって自伐型林業に取り組まれているんですね。

原澤　役場の職員は地域との距離が近くて、自宅に帰れば同じ町民、地域住民なんですよ。我々は林業経営ということより、地域住民として荒れている山をどうにかしたいという思いでやっています。人間が手を入れた所は責任を持って、ちゃんとやっていこうというのがエコパークの理念でもありますから。

佐藤　役場の方たちで自伐を始めようとなったきっかけは？

大川　里山をどうにかしたいと解決策を探していた時に、たまたま自伐という取り組みを知りました。それで、２０１６（平成28）年2月に中嶋健造さん（ＮＰＯ法人自伐型林業推進協会 代表理事）の講演を、町役場の農政課（当時の林政担当課）、環境政策室、総合政策課の管理職や担当者たちで東京まで聴きに行きました。

原澤　定員20名くらいの講座の最前列を8席ほど独占させてもらって、その講演を聴いて、これだと火がついたんです。

大川　その考え方がエコパークに合うと思いました。みんなが講演を聴いて同じ方向を向いていたから、自伐をやろうと思えたんです。今の機械化された林業では、オペレーター1人しか働き手はいらない。それを

リンカーズ

山主、町役場職員等男女29名で構成。

町内で自伐型林業を目指す。

〈お話を伺ったメンバー〉

原澤真治郎さん
（みなかみ町役場職員、55歳）

大川志向さん
（みなかみ町役場職員、38歳）

10名が副業でやれば10人が町で暮らせる。その10人はその土地から離れないから地域の担い手になれる。そういう人が増えないと地域は成り立たないだろうなと思いました。

原澤　私は20haの山を所有していますが、相続の話になった時に山は誰も欲しがらない。でも、何とかしないといけないという気持ちがあったので、中嶋さんの講演を聞いた翌日には自伐協の会員になって、じゃあみんなで自伐でやるかと言い出しました。

写真左から原澤真治郎さん、著者、大川志向さん

佐藤　予算も取れて、研修をとなったんですね。

大川　その前にまず、山林所有者の方に山の状況や自伐に関するアンケートを行いました。その後8月に、そもそも自伐とは何かというフォーラムを開催しました。その際は、アンケート結果を活用して、自伐に興味を持っているとアンケートに回答された方たちに、フォーラムの案内を個別に送ったりと、広報に努めました。その成果もあって、会場から溢れるほどの約120名が集まってくれました。自伐型林業研修は、そのフォーラム後に行う流れを作りました。

佐藤　自伐型林業研修はどのような内容ですか?

大川　チェーンソー、伐倒、作業道などで、今が3年目です。研修自体は、平日コースと土日コースの2コースで、それぞれ約20名。一部参加者を含めると、トータル年間50名ほどです。今年からは修了生を対象とするフォローアップ研修も始めました。通常研修は自伐に参入してもらうところまでが目的で、技術は伐倒を中心にやりました。一方、フォローアップでは、造材や選木など、売る時にどうやって高く売るかというような自伐を継続してやっていくための技術習得を目的に行っています。

佐藤　その過程で、役場職員の方が中心となってリンカーズを立ち上げたんですね。

原澤　はい、リンカーズの名称には林家という意味もありますが、人と人をリンクさせ地域の美しい里山を次の世代にリンクさせる、つまり、繋いでいこうという想いが込められています。２０１７（平成29）年3月に16名で立ち上げて、現在メンバーは29名。役場職員がそのうち18名です。役場職員の他は自営業をしている人や観光業の人。年齢も20代～70代、女性も3名いて、ほとんどのメンバーが山林を所有していません。

大川　現在の活動は、原澤さんの所有林で毎週末に間伐整備をやっていますね。参加しているのは1回あたり4～5名というところでしょうか。退職された高齢世代の人が頑張ってくれています。

佐藤　やる気のある人が集まっているのには理由があるのでしょうか？

原澤　みなかみ町が合併する前の旧新治村役場の野球部のメンバーが中心となっています。体育会系の集まりだし、地元での暮らしでも繋がりがあるから話も通じやすいのでしょうね。

山に入るのが普通に

活動を続けるうちにメンバーの山に対する姿勢も変わってきました。

佐藤　リンカーズをやっている最大の効果は？

大川　メンバーのみんなが山に目を向けるようになったと思います。これまでは山に行く機会がなかったけれど、山に入るのが普通になりました。研修では、3年間で１５０名くらいの人が山に入りました。今も何かしら山で活動をしている人が約50名。割合としては高いと思っています。その人たちがステップアップしていくためにも、裾野をもっと広げていくためにも、我々リンカーズが牽引していけるような存在になりたいという思いを持っています。

佐藤　活動は「森林・山村多面的機能発揮対策交付金」

を使っているんですか?

大川　はい、その予算で、チェーンソーや防護ズボン、ヘルメットや薪割り機などを購入したり、多少の日当も出ます。

佐藤　公務員の立場として難しいところはないですか?

大川　我々は、役場職員ですから、事前に副業について県に確認して、その範囲なら問題ないと言われたので堂々とやっています。最近、薪を直売所で軽トラ1台分販売したんですが、お金になると嬉しいですね。やっている充実感が違います。今年はA材を市場に出すことができたら、また1つ成長できるかなと思っています。

大川さんは、みなかみ町の総合戦略課で、地域産広葉樹の有効活用などを進めている

「この地に責任をもつ人」が増えてこそ

広葉樹が育つ里山の保全・活用が共生の手段です。住民がそれを担っていくためにはある姿勢が求められるのでは、とメンバーは話します。

佐藤　自伐の狙いは、林業振興というより里山の荒廃を何とかしたいという思いだったんですね。

大川　最初はそうですね。活動を続けるなかで、田舎で暮らして行くためには山に目を向けないとこの地域は成り立たないという思いが強くなりました。この地域が成り立ってきたのは、農林業があったからで、誰も山に入らなくなるとここに暮らせなくなると強く実感しています。山林所有者は、所有林に責任を持たないと地方は良くならないだろうなと、全てに通じる根本の課題だと思っています。

佐藤　大川さんは、町の職員としてはどういう仕事を?

大川　総合戦略課に所属しています。組織と組織の業務の間でどうしても抜け落ちてしまう部分があるので、全体を見てそこを埋めていくような仕事をしています。

例えば、エコパーク推進課が自伐研修で人を育てるなら、材の流通はうちの課が協力してやるというようなことを考えます。今、考えているのは、広葉樹の販路についてです。理想は流通の全てを町内でやることですが、まずは家具メーカーと連携して、そういう所から出口を作っていくことをやっていきたいなと（上段カコミ参照）。エコパークの木材はある種のブランドになるはずだから、付加価値を生む商品に育てたいと思っています。そのために、家具メーカーなどが来てくれるような広葉樹の市場を町で開催できたらいいなと考えているところです。

山と共に生きていく術を町の単位で探ること

自伐型林業の役割をみなかみ町は明確に位置づけ、人と自然共生のまちづくりを進めています。そこにあるのは、林業を超えた総合的な視点、市町村という小さなまとまりで持続性を考える発想です。まちづくり全体に共通する普遍的な手法について、エコパーク推進課の髙田悟課長が話してくれました。

みなかみユネスコエコパーク
『森林（もり）を育む広葉樹産業化プロジェクト』

みなかみ町の取材直後の2018（H30）年12月9日に、町は『森林（もり）を育む広葉樹産業化プロジェクト』を発表しました。国産材を使った家具の製造販売や建築を手掛けるオークヴィレッジ株式会社（岐阜県）とみなかみ町が、林業の6次産業化および地域活性化に関する、包括的連携協定を締結したとのこと。

町内の「自伐型林業」によって伐り出された広葉樹を、オークヴィレッジが活用して、製品づくりと市場への販売を行います。両者はユネスコエコパークの理念のもと、地域産広葉樹の有効活用と、「環境」「産業」「地域」の3つを繋ぐ事業モデルの確立を目指しています。

佐藤　行政組織にエコパーク推進課があるのには驚きました。

髙田　全国9カ所のユネスコエコパーク認定箇所の多くは、広く市町村をまたがっている所が多いですが、みなかみユネスコエコパークは、エリアのほとんどをみなかみ町で構成しているため、実質的には、町単独での意思決定で動けるメリットは大きいですね。首都圏に近いこともあり、みなかみユネスコエコパークが一番元気の良い動きをしているのではないかと自負しています。

佐藤　みなかみ町がユネスコエコパークの認定を受けた最大のポイントはどこだったとお考えですか？

髙田　やはり、利根川の源流地として首都圏3000万人の命を支えているということだと思います。ですから、水を守る、それを育む森林を守るということは、まちづくりから絶対に外せないことで、真っ先に考えるのは森林を何とかしようということ。そこに自伐がマッチングしたわけです。

佐藤　ユネスコエコパークにおける自伐の意義についてはどのように？

髙田　ユネスコエコパークの理念である「自然と人間の共生」は、まちづくり全体の理念でもあります。この町にとって何が大事かというと、水や自然環境であり、それらは、アウトドアスポーツなどの観光や農林業といった産業の資源でもあるわけです。ですから、自然環境を損なうことなく、町全体を持続可能な形で、次の世代に引き継ぐということが求められていて、そのための手法の1つが自伐であると考えています。

佐藤　エコパークと自伐の組み合わせはいつから考えられたのでしょうか？

髙田　エコパークの登録を目指していたのは、自伐に取り組む前からです。所有者の山離れが続いて、相続もうまくいかないというような問題は以前から続いていました。エコパークを目指すなかで、その課題をもう1回見直していこうという機運が高まり、自伐型林業との出会いがあって、自伐に取り組むということに繋がりました。

　この活動を通じて、もう一度所有者や地域の人が、山に目を向けるきっかけになることを期待しています。自伐型林業は、その生産性について問われがちですが、林業を素材生産としてだけで見ているわけではなくて、全て町全体のことを考えた上での取り組みです。持続可能な形での取り組みをしないと自然も人も守れないという切実な思いが基底にあります。

佐藤　研修を始めて林家さんの動きはありますか。

髙田　研修も今年3年目で、その中に森林所有者も多くはありませんが含まれていますので、そこに期待しています。私は自発型林業と言っているんですが、所有者の人が自発的に山に行ってみようというのが理想だと思っています。それはもちろん、所有者だけでなく周りの人でもいい。現在、アウトドアのガイドさんがガイド業と自伐をセットでやろうと動いてくれていますが、とても期待しています。ガイド業に限らずいろいろな人が地域にマッチするやり方を見つけて欲しい。町としては、それらを支援するために、山を持ってない人と施業地のマッチングも考えていく必要があると考えています。

佐藤　みなかみ町の自伐（型）林業のあり方としてはどのようなものをお考えですか？

髙田　みなかみ町はかつては薪炭林の里山景観なので、広葉樹に注目したいですね。その一方で、スギ、ヒノキの人工林がある程度大きくなってきているところは、丁寧にゆっくり小規模でやっていくという形で広げて行きたい。森林の活用は林業だけではなく、エコパーク全体の理念の中で繋いでいく必要があります。町全体の産業も教育も農林業も、全てがユネスコエコパークの理念の下で同じベクトルで繋がっているという感覚なんです。この小さな町のオールジャンルの中で、林業も考えていかないといけない。そのなかで何か山を使って生きていく術があるのなら、その1つ1つの要素になること全部を考えていく。その具体例がアウトドアとのセットであったり、木育として木を使う、教育のために木を使うというようなことだと思います。

佐藤　施策として町民の皆さんから理解を得ることも大切ですね。

高田　１００年、２００年後の世代の人が、あの時エコパークに登録されたから、今こうなんだと、この価値を実感してくれたらいいなと思います。そのための先行投資みたいに町民の皆さんが思ってくれたらいいなと。もちろん同時に、広葉樹を使った産業を興すだとか、エコツーリズムをより付加価値の高いものにして集客増に繋げるといった短期的な経済的メリットも目に見えるようにやっていかないといけないと思っています。

それと、この町はかつては、国有林の仕事で暮らしていた人達がいたのですが、今は、国有林との付き合いが非常に薄くなっています。それで、去年から、国有林との繋がりを少しでも取れるようにしようと動き始めているところです。

旅の考察ノート

みなかみ町の最寄り駅である上毛高原駅は、東京駅から上越新幹線で1時間余りです。谷川岳に代表される群馬県と新潟県境に聳える山々は利根川の源流です。四季折々の景色が素晴らしく、山と川でのアウトドアスポーツや環境教育プログラムなどが盛んです。この自然資源を将来世代にも繋げることがユネスコエコパーク認定の大きな目的です。そこに自伐（型）林業がどう関連するのか？　みなかみ町の取材では多くの方との出会いがあり、とても賑やかな取材になりました。

横断的に繋がり、自伐（型）林業の実践者となる役場職員

みなかみ町の自伐（型）林業を牽引しているのが役場職員です。講習会に参加したメンバーは、自伐林業で山林を保全し、小さな林業に関係する住民を増やすことは、エコパークの理念に合致し、地域活性化に繋がると確信しました。森林所有者へのアンケート、フォーラムの開催、自伐型林業研修の企画へと一気に進

フォローアップ研修で伐倒中の大川さんを見守る山口祐助さん（写真左奥）

みました。山林を所有する職員が多いということもありますが、住民でもある役場職員が中心となってリンカーズを設立し、自伐（型）林業の実践者として活動しています。取材中に見学した伐倒研修では、大川さんが伐倒し、講師の山口祐助さんからは「どこに行っても胸をはれる」レベルと太鼓判が押されました。

　みなかみ町では林業担当係をエコパーク推進課に配置し、自伐型林業の研修が企画されています。加えて、林業の課題が林業担当部署だけではなく、部課横断的に共有され、広葉樹の販路開拓に向けて家具メーカーとプロジェクトを開始しています。つまり、ユネスコエコパークという地域振興のストーリーの中に自伐（型）林業を位置づけ、課題解決を図っています。自伐型林業の研修を始めてわずか3年。「みなかみユネスコエコパークにおける自伐型林業の推進と森林資源の活用による環境保全」の取り組みは、「平成30年度のふるさとづくり大賞」において地方自治体表彰（総務大臣表彰）を受賞しました。

利根川の魅力が森へ誘う

　みなかみ町が開催した自伐型林業研修には、森林所有者の他、アウトドア関係の移住者やクラフトビール工房を開くUターン者、環境教育のNPOなど、これまで林業に関係のなかった人々が参加し、山で作業する人が年々増加しています。取材した方すべてが利根川の魅力を語り、そこから森林の荒廃という問題に興味をもったという話を伺いました。

年間約1万人の学生を受け入れている一般社団法人みなかみ町体験旅行では、NPO奥利根水源地域ネットワークと連携しながら、川と山との連環を自然体験の中で学ぶようなプログラムを展開しています。そこでは、単に木材生産だけではなく、森林を保全しながら観光や教育、文化財修復などさまざまな森林の活用方法が模索されていました。

自伐型林業とアウトドアガイドの相性の良さ

みなかみ町では、アウトドアガイドの方々が自伐型林業に興味を持ち、研修に参加していました。4名の自伐型林業グループ「モクメン」は地元共有林を受託して、間伐を行っていました。

本書では、これまでも自伐（型）林業と他の仕事を組み合わせる「半林半X」の複合的ライフスタイルを紹介してきました。「半X」は例えば、鳥取県智頭町でのホップや花木（175〜183頁）、高知県本山町では木材加工（201〜209頁）、岐阜県恵那市では狩猟（210〜217頁）、愛媛県西予市ではミカン（127〜134頁）などです。それらの中でも、アウトドアガイドと自伐林業は抜群の組み合わせだと思いました。

季節的にみると、夏のラフティングと冬山登山の間に仕事が途絶える時期があり、その期間は他の地域でアルバイトをするガイドも多いそうです。そこに林業がはまると年間就業が可能となり、町への定住条件が高まります。

さらに、アウトドアガイドが自伐型林業に取り組みやすい点として、第一に、ガイドの皆さんは体力があり、山歩きとロープワークに慣れていることです。第二に、安全に対して意識が高いことです。ガイド業は客の安全を第一に考えて行動しなければならないからです。第三に、林業の経験は、ガイド時の話の幅を広げ、質を上げることができるということも指摘されました。そして将来的には、自分で間伐をして冬のクロスカントリーコースを作ることもでき、「邪魔としか考えなかったスギを見る眼が変わった」（宝利さん談）という話も伺いました。

また、「モクメン」の須田さんは、間伐した材でキャンプ用の小さな薪割り台を作り、フリマアプリ（メルカリ）で販売をしていました。これは、ガイド経験を活かした木材販売チャネルの開拓だといえます。

広葉樹利活用と国有林への広がりに期待

みなかみ町で自伐型林業による地域振興と森林保全をさらに進めるためには、広葉樹の利活用と町の森林

メルカリで2,000円で売った薪割り台
（丸太のスライス）

の８割を占める国有林との連携が課題です。これらは北海道や東北と共通の課題でもあります。広葉樹の活用では、町と岐阜県のオークヴィレッジ㈱が包括連携協定（２０１８（平成30）年12月）を締結し、家具利用材として供給する話が進んでいます。

また、みなかみ町は、２０１６（平成28）年７月に「ウッドスタート」宣言を行い、同町が発祥とされるカスタネットを新生児にプレゼントしています。

エコパーク事業を統括する髙田悟エコパーク推進課長は、人事交流によって林野庁から出向して２０１８（平成30）年４月から現職に就いた方です。インタビューでは、エコパークの理念と自型伐林業による地域振興の意義を熱く語っていただきました。町のキーパーソンをよくご存じで、今回のインタビューを全てアレンジしてくださいました。髙田課長は森林総合監理士（フォレスター）の資格を持ち、森林環境譲与税など国の施策にも詳しい方です。２０１９（平成31）年４月から始まった新たな森林経営管理システムを自伐型林業による地域振興や国有林との連携をも視野に入れ

ながら、どのように構築、運用するのか。みなかみ町の動向に今後とも注目です。

カスタネットを新生児にプレゼントしている

その前に、モクメンメンバーのガイドさんの案内で林業トークを聞きながら、谷川岳のトレッキングを楽しみたいと思った旅でした。

岡山県 新見市編1

自伐林家、森林組合、民間事業体連携で地域内分業を①

自伐型林業者の役割に期待、間伐施業発注から技術支援まで

旅の記録

地域内の自伐林家、森林組合、民間事業体、それぞれが持ち味を生かして協力すれば森林管理がさらに進むのではないか。その実際を新見市にみることができます。手入れされていない森林の間伐施業を森林組合が小規模事業体（自伐型林業グループ）に依頼し、事業体の技術者が自伐林家にチェーンソーや道づくり技術を教え、森林組合は法人事業体や小規模事業体（いわゆる自伐型を含む）に施業を請負発注しています。

仕事分担から技術の共有化、仕事環境の整備までを地域内分業のように行う仕組みで、全体のコーディネートを新見市が行います。自伐型林業者と事業者は競合するのではなく、共有する関係（目的、意識・意欲、技術等）です。その協力範囲は、森林管理を担う人材育成・確保対策にまで至り、地域全体の森林管理を考える大きな示唆を与えてくれます。

全体をコーディネートする新見市農林課と、連携に欠かせないさまざまな事業を発注する新見市森林組合を訪ね、話をお聞きしました（２０１９年３月取材）。

林家による自伐施業拡大へ
―市が自伐林家支援

新見市では、林家による自伐施業の拡大などを目的とした「自伐型林業支援事業」を2016（平成28）年から展開しており、林業事業体や森林組合が協力した実行体制が特色です。事業を主管する新見市産業部農林課林業振興係長の小谷崇さん、主事の西田椋亮さんに話をお聞きしました。

佐藤　新見市の林業の特色について教えてください。

小谷　市域面積は県内2番目です。森林面積は約6万8000haで、民有林が多く、南北に長い地形で、北は人工林、南は天然林が多いです。林家1戸の山林所有面積は10～20haの方が多く、戦後の造林地が主です。不在所有者は少なく、ほぼ地元の方が所有されています。

佐藤　自伐林家の方は何人くらいですか？

西田　自伐型林業をされる方を登録していただいていますが、83名です（2018（平成30）年11月現在）。年代としては60代、70代の方が多く、30代の方もおられます。

佐藤　自伐林家ではなく、自伐型としたのは？

小谷　登録するときに専業林家（自伐林家）なのか、会社勤めなどをされながら林業をされている方なのかを分けて登録していただいたことから、全体を自伐型林業としています。

佐藤　市が2016（平成28）年度から「自伐型林業支援事業」を始めたきっかけは？

小谷　市内の林業事業体の数は増えてきていますが、それでも、昔ながらの自分

新見市森林・林業基本データ

市の総面積：79,329ha、
森林面積68,330ha（林野率86.1%）
民有林面積：59,203ha（人工林率55.3%）
市の人口：30,658人、林業経営体数513、
林業就業者256人

岡山県森林・林業統計／2019（H31）年3月

の山は自分で手入れをするという自伐林業への思いが強かったのだと思います。それで、個人では施業ができない所有者の相談窓口を設けて、自伐林家の方に、その山の手入れをお願いしたいと考えて始めた事業です（次頁図1）。しかし、自伐林家の方も相談されても人の山までは、なかなか手が回らないというのが現状ではあります。

左から新見市林業振興係長の小谷崇さん、著者、林業振興係の西田椋亮さん

佐藤　自伐型林業支援事業の概要について教えてください。

西田　自伐型林業の拡大を目指して、3つの事業を行いました。①森林施業コーディネートとして、市内の山林を所有されている方を対象に、山に関するご相談を「人《ひと》杜守《ともり》」さん（自伐型林業グループ／詳細は次節）に対応をしてもらい、現地調査や最適な施業プランの提案をしてもらっています。②担い手確保育成として、自伐型林業家として登録されている方を対象に講習会を行い、自伐型林業についての講義、チェーンソーや重機の使い方などの研修を実施しました。講師は人杜守さんにお願いしました。③自伐型林業の検証事業として、効率的で採算の合う施業方法の検証を行いました。

　これら事業全体の予算は、地方創生推進国庫交付金を活用させていただき、2分の1が自主予算で合計が1千万円。2016（平成28）年度から2018（平成30年）度までの3年間事業です。

佐藤　事業の一番の成果は何だとお考えですか？

西田　1つは、③の自伐型林業の検証事業でしょうか。自伐林家さんの所有林で自伐型林業の検証作業をして、作業方法を工夫することでコスト削減ができ、厳しそうに見える場所でも施業地の集約といった工夫

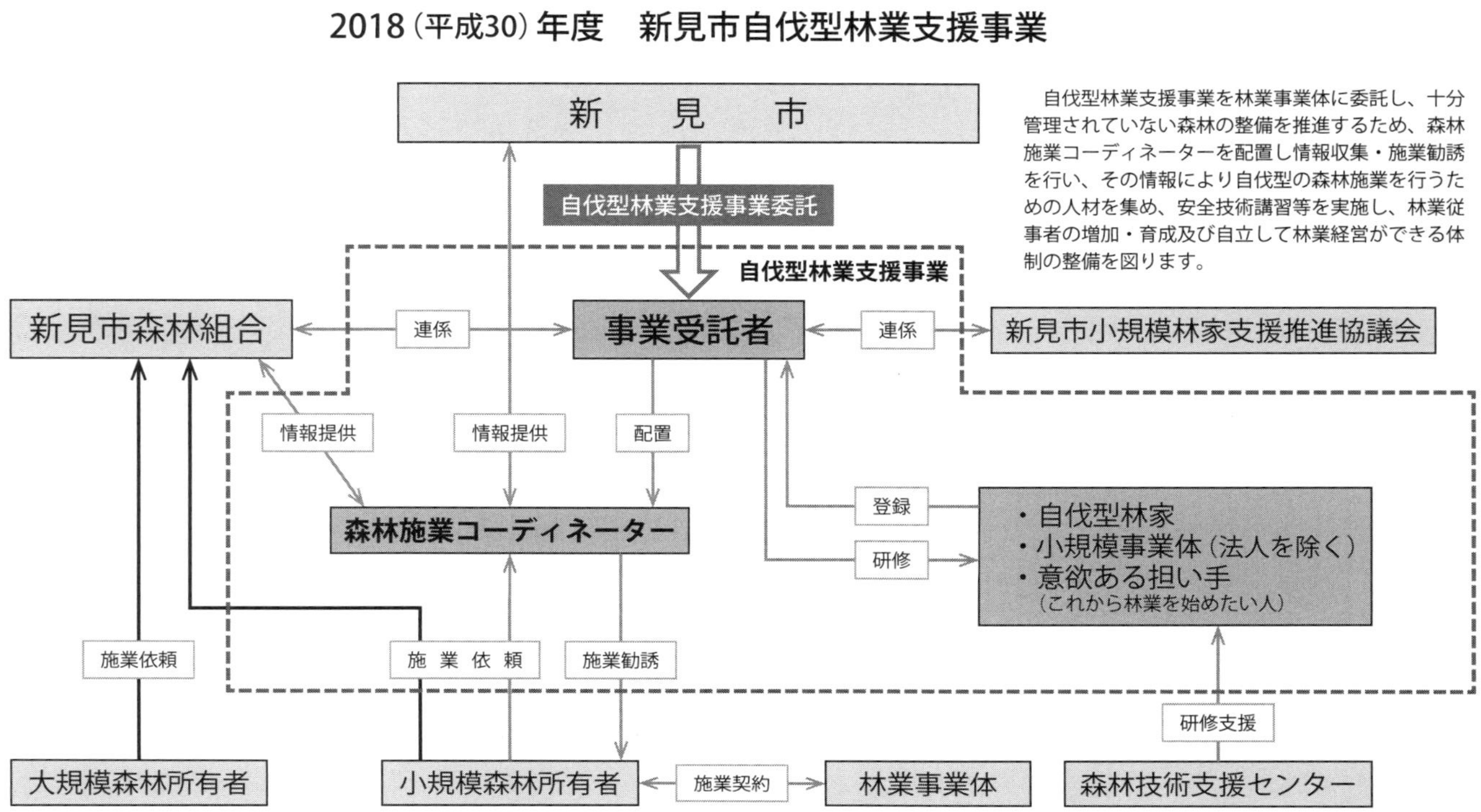

図１　2018（平成30）年度　新見市自伐型林業支援事業

資料：新見市業務資料

をすれば、採算の合う施業が可能という結果が出ています。

小谷　①の森林施業コーディネーターについては、市役所から送るいろいろな書類の封筒に、「山林管理に困っている人はご連絡ください」というステッカーを貼って、相談窓口があることを市民の方に周知しました。その成果があり、ご相談やお問い合わせが増えました。

佐藤　どのような相談がありましたか？

西田　山の管理ができない、場所が不明、売却したいといったことです。自伐研修等へ山林を提供しても良いというお申し出もありました。相談内容によっては、コーディネーターを委託している人杜守さんに相談に乗っていただき、施業は自伐型がいいのか大規模がいいのかといったことのアドバイスをいただいたりしています。

佐藤　森林組合も自伐推進を掲げていますね。

小谷　森林組合さんもマンパワーが足りないため、自分たちだけでは限界があると感じているので、施業を自伐林家さんに委託できたらと考えているようです。

佐藤　今後、自伐をより一層推進していく可能性は？

小谷　あると思います。市内には「新見地区素材生産者協議会」という組織もあり、事業体さんや自伐の方が、年に何回か集まって話をする機会もあります。対話のできる関係ですので、協力関係も取りやすいと考えています。市内にはこれだけ森林面積があるので、大規模でやられる事業者も手一杯ですから、自伐型林家さんの力をお借りしたいと考えています。

市、森林組合、民間事業体が協働で担い手確保を

林業事業体で働く担い手（従事者）の確保についても、市、森林組合、民間事業体が協働で情報提供、マッチングなどを行っています。その土台には、市が積極的に進めるさまざまな移住総合政策（次頁表1）があります。

西田　林業の担い手確保も重要なので、市では

2016（平成28）年10月に各林業事業体や県・市職員等で構成された「新見市林業担い手対策協議会」を立ち上げました（次頁図2）。協議会として、県が主催する林業就業ガイダンスに出展したり、ポスターやパンフレットを作成して、林業就業を勧誘するPR活動に取り組んでいます。

小谷　林業就業相談会には、事業体の若手林業者に相談対応に行ってもらい、条件が合えば自分の会社に就業希望者を引っ張ってこようというような意欲的な姿勢で臨んでもらっています。

間伐施業に自伐林家グループの力を

新見市森林組合は「新見市小規模林家支援推進協議会」事務局を務めるなど自伐林業推進にも力を入れています。自伐型グループとの協力で進める取り組みの1つが管理の遅れた森林の再生（間伐等）事業です。

表1　新見市の移住支援制度の概略（施策項目）

①移住・定住の相談、サポート窓口〔総合政策課〕
- 移住を検討される際の、総合的な移住相談から定住後までの総合サポート

②新見市での暮らし体験
- 新見市での暮らし体験（お試し暮らし）〔総合政策課〕
- 移住アドバイザーによる新見市現地視察のためのオーダーメイドツアー〔移住交流支援センター〕

③就労支援
- 新規就農支援（住宅新築費の助成、研修費の支給など）〔農林課農業振興係〕
- 創業支援事業補助金、IJUターン就職奨励金、i-boxにいみ（オフィスの提供）〔商工観光課〕

④住宅支援
- 空き家の購入・改修・家財整理に対する支援〔総合政策課〕
- 住宅新築・増改築に対する支援（新見市産材の活用）〔農林課林業振興係〕
- 分譲地購入者に対する支援〔総務課〕

⑤子育て支援〔こども課〕
- 子育て支援金、チャイルドシート購入助成、医療費助成、保育料補助

◇移住者実績：368人（2016（H28）年度）、594人（2017（H29）年度）
◇任期満了の地域おこし協力隊の定住率：定住／任期満了（人）　2/3（2016（H28））6/7（2017（H29））

資料：新見市「新見市まち・ひと・しごと創生総合戦略検証結果　2017（H29）年度実績」

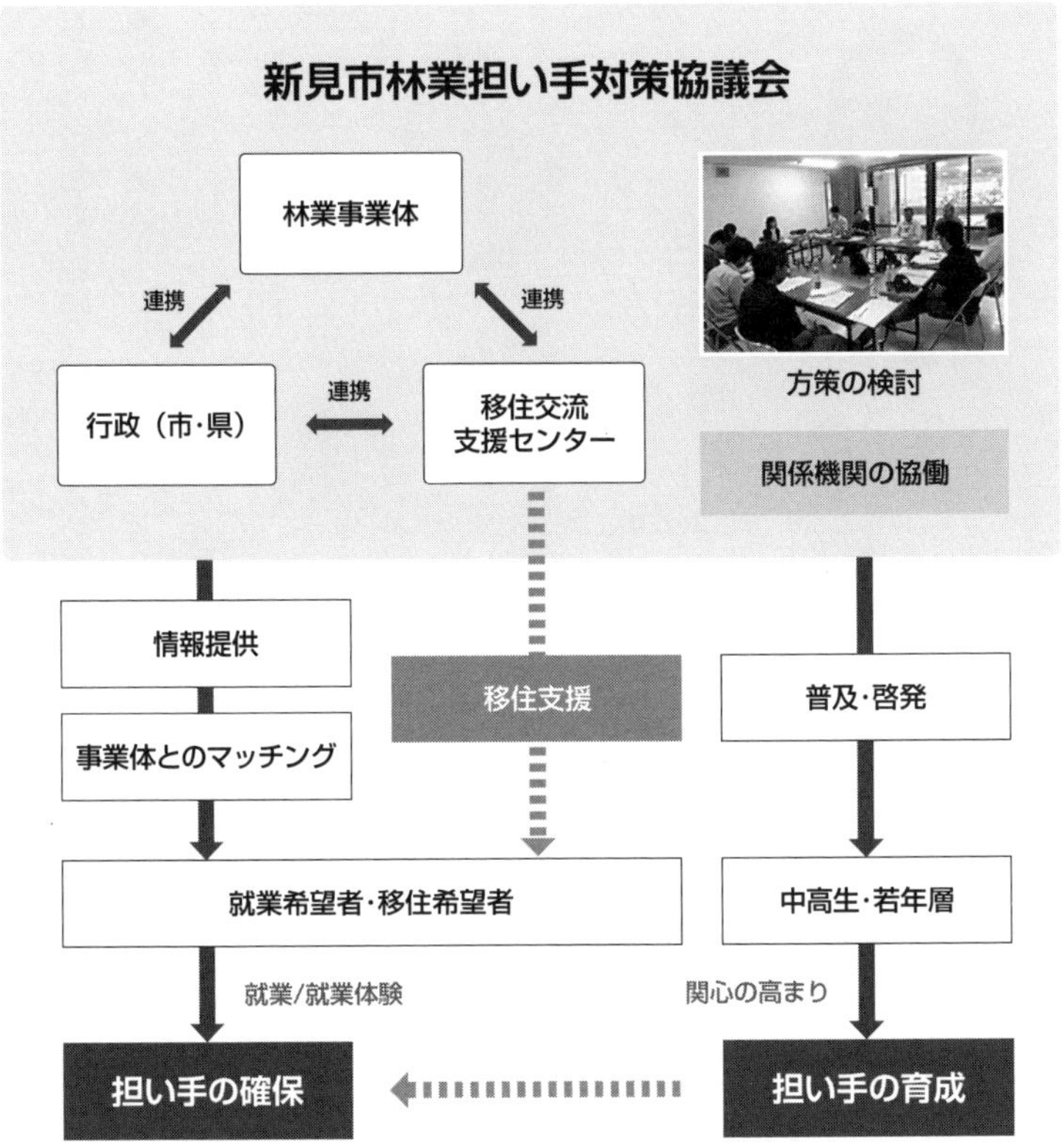

図2　新見市林業担い手対策協議会

資料：新見市林業担い手対策協議会サイト

新見市森林組合参事の山田武さん、同企画指導課長の小山正明さんにお聞きしました（肩書は取材当時）。

佐藤　森林組合の事業計画の中に自伐林業推進を掲げていると聞きました。小規模林家の施業を支援している背景や理由を知りたいと思います。

小山　２０１４（平成26）年に「新見市小規模林家支援推進協議会」の立ち上げがありました（次頁表2）。これは前市長（故・石垣正夫氏）が、小規模林家、つまりは自伐林家の方の集まりということでスタートさせた組織です。会の事務局を森林組合が担うこととなり、まずは、境界のＧＰＳ測量などを小規模林家の方たちと一緒にやっていくことになりました。そもそもの会設立の狙いとしては、施業の依頼があったときに、大規模面積なら森林組合が行い、小さい面積なら協議会に登録されている自伐の方が作業をやってあげようじゃないかというのが発足当時の考えだったんです。しかし、自伐の方に施業を委託するまでには至っていません。森林組合としては直営班もあるし、委託事業者にお願いしているのが現状です。

佐藤　自伐型の人に任せたいというような動きはありませんか?

小山　遠方に住んでいる方からの問い合わせで、山の場所がわからないとか、放置したままだとかいう相談がありました。それを「新見市小規模林家支援推進協議会」で取りまとめて、人杜守さんに依頼して施業をやってもらったこともあります。そういった関係の中で、「公益信託　農林中金森林再生基金(通称:農中森力《もりちから》基金)」を活用して、29haの荒廃林再生事業に取り組んだときに、その一区画の施業を人杜守さんにお願いしました。自伐林家の方は列状間伐を嫌

左から新見市森林組合企画指導課長の小山正明さん、
同組合参事の山田武さん

表2　新見市小規模林家支援推進協議会の概要

・2014(H26)年3月設立
・構成員:新見市・林野庁・岡山県・岡山県森連・新見市森林組合・市内林業協議会・小規模林家(48名)
・協議会の目的
⑴小規模林家の支援対策に関する事項
⑵搬出材の利用推進に関する事項
⑶森林所有者への啓発活動に関する事項
⑷その他　森林の適正な保全管理の推進、山村地域の活性化に関する事項

表3　「荒廃林再生事業」今後の展開のまとめ

手遅れ林分の間伐施業、コスト分析を実施したこの事業（農中森力基金事業）の報告書には、今後の展開について次のようにまとめられています。

・今回の施業経験を生かして、2020（R2）年稼働予定のバイオマス発電に向けた、未利用材の供給システムを林業に従事している者皆が協力して安定供給に向けて研究、協力していかなければならない。

・今後このヤード（本事業の施工地）を利用して、新見市小規模林家支援推進協議会と共に市内で活動を行っている小規模林家（自伐林家）の方々と施業方法等検討しながら、安全かつ有効な施業方法の普及に努め、森林整備を行っていく。

・新見市の人口が3万人を割るような現在、次世代を担う世代に市内の資源を生かした営み「林業」の大切さを学んでもらい、1人でも多くの林業従事者への勧誘になればと考える。これについては、地元行政、森林組合、素材生産業者、自伐林家がタッグを組み、色々な情報、技術を共有しながら新たな林業を推し進めていく必要がある。

資料：新見市森林組合「新たな低コスト林業と自伐林家との協力による荒廃林再生事業」報告書、2017（H29）年度公益信託農林中金森林再生基金（農中森力基金）事業

われますが、自伐林家の方の事故が立て続けに起こったこともあり、こういう方法もあるという提案の意味もあって全て列状間伐で行いました。

自伐型グループが森林組合請負班として間伐を

森林の再生（間伐）事業では、施業、コスト分析を4班で実施しましたが、その1班を自伐型グループが担当しました。

小山　森力基金を活用した再生事業は所有者70名ほどの約30haの林分です。ここを4分割して、組合直営班、事業体2社と自伐型グループの人杜守さんの4班で作業を行いました。施業は全て列状間伐で、林相に応じて3残2伐と2残1伐で行い、クリやサクラ、ケヤキなどの広葉樹は残すようにしました。作業を行った4班で、コスト分析も行っています。その中で、運材の工程においてボトルネック（一方が搬出しているときはもう一方が搬出を行えず、作業が止まる等）を防ぐために、

直営班と事業体請負班の間で密な情報共有、コミュニケーションを取り、作業工程の調整を行うことで生産コストを下げられることがわかりました。また、人杜守の若い自伐型のメンバーも他と変わらないコストで実施できるという結果が出ました。

森林経営計画から材集荷までの協力関係

森林経営計画のとりまとめから材の集荷など、森林組合と自伐林家とのさまざまな協力が続いています。

佐藤　自伐林家と手入れされていない施業地のマッチングの可能性はどうお考えですか？

小山　自伐の方も自分の山で手いっぱいで、他の方の山までは手が出せないようです。一方、森林施業コーディネートを市から委託されている人杜守さんは、管理ができない人の山を自ら掘り起こして施業をされています。良い動きをされていて期待しているところです。

佐藤　自伐の方の生産活動の支援として組合が取り組んでいることはありますか？

山田　材を道端まで伐出していただけたら、トラックで回収しています。自伐をされている組合員さんは、今は30人弱でしょうか。自伐で一番多く材を出されている方は５００㎥余り（年間）出されています。

佐藤　この方たちは森林経営計画を立てておられますか？

小山　市内の民有林はほぼ経営計画を立てていて、20名ほどの自伐林家さんは森林組合と共同で立てています。自伐林家の方によっては、組合に委託に出される山と自分が施業する山とを分けている方もおられます。

佐藤　そういう自伐の方の施業に特徴はありますか？

山田　自伐林家の方は林内作業車での施業が多いですね。市には道幅２ｍの林内作業車用の道でも補助があるので、自前の小型のグラップルを使って道を入れられる方も多いです。

小山　良い山を持っておられる方は、定性間伐での抜き伐りをされていることもあります。普通の間伐でやられる方は、組合で補助金の手続きをしています。

佐藤　森林組合の直営作業班が他人の山を施業するのと、自伐林家さんが自家山林をやられるのでは、山への思いの違いが施業に表れると思いますか？

小山　表れると思います。最終的には伐り方は変わってくると思います。もちろん、うちの組合でも、たくさん材を出して収益さえ上げたらいいというような施業はやっていません。列状間伐は初回間伐にとどめ、2回目からは定性間伐で行います。また、列状間伐では、ある程度良い木を伐りつつも、悪い木を整理できるような、列を付けるスタートの位置をどこに決めるかというのが重要になります。そういう判断をしながら、残した列の中の枯れた木は伐っておこうだとか、そういうことを現場で考えてもらいながらやっています。

列状間伐施業地

フィールドノート

自伐（型）林業と森林組合は対立するのではなく、連携できれば地域を盛り上げていくことができるのに…。各地でそう感じることがよくありました。新見市の取り組みは、その方向性を探る上で参考になる事例です。市役所が音頭をとり、森林組合が自伐林家および自伐型林業の若者グループと一緒に森林管理を推進しています。

施業的には、ヒノキは自然に落枝しにくいため、定性間伐ではかかり木が多くなり、危険性が高まります。出材量だけではなく、労働安全性やコストなどを総合的に考えて初回間伐に列状間伐を取り入れていました。列状間伐でも自伐的な施業だと将来の森の姿が違う、という話に興味がわきました。

自伐林家、森林組合、民間事業体連携で地域内分業を②

地域ぐるみで人材育成、仕事環境づくり

旅の記録

現場を担う人材をどう育成・確保していくか。人手不足が厳しくなる中、全国共通の課題です。それに対し、新見市内では、人材育成・確保についても自伐（型）林業者、森林組合、民間事業体、そして市の連携で進めています。自伐林家の技術講習、林業機械導入支援など仕事環境整備、担い手（従事者）のリクルート、マッチングなどです。その結果、森林組合、事業体で技術を身につけ、市内で独立起業する若者も少なくありません。

注目は、地域版インターンシップのような大学生対象の林業体験です。寝食を共にしながら間伐作業などを行う2週間程度の活動では、林家（フィールド提供）、技術指導（事業体）をはじめ、市、森林組合など地域の支援を得て実施されてきました。2003（平成15）年度より毎年継続して実施してきたことで市内に移住して就業する卒業生も出ています。基調にあるのは、新見市（岡山県全体も）が積極的に進める移住定住政策です。

自伐型グループとして素材生産事業を営む一方で、林家への施業アドバイスや技術講習、大学生の林業体験講師などを務める（一社）人杜守《ひとともり》の皆さん、退職後に山仕事で活躍する自伐林家さんに話を伺いました。

自伐型林業者が立ち上げた林業グループ

新見市の「自伐型林業支援事業」（詳細は前節）を受託して実行するのが（一社）人杜守です。メンバーは森林組合から独立、起業した方などで、受託事業の他、森林組合からの施業請負、大学生の林業体験事業などを行っています。代表の多賀紀征さん（43歳）にお聞きしました。

佐藤　人杜守の事業内容は？

多賀　新見市からの受託事業である、施業コーディネーターなどの仕事もありますが、メインは間伐を中心とする請負事業です。年間の間伐実績は約30haです。現在のメンバーは、それぞれが別の林業会社や仕事を持っています。ですから、個人の会社で山の施業をしたり、他の仕事をやりながら、体の空いている3名くらいで集まって班を作って人杜守として山の施業をやっています。個人でやる会社は、できることも限られますが、共同で仕事をすることで事業の広がりも生まれました。今は徐々に人杜守に仕事の比重を移しているところです。

佐藤　メンバーはどういう方ですか？

多賀　メンバーは現在、3名の理事と職員3名です。平均年齢は30代前半で、僕と理事の仲田有志は地元出身です。それ以外はIターン者で、うち2人は地域おこし協力隊で林業専従として赴任してきて、任期後も残ってうちで働いています。4月からは新人社員が入ります。彼はうちがやっている森林ボランティア活動（環境保全型森林ボランティア活動）に2年前から参加している大学生です。

佐藤　施業コーディネーターとしてはどういう活動を？

多賀　山主さんから施業の相談をいただくのですが、境界がわからない所が多くて、山主さんも大半がわからないと言うし、なかなか施業ができない、手が出せないという現状があります。まずは境界の明確化を進める必要があります。

自伐型林業のコスト検証

人杜守は、新見市が行っている「自伐型林業支援事業」の受託業務として、自伐型林業のコスト検証など興味深い調査も行っています（次頁表3参照）。

佐藤　自伐型林業のコストの検証結果について教えてください。

多賀　小規模林業でも収益性があるという数字が出ています。

（一社）人杜守代表の多賀紀征さん（左）と著者

佐藤　高性能林業機械で大規模にやらないと林業が成り立たないと言われているなかで、小規模事業地でもやり方によってはやれる、可能性はあるということですか。

多賀　可能性はあると思います。どこまで収益を求めるかにもよると思うんですが、小規模林業は、経費も少なくて済みますし、やった分だけ収益になるのでやりがいがあります。何より、手入れの遅れていた山がきれいになって充実感もあります。これからは条件の良い現場は減るばかりだと思います。豪雨災害につながることを心配する山主さんから、ご自宅周辺の山の整備を相談されることも多く、「伐った材の売り上げでやりくりし、経費が発生しないなら間伐してほしい」と言われることもあります。小規模で条件が良くなくても、そういう作業もやっていく必要があると思います。

表3　自伐型林業検証（収支見込み、日当換算見込み）

間伐されていないヒノキ林や雑木林といった経営条件に恵まれない林分の施業を検証しています。

「小規模林業でも、収支が厳しそうに見える場所でも、作業方法を工夫してコストを減らせば、何とか採算が取れる施業が可能であることを実証結果が示している」と新見市林業課では評価しています。今回検証を行った林分を、所有する林家が自伐施業した場合、人工林（ヒノキ）、雑木林それぞれで自伐林家の日当換算収入が1万3,000円～1万7,000円程度との検証結果となっています。概略は表のとおり。

表　自伐型林業検証（収支実績、日当換算）

（金額単位：円）

1　ヒノキ54年生（過去間伐実施なし）　0.61ha

作業内容：道付け、伐採、造材、木寄せ、集材等

収入	849,148	間伐材木材代金、新見市作業道開設補助（91,900含む）
支出	312,625	燃料費（重機、チェーンソー）、木材運搬費、重機リース代
収支差額	536,523	
	41人日	（総作業時間を1日8時間で除した数字）
日当換算	13,086	1人当たりの日当換算（1日8時間労働）

2　雑木林　林齢不明（過去間伐実施なし）　1ha

作業内容：伐採、造材、集材

収入	3,487,500	割木販売代金320万円、シイタケ原木28万7,500円
支出	2,105,000	燃料費（重機、チェーンソー）、木材運搬費、重機リース代
収支差額	1,382,500	
	80人日	（総作業時間を1日8時間で除した数字）
日当換算	17,281	1人当たりの日当換算（1日8時間労働）

3　雑木林　林齢不明（過去間伐実施なし）

作業内容：伐採、造材、集材

収入	404,453	シイタケ原木31万500円、割木販売代金9万3,953円
支出	112,270	燃料費（重機、チェーンソー）、木材運搬費、重機リース代
収支差額	292,183	
	19人日	（総作業時間を1日8時間で除した数字）
日当換算	15,378	1人当たりの日当換算（1日8時間労働）

資料：「自伐型林業検証まとめ」データより作成

大学生らの林業体験事業

人杜守が力を入れているのが、「環境保全型森林ボランティア活動」という大学生の林業体験事業（フォレストリー・フィールド・キャンプ）です。安全講習後に間伐作業を連日実施するという本格的な2週間程度の体験を年に2回開催しています。市、森林組合、県民局林務担当課、地元事業者、森林所有者など地域ぐるみの支援体制も整っており、地域就業体験といった地域版インターンシップ的な学びの場となっています。

佐藤　「環境保全型森林ボランティア活動」の目的は何でしょうか？

多賀　こういう活動をやって情報をどんどん広げていくことで、林業に興味を持つ人を増やしたいと思います。その結果として、1人でも地元に残ってくれる子供が出てきてほしいと。たとえ一度地域を出て行っても、帰ってきた時に働く場所があるということを今から伝えておくことが大事だと思っています。参加している大学生に対しては、生きる力を養ってほしいです。これから厳しい時代になるので、生業で稼げる人になってほしいとの思いでやっています。

佐藤　どういった活動内容ですか？

多賀　山主さんの了解をもらって、間伐などの施業をしながら研修の場として利用させてもらっています。古民家を借りて寝泊まりする共同生活をしながらの2週間の林業体験で、学生は人間が変わりますね。参加者は主に大学生ですが、農家の方で冬場の仕事として林業を考えている方の参加もありました。事業自体は自分たち（人杜守）の稼ぎで行う社会貢献活動としてやっています。

佐藤　2003（平成15）年に森林組合が始めた事業を引き継いだと聞きました。継続するのは大変では？

多賀　ここでボランティア活動をした学生が、社会人になってからやって来て「体験を通じて強い心を持った」とか、「ここの体験を活かして仕事を頑張っている」と言ってくれます。そういう人たちが、いつでも帰って来られる場所になればと思っています。

人杜守のメンバーの皆さんにも話を伺いました。大学生の時の森林ボランティア体験を経てメンバーになった佐伯佳和さん、移住相談会での出会いから人杜守に就業した阿部一磨さん、多賀さんと一緒に人杜守を立ち上げた理事の仲田有志さんの3人です。参加の経緯やこれから目指すことなどをお聞きしました。

佐伯　僕は、もともと木工や山に関心があったんですが、在学していた大学が発信していたボランティア情報から、ここの活動に参加しました。大学卒業後は、3年間地域おこし協力隊として新見市に赴任して、任期後は、多賀さんが僕のために人杜守に木工事業部を立ち上げてくれて、一緒にやろうと声を掛けてくれました。木工はオーダーのテーブルや棚、スギの輪切りの食器皿などを作っています。

阿部　大阪での移住相談会で新見市のことをたまたま知って、去年（2018（平成30）年）の9月に移住してきました。今は、市営住宅に住んでいます。新見市は移住者に手厚いサポートがあって安心して住めます。人杜守では、事務作業をやりながら、最近は現場での施業にも取り組んでいます。入社前から多賀さんに、「独立できるくらい実力を持て」と言われてきました。まだまだですが、そのつもりでやっています。

仲田　僕は森林組合を辞めたときに自分で林業会社を作って、それを継続しながら人杜守としても活動しています。森林組合も自分の林業会社もどちらも大変な部分はありますが、僕は、自分が住んでいる地域の山の手入れがしたかったので、独立して自分の思うようにできるのはいいですね。昔から地元が好きなんです。でも人口が減って寂しくなってきているので、地域に貢献するアプローチを、山を通じてできたらと思っています。

佐藤　自伐型林業の取材で、どの地域に伺っても、30代の方たちは地域のためにと言う方が多いんです。50代のバブル世代に比べて、20代、30代の方は、社会貢献への意識が高いと感じます。

仲田　社会貢献も、周りの皆さんのサポートがないと続けていくことはできないと思います。ただ、僕の年代は就職氷河期と言われて、雇用してもらえないなら自分で会社を興そうという人がたくさんいました。地域のことも含めて、自分でなんとかしないといけないという意識があったのかなと思います。

多賀　こういう活動を継続することで、地域の人たちから返ってくるのが信頼なのかなと。それがあるから仕事もいただけるので、信頼を作ることが次の財産になるのだと思います。若い人たちにどんどん起業してもらって、地元に貢献できるベンチャー企業が増えたらいいなと思います。

左から（一社）人杜守の仲田有志さん、多賀紀征さん、阿部一磨さん、佐伯佳和さん

広葉樹の利用を探る

多賀さんたちは、地元にある広葉樹資源に注目し、その利用方法を模索しています。

多賀　経営安定のためにも、もう1つ事業の柱を作りたいと考えています。周囲には広葉樹も多いですが、木が大きくなって伐採の危険度も高くて伐る方が減っています。それに高齢級だとシイタケの原木にも使えません。でも、ピザ屋さん用の薪を作っている割木屋さんは、600㎥／年ほど薪を生産されています。現在うちは、市場に雑木を出していますが、その割木屋さんに薪の原木を出荷しようかと考えています。3～4mで節がないもので約1万3000円／㎥、曲がりや節があると約1万円／㎥になります。先々は薪づくりもやりたいなと思います。それと、来年には市内にバイオマス発電所もできるので、そこにも雑木を出す予定です。

佐藤　小規模林業だからこその事業があると。

多賀　そうですね。雑木の直販など、他がやらないことをすれば、何かが生まれてくるかなと思います。

佐藤　森林組合と共存されている様子はよくわかりましたが、今後、競合はないですか？

多賀　全くないです。競争したところで太刀打ちできないところが多々あるので、競争するよりも一緒にやっていく、共存することが大事だと思います。地元の人たちの森林組合に対する信頼は厚いので、例えば施業の承諾などは組合さんにお願いしたほうがいいですね。

それぞれの思いで山仕事を
——現場の工夫、安全への心構え

「自分の山は自分で」と自伐の風土が根付いてきた新見市。退職後に元気に作業されている自伐林家の安達紳二さん（60歳）、真壁勲二さん（76歳）に、それぞれの山で話をお聞きしました。

○自伐林家　安達紳二さん（60歳）

佐藤　どのような山林経営をされていますか？

安達　国土調査が終わっていないのではっきりしないですが、所有面積は70～100haくらい。森林組合に一昨年まで職員として働いていて、週末だけ1人で自伐でやってきました。退職した今は、年間作業日数は月に10日ほど。皆伐はせず、間伐で出荷材積は400～450㎥／年です。道に近いスギなら1日の間伐で7～8／㎥は出せます。3tトラックも持っているので、市場まで自分で出しています。市のスギの搬出補助金（400円／㎥）や道の補助金は

自伐林家の安達紳二さん

いただきますが、間伐補助金はいただいていません。間伐は、列状間伐が中心で、良い木、悪い木で選木するのでなくて、間隔だけで決めて伐っています。残った木が良い木になるだろうという考えです。

佐藤　作業内容や使用されている機械は？

安達　中古で買ったコンマ25のウインチ付きのザウルスで道付けをして、伐倒は、ヒノキの場合、掛かり木になるので列状間伐で、重機のウインチを使って離れたところから倒しています。搬出は2・5t積みのクローラーダンプです。土場での積み込みをするグラップルを購入した時は、市の小規模林業支援の補助を半額いただきました。先日、スギ山で梶本式立木乾燥法（奈良県吉野郡の梶本修造さんの指導）という伐採方法をやりました。立木に突っ込み切りを入れて1カ月半~2カ月間そのまま置いてから伐採しましたが、水分も抜けて軽くなるし、色も良くなりました。ウインチ集材の時に、普段の3倍量も引っ張ることができました。

佐藤　山づくりで大事にしていることは？

安達　個人なので作業路は必要以上に入れない、山は壊さないということかな。山仕事は危険なので70歳までと考えています。今、間伐している山は、あと5年ごとの65歳と70歳に1回ずつ間伐したいと思います。

○自伐林家　真壁勲二さん（76歳）

真壁　自分の山5haと、管理を任されている伯父の山の共有林も入れると70ha。人工林は30haほどです。山仕事は勤めを辞めた約10年前から。山仕事が好きだったし、人に頼んだらお金にならないので自分でやっています。間伐作業は、チェーンソー伐倒して林内作業車で道端まで出すということを1人でやっています。間伐率は4割程度。皆伐はしません。毎日使用しない機械は購入せずに、委託したほうが良いと考えて、作業道の敷設や運搬は、それぞれ専門の人に頼んでいます。

自伐林家の真壁勲二さん

佐藤　年間伐出量は？

真壁　最盛期には400～500㎥ほど。今はその半分です。条件が良ければ6t車トラック1台分は3日で出せます。ただ、最近、自伐をやっていた仲間の2人が伐採中に続けて亡くなったので、女房が心配するようになりました。近辺には、もう自分の山を自分で伐る者は1人もいないし、将来的にも出て来ないだろうと思います。

佐藤　山仕事をされている楽しみは？

真壁　植物が好きで、会社を退職したら山仕事がしたいとずっと思っていたので満足しています。健康にもいいですし。会社勤めの頃に腰を痛めましたが、山仕事を始めて、足腰を使うようになって、いっぺんで治りました。

旅の考察ノート

市役所において、新見市の新しい動きは、「ひとともり（人杜守）」**の若者グループだ、との話を伺いました。しかし、その実像がなかなか把握できませんでした。大学生の長期インターンシップを受け入れ、間伐をしている現場に行って、その活気に圧倒されました。この中に今の若者たちが求める働き方があるのではないか、との思いで話を伺いました。**

自伐型林業グループ・人杜守の特徴と若者の働き方

人杜守は、3名の理事で立ち上げた一般社団法人です。事務所は旧神郷町の小学校廃校施設。代表の多賀さんは、地元出身者で元森林組合職員です。独立後、地域の森林所有者から作業道敷設を請け負う事業体を設立しています。多賀家としては農業と苗木生産も営んでいます。人杜守は、仲間と共同で実施したほうが有効で、地域貢献できる事業を行うという位置づけです。代表以外の2人の理事も素材生産業（仲田有志さん）、あまご養殖（松田礼平さん）の別会社を持ちながら、人杜守の運営に関わっています。

例えば、人杜守は未整備荒廃森林再生事業の一部での自伐型林業タイプ施業（2残1伐の列状間伐、幅員2mの作業道）を請け負いました。また、小規模施業地の収益性を検証する事業を担っています。山主さんから直接、施業相談を受けて施業を請け負っています。シイタケ原木として活用できない広葉樹を「割木」（薪）用として出荷し、新たな販売先も開拓しています。

（一社）人杜守による大学生を対象とした長期インターンシップの風景

さらに、岡山大学地域総合研究センターを通じて募集した大学生の2週間にわたる長期インターンシップは、林業の本格的な体験と共に、古民家で集団生活をしながら地域住民との交流機会を提供しています。間伐研修林の所有者と研修生の交流も大切にしています。地域版インターンシップともいえる仕組みです。研修の修了生や新見市地域おこし協力隊の中から人杜守で働きたいという若者も現れ、雇用受け入れも行っています。社員となった佐伯さんは社内起業的に木工事業部を立ち上げ、人杜守の活動を広げています。

つまり、単なる雇用ではない働き方、仲間と共に仕事をつくる、そして仕事自体に地域貢献の意味を付与する、といった農山村に住む若者たちの働き方の指向を人杜守は体現しています。「出身の地域がテレビで限界集落として放映されたのを見て、地域のために自分に何ができるかを考えた」（仲田さん）という言葉に、人杜守の立ち上げ理念が表れています。

多様な担い手の存在

ところで、ヒノキの素材生産量が全国2位（2017（平成29）年）の岡山県にあって、新見市は素材生産量が最も多い自治体です。戦前来のヒノキ産地が素材生産量を落とす中で、新見市は戦後の後発産地として生産量を伸ばしています。

つまり、造林を担った世代が伐採を行う自伐林家が多い地域です。後継者で自家山林での自伐を行う林家も数は少ないけれどもあります。今回取材はできませんでしたが、森林組合の小山課長からは、新見の主要産業である石灰工場に三交代で勤務する40歳代の林家後継者で昼間に自家山林の間伐を実施している方の話をお聞きしました。安達紳二さんや真壁勲二さんのように、定年退職後に本格的に自伐を始めた方もいらっしゃいます。人杜守という自伐型グループもあります。一方で、森林組合の直営作業班の他、民間の素材生産事業体も若者の雇用を増やしながら、活発な林業活動を展開しています。

市役所がコーディネート役で担い手の連携を模索

こうした多様な担い手が得意分野を活かして活動し、新見市の約7万haの森林を管理するために、市役所がコーディネート役、森林組合が事務局を担って連携を模索しています。

森林所有者に対しては、できるだけ自らで管理を継続してもらえるように講習会を企画し、伐倒など技術的な研修の他に、人杜守が実施したコスト検証事業結果（小規模施業地の1日当たり所得）を伝える予定です。自ら管理することが難しい所有者に対しては、市役所に山主相談窓口を設けています。

事業体向けには、担い手対策協議会を設立して、森林組合と民間事業体が従業者を確保できるようにマッチング対策を行っています。

未整備林再生事業では、森林組合が森林所有者をとりまとめ、組合直営班、事業体、自伐型グループ（人杜守）が分担して施業を行いました。これは列状間伐の試行、モデル林づくりという位置づけも有していて、2残1伐か3残2伐か、作業道の入れ方も変えています。

将来的には、森林組合が施業をとりまとめて、直営班ではカバーできない小規模な施業地を自伐林家や自伐型林業グループへ委せるような仕組みを構築する計画です。新見市が実施している「自伐型林業支援事業」（２０１６（平成28）年開始）では、「自伐型林業者」登録人数が83名にのぼっています。

こうした各担い手の得意分野を活かせるような連携を強めることで、地域全体の森林管理水準を高めると共に、人口減少が進む地域への移住定住を進めることも意識した政策になっています。岡山県全体として推進している移住や地域に関係する人口を増やす施策とも連動しています。

新見市では小規模な施業地を自伐林家や自伐型林業グループに委せる仕組みづくりを進めている

なお、新見市の「自伐型林業支援事業」では、専業的な自伐の林家を「自伐林家」、兼業的な自伐林家を「自伐型林家」という言い方が用いられています。「自伐型」という言葉が地域によってさまざまな意味で使われており、今後整理が必要だと感じました。

列状間伐という選択
——安全と収益性を考えて

以上のような、自伐を真正面に位置づけながら、他の担い手とも連携していく新見市の事業は、市長であった故・石垣正夫氏の強力なリーダーシップで開始されました。自伐林家だった元市長は、在任中にも自家山林に通って施業を行っておられましたが、間伐作業中の事故でお亡くなりになりました。その後も自伐林家の死亡事故が発生しました。

今回の取材では、痛ましい事故を繰り返さないという言葉を多く聞きました。枝が多く付くヒノキの初回、場合によっては2回までの間伐は列状間伐を推奨するようになりました。労働安全と収益性を考えた上での選択だといえます。

第4章

自伐（型）林業の人材育成・継承
──後継者、新規参入者

埼玉県　飯能市編1

企業・社会が注目する自伐型仕事スタイル①

自伐型林業者の人材力に企業が注目
地域在住エンジニア業務を委託へ

旅の記録

林業とはまったく縁のないメーカーが自伐型林業の研修事業を始め（2016（平成28）年）、すでに75名が修了しています。自動ドアの生産・販売を行う日本自動ドア㈱（吉原二郎社長）です。なぜ林業か、なぜ自伐型なのか。同社が所有する山林の事業活用化というだけではありません。自伐型林業者の人材力に注目し、同社メンテナンスを担う地域エンジニアに育てたいと同社はいう吉原社長の人材活用哲学がそこにあります。

企業は自伐型仕事スタイルをどう評価しているのか、話をお聞きしました（2017年5月取材）。

林業事業立ち上げのねらいとは

2016（平成28）年にスタートした自伐型林業の人材養成研修「地球のしごと大學・自伐型林業家養成学部」は、チェーンソー伐倒や道づくりなどの自伐林業の基礎を学ぶ、実践的連続講座です。講義はNPO法人自伐型林業推進協会（中嶋健造代表）が担い、研修施設や機械等を日本自動ドア㈱が提供しています。研修を企画運営する㈱アースカラー（高浜大介代表）や具体的な研修内容については、次節でご紹介するとして、まずは、なぜ自動ドアの会社が、林業の人材育成に取り組んでいるのか。東京都中野区の日本自動ドア㈱本社に、吉原二郎社長を訪ね、その疑問からインタビューは始まりました。

日本自動ドア株式会社

概要
本社所在地：東京都中野区
創業：1966（S41）年
資本金：1億8万円
株式：非上場
従業員数：220名（2016（H28）年3月現在）
代表取締役社長：吉原二郎氏
営業品目：自動ドア開閉装置（店舗・ビル）、特殊自動ドア装置（家庭・産業）、防犯警備機器・強化ガラスドア等
売上高：23億8,950万円（2016（H28）年）
経常利益：5,700万円

特徴
自動ドアを通じた5つの価値（感染症予防、バリアフリー、省エネ、セキュリティー、災害対策）の向上を目指した事業を行いつつ、社員の成長意欲と同社の独自性の確立を目指した経営を行う。

吉原 弊社では、社員教育の一環として、稲作を研修に取り入れたいと、㈱アースカラーが行っている稲作体験会にも参加しています。そういった中で、（自伐研修を運営するアースカラーの）高浜代表の「一次産業の人材育成」というミッションに共感し、弊社が飯能市に持っている所有林と社員研修所を、林業研修の場として提供したいと申し出ました。

佐藤 研修の参加者も多いと伺いました。

吉原 民間企業が実施していますので参加費は8～10万円（1泊2日×4～5回。定員15名）いただき、講師代などを除いた利益は、アースカラーと折半しています。しかし、それだけではやっていけませんので、林業を本業にも活かしたいと、国産材の自動ドアを自社で製造することを決断しました。使用する材は、自分たちで伐った木を使うことを目標にしています。

佐藤 自動ドア用の建具材でしたら、乾燥が重要にな

りますね。

吉原　はい、そこに一番力を入れて研究しているところです。森を育てて木を伐って、木製の自動ドアを製造して、また植えるという、持続可能なサイクルのビジネスモデルをつくりたいと考えています。

日本自動ドア㈱の吉原二郎社長と著者

佐藤　自伐型林業研修のプログラム内容について、どのようにお考えですか？

吉原　現在は、材の伐採から搬出までを行っていますが、今後は、乾燥、製材、木工などのプロセスを全て研修でやっていきたいと考えています。そのため、製材機も設置します。日本は、作る会社、売る会社、修理する会社と分業が進み過ぎています。弊社は自動ドアを自社で作って修理しているので、お客様のフィードバックも得やすく、それが商品開発に繋がっています。一社貫徹でやるというわが社のポリシーは、大変ではありますが、やり甲斐と高い利益率を生んでいます。そこは、自伐型林業のコンセプトに似ているように思います。

自伐型林業者を地域在住のパートナーエンジニアに

佐藤　自動ドアのメンテナスの仕事と自伐型林業とを組み合わせて、農山村で暮らしが成り立つ収入の仕組みを考えられていると伺いました。

吉原　今までに全国に約20万台の自動ドアを設置しました。自動ドアは故障したら、その日のうちに修理するのが基本です。また、設置した自動ドアのうち定期点検契約を結んだ1万数千台は、年に2回の点検が必要です。それらをカバーするための拠点が全国に26カ所ありますが、現在の自社社員だけでは限界に達してきました。そこで、作業を委託する契約者（パートナーSE）の育成を図っています。

佐藤　そのパートナーSEの契約を自伐型林業者と結びたいと。

吉原　はい。全国に自伐型林業に取り組みたいと考えている方が多くいるが、山を持っていない人もいるし、林業収入だけだと不安定だという話も聞きました。だったら、地方に雇用をつくり副業を生み出して、両者が上手くいく形になればと考えました。林業家の方はその地域の暮らしに溶け込んでいますから、地域施設の点検にも行きやすいと思います。我々も、営業所をつくって正社員を雇用するのは負担が大きいので、住んでいる方が弊社の作業着を着て点検に行っていただくのが一番良いのではないかと思います。

佐藤　ベーシックな収入があると、自伐型林業での生活も安定すると思います。例えば月に5万円の定期収入を得るためには、どのくらいの仕事量でしょうか？

吉原　自動ドアの定期点検を1件請け負うことで約5000円の収入と考えると、10件で月に5万円の収入になります。1件の点検にかかる時間は約40分程度です。点検は、自分でアポを取って計画を立てて訪問すればいいので、10件ならまとめれば3〜4日で終ります。林業の繁忙期などは、自分のペースで日程調整ができるメリットがあります。

佐藤　自伐研修と自動ドアの研修をセットにするご予定は？

吉原　自伐研修の後に、自動ドアの研修を受けていただくことも考えています。自動ドアの研修は点検技術のみでしたら2週間程度。施工や販売までを行うなら3〜4カ月かかります。自伐研修の修了生で、すでにお1人、パートナーSEを希望されている方がいます。あと10名くらい（パートナーSEの）契約を結べば、全国くまなく人員が配備できるところです。

企業経営の持続可能性を高める林業の役割

佐藤　企業が林業に取り組む意義について、どのようにお考えでしょうか？

吉原　経営の多角化を考えている企業は多いと思いますが、自然環境を活かした事業に軸足を1つ持っていると、経営は安定するのではないかと思います。我々のようなハイテクで変化の早い本業に加え、自然環境を良くしながら商品化するような持続可能な事業を持つことは大切ではないかと。その中でも林業は、社有林のある企業も多いので、その気になれば、事業化するのは早いと思います。

佐藤　社員の方のメンタルヘルス的な意味で価値もあるかと。

吉原　木や自然環境に触れるのは、とても効果があると思います。それに自然環境に貢献していることが実感できるビジネスは、やり甲斐が全然違うと思います。

旅の考察ノート

飯能の日本自動ドア㈱の研修施設を訪ねると、入り口の門には「自動ドア技術学院」と共に「地球のしごと大學　自伐型林業家養成学部」の看板が掲げられていました。研修施設内の壁にはこれまでの研修修了生の集合写真も掛けてあります。

コンビニエンスストアや病院など、私たちの日常生活に欠かせない自動ドア。その製造企業がなぜ林業、しかも自伐型林業に関わっているのか。吉原二郎社長の話は多くの示唆に富んでいました。

なぜ林業か～ものづくりを一貫させる～

日本自動ドア㈱は自動ドアの開発、生産、施工、保守・メンテナンスまでを一貫して行っています。近年、自動ドアには、冷暖房効果をできるだけ逃がさないような開閉や車いすで出入りできるように介護施設には自動ドアが必須など、さまざまな社会ニーズがあります。

同社は、「コア・パーパス（社会的存在意義）とコア・バリュー（中核的価値）を軸とした人間主義」を掲げる特色ある企業です。自社の技術を活かして、いかに社会貢献ができるかという問いの中にビジネスチャンスを見つけ、そのことが社員の仕事への誇りや、モチベーションにも繋がっています。

当初は社員教育として農業を取り入れていましたが、2015（平成27）年から林業との関係を一気に広げています。西川林業地の中心地、飯能にある研修施設に隣接して森林を有しており、林業は自社の自動ドア生産にも繋がる部門として位置づけられています。将来、社有林の材を伐出、製材、加工して木製自動ドアを作ることを構想中です。生産の過程を分業せずに、「一社貫徹する」という方針です。

林業に取り組む理由を取り引きの金融機関からも問われるそうですが、吉原社長は、自動ドアは建具の一部であり、建具はもともと木製だったこと、そして木製自動ドアにはあたたかみや重厚な入り口を、といった根強い需要があるという説明をしているとのことでした。また、木材を利用することが森林を循環させることにも寄与するといった「価値を見極めて、表現することが企業の差別化に繋がる」という意味づけもなされていました。

今後、研修できる森林を拡大し、西川林業の活性化の一翼も担いたいと、社有林の拡大も計画しています。

日本自動ドア㈱研修施設入口にある看板

日本自動ドア㈱が自伐型林業研修用に提供している同社の研修施設と隣接する所有林（写真右側）

異なる時間軸を企業経営として交差させる

また、最先端の技術を追求する企業が、林業部門を組み込むことは、経営の多角化、社員のメンタルヘルス、社会貢献意識を実感できるという意義があるとのことでした。時間軸の異なる部門の交差ともいえ、社会貢献型、人材活用型の企業にとっての林業は相性が良いと感じました。

なぜ自伐型林業か～人材力への期待～

さらに、吉原社長の話は、自伐型林業の新たな可能性を示唆するものでした。自動ドアのメンテナンス作業の担い手としての期待です。

考えてみると、農山村でも、高齢者介護施設やコンビニエンスストアなど自動ドアの需要があります。定期的な保守・点検、故障した時にすぐに駆けつけて修理ができるメンテナンス要員の配置まで考えなければ自動ドアを普及することはできません。

メンテナンス業務を担当するエンジニアの1人1人が、きめ細かなサービスを行うことは企業価値を高めることになります。同社のホームページによると、メンテナンス業務のエンジニアは「自動ドアのお医者さん」だとも紹介されています。

パートナーSEは委託契約とはいえ、自動ドア㈱の作業着を着て、専属的なエンジニアとしての位置づけであり、会社の顔になります。その担い手に自伐型林業者の人材力が期待されているのです。「人任せにせずに、まずは自分でやる」「現場現場の状況を自分の頭で判断して行動する」「技を磨き、日々の仕事を丹念にこなす」といった自伐型林業者に求められるスキルともマッチしているといえます。

自動ドアの作業は、使う工具が林業と似ているとのこと。メカが好きで、脚立にのって力作業を厭わない人は向いているとのことでした。

自伐型林業を支える副業の広がり

自伐型林業者、特に都会から農山村へ移住して自営で林業をしたい若者にとって、自動ドアをメンテナンスする仕事は、一定の収入が見込める副業になります。故障修理の場合は突発的な対応が必要ですが、保守・点検は働く時間を柔軟にアレンジすることが可能です。

また、コンビニや病院などへ定期的に顔を出して点検をすれば、地域に溶け込むきっかけづくりにもなります。日本自動ドア㈱のパートナーＳＥとして、定期的に訪問することで顧客との信頼関係を築くことができ、山林確保の情報を得ることに繋がるかもしれません。

企業にとって、雇用者をフルタイムで雇うほどの需要が見込めない農山村での業種が他にもあるのではないでしょうか。そうした場合、自伐型林業との複合的なライフスタイルを提案することで、企業にとってもビジネスチャンスが広がります。

日本自動ドア㈱では、地元に住む自伐型林業者に副業を提案しながらパートナーＳＥを増やすことができれば、介護施設などで需要が増えている農山村に自動ドアをさらに普及することができるとのことでした。

スピード感のある展開

ＮＰＯ法人自伐型林業推進協会（講師派遣）と㈱アースカラー（研修運営）、日本自動ドア㈱（研修場所の山林と宿泊場所の提供）がタイアップした「自伐型林業家養成学部」林業プログラム。林業研修の後に、希望者が自動ドア研修も受講できるようにする計画です。これまでの行政主導の林業研修では思いつかない発想です。

そして、林業研修の開始から2年目にして、すでに80人が修了という、スピード感があります。研修の費用は参加費で賄われています。どのような研修が行われているのかは、次節で紹介します。

吉原社長のインタビューを通じて、企業も注目する自伐型林業の磁場の広がりを強く感じました。

埼玉県　飯能市編2

企業・社会が注目する自伐型仕事スタイル②

自伐型林業＋副業の自営スタイルで働きたい
――若者たちの非雇用型指向

旅の記録

雇用とは違った形で、林業を自分の仕事としたい。それも自伐という自営スタイルへのあこがれを持って。前節で紹介した企業による自伐型林業研修の受講者はそんな人々です。社会全体の仕事観、働き方も変わろうとする今、なぜ自伐自営を目指すのか。林業界というより、社会が自伐型仕事スタイルの価値を求めているのかもしれません。自伐型林業研修を企画・運営し、地域への繋がりを支援する人材育成側の方々に話を伺いました。

自伐型林業家養成研修の内容

「ホワイトカラーでもブルーカラーでもない地球と共生する職業人材『アースカラー』の育成・輩出」を経営目的に掲げる㈱アースカラーは、自伐型林業を「個人の幸福度を高め、社会の問題を解決する仕事」として捉えています。自伐型林業家養成研修の企画・運営を行っているアースカラーの高浜大介代表（37歳）と、自伐研修の担当スタッフ田中新吾さん（31歳）に話を伺いました。

佐藤　日本自動ドア㈱と自伐研修をするようになった経緯は？

高浜　当社の事業に理解をいただいていた日本自動ドア㈱の吉原社長に、「自伐型林業はいいですよ」と、2年ほど前に僕が紹介しました。日本自動ドアは飯能に所有林も宿泊可能な研修施設もありましたし、飯能は西川材の林業地として名高いので、林業で地域再生に繋げたいとの思いもあって、2016（平成28）年の2月から自伐研修プログラムを始めました。

佐藤　受講料が8～10万円だそうですが、それでも受講者が多いのは関東圏での開催だからでしょうか。

高浜　たぶんそうだと思います。自伐に関するフォーラムを東京等で開催すると、100名くらいの受講者があり、そこで自伐研修への参加を呼び掛けると、多くの希望者の手が上がります。

佐藤　自伐研修の内容と成果については？

高浜　研修は、伐出、作業道づくりなどの8～10日間のプログラムですから、ゴールは「自伐型林業がどういうことをやっていくのか、一通りのことがわかる」というところまでです。研修に参加して、これから自分が本当に自伐型林業ができるのかを判断する場にもなっています。一方で、Iターンで島根県津和野町に3名、岩手や気仙沼でも自伐に取り組み始めた修了生もいます。

佐藤　研修を見学して、受講者のモチベーションが高

地球のしごと大學・自伐型林業家養成学部

㈱アースカラー、日本自動ドア㈱、NPO法人持続可能な環境共生林業を実現する自伐型林業推進協会（以下、自伐協）の3者が連携して2016（H28）年2月より実施している自伐研修。

チェーンソーの基礎操作、伐木、造材、搬出、作業道敷設などの実技を中心に、林業経営の講座や研修生の個人カウンセリング等を実施。1泊2日×4～5回の連続講座を年2回開催。参加費は8～10万円。修了生80名（2017（H29）年5月現在）。

企画・運営は㈱アースカラー、研修・宿泊施設や機械等の提供は日本自動ドア㈱。講師は、自伐協の中嶋健造代表、岡橋清隆氏（奈良県吉野町）、菊池俊一郎氏（愛媛県西予市）、山口祐助氏（兵庫県篠山市）等が担当している。

いと感じました。

田中　研修後には、林業技術のディテールを学ぶことに特化した少人数制のフォローアップ講座も実施しています。また、自宅でもう一度見直す補助教材として活用いただくために、講座内容などの動画をフェイスブックにアップしていますし、修了生から質問があれば、私が講師に繋いでいます。

㈱アースカラーの高浜大介代表と著者

自立自営志向が自伐型林業に向かう

佐藤　田中さんご自身もこの研修の第1期生だと伺いました。以前は何をされていたんですか？

田中　企業や法人に対するマーケティングの仕事をしていたんですが、消費意欲を掻き立てるような仕事に魅力を感じなくなった頃に、高浜さんに出会ったんです。僕はもともと大学で建築と土木の勉強をしたこともあって、林業に興味がありました。特に自伐は林業の6次産業化ができるのが面白いと感じました。これからの時代は、働き方として自立自営する人が増えていくと思っています。その中で、自伐の一から百まで自分でやるというところに、仕事の本質性を感じたし、自伐を目指す人の集まりが、林業を変えていくんだろうなと直感的に感じたんです。

佐藤　１９６０年代、70年代の学生運動の時代とは違い、社会への視点は暮らしがベースとなっているんですね。

田中　将来、ＡＩ（人工知能）が発達してきたら取って代わられる仕事も多いと思います。でも1次産業はマニュアルもないし、経験で受け継いでいく、難しいけどやり甲斐のある仕事です。これからはそういう、

1次産業がフィーチャーされるんじゃないかなと思います。

実践経験の豊富な講師の力

佐藤　自伐研修の受講者に傾向はありますか？

田中　受講者の3～4割は移住を決めているとか、この自治体の自伐の事業に参加しようというような具体的なプランを持っている方。あとは、副業や兼業に魅力を感じているとか、自分の実家に山があるというケースが多いです。30～40代がボリュームゾーンです。

㈱アースカラー自伐研修担当スタッフの田中新吾さん

佐藤　今後の課題については？

田中　お試しでこられている方も少なからずいるので、そういう方が、4～5年かかってもいいので林業に転向してもらえるような、そういう中長期的な視野で継続的にフォローをしていくことが必要だと思います。スキルを高めたいとか山を持ちたい、仲間を探したいといったニーズに細かく対応していきたいです。

佐藤　講師については？

田中　素晴らしいですね。スキルだけではなくて世界観づくりとかコミュニケーションも上手ですし、トップレベルです。そこに集約されている内容は、目から鱗の内容で、受講者の満足度は高いと思います。

旅の考察ノート

「自伐型林業」を推進するNPO法人「自伐協」が主催するシンポジウムに参加すると、若者たちの参加が多く、熱気に圧倒されます。この熱気を一過性のものではなく、実際の就業に繋げうるのかどうか。今回、研修を自伐型林業家養成講座の研修現場に立ち会い、研修を企画運営する㈱アースカラーの高浜大介代表と林業研修を担当する田中新吾さんのインタビューから、自伐型林業が社会的に注目される時代状況と研修のあり方について考えてみました。

「地球のしごと大學」が目指す「しごと」のあり方

㈱日本自動ドア社有林での林業研修は、㈱アースカラー主催の「地球のしごと大學」の「自伐型林業家養成学部」という位置づけです。2010（平成22）年設立の「大學」では、都会で働く社会人を対象とした各種の講座や農山漁村での体験的な学びを提供しています。一貫したテーマは、稼ぎ中心になってしまった現代社会の「しごと」のあり方を「暮らし、稼ぎ、務め」のバランスのとれた職業にシフトさせることです。

高浜代表にそうした考えに及んだ理由を伺ったところ、ご自身、国際物流企業、人材育成のベンチャー企業で働く中で、対症療法では解決できない都会の病理に気づき、根本的解決を考えると農山漁村の暮らしに行き着いたとのことでした。

仕事の価値観が変わる中での自伐型林業

研修第一期生の田中さんも、流通マーケティングという企業社会の最先端で働いていました。自伐型林業家養成研修は会社勤めの傍ら手伝っていましたが、2017（平成29）年5月に会社を退社し、アースカラー社員として林業研修を担当しています。ただし、田中さんは、出身地の入間市で地域おこしにも携わりたいと、アースカラー勤務は週2～3日で、自らも複合的な働き方を目指しています。

経営者以外の仕事はロボットやAI（人工知能）で置き換わるという技術革新の波が押し寄せています。仕事の価値観が変わる時代の到来を予知した若者が、人に雇われるのではなく自立自営でき、自然環境に働きかけるやり甲斐のある仕事として自伐型林業を注目しているのだ、と感じました。

固定的な研修の場として

自伐協の研修は、これまで自治体やＮＰＯ法人会員の要請に応えて、各地で実施されてきました。それに加えて、埼玉県飯能という関東圏に固定的な研修の場を得たことは、自伐型林業を広げる大きなステップになります。仕事を辞めていきなり農山村に飛び込むのではなく、林業を仕事とすることの向き不向きを判断する、体験の場としての意義もあります。

そして、自伐協と日本自動ドア、アースカラーの三者が連携することで、満足度の高い研修になっています。まず、物理的に研修施設と森林が隣接し、座学と宿泊が可能な施設がある立地環境です。夜はグラウンドでバーベキューをして、懇親が深められ、同期研修者の仲間意識も高まります。

宿泊・研修施設の前で集合写真。研修を通じて仲間意識が高まった

自然をみる観察眼、路網計画の考え方など、含蓄に富んだ講師（岡橋清隆氏）の説明に耳を傾ける参加者

技能プラス人生観を伝える講師陣

今回、2日間、作業道研修とカウンセリングに密着し、研修生からも話を伺いました。研修参加の動機はさまざまでしたが、講師陣に対する高い評価は共通していました。

技術指導は研修の日程が限られているため、安全な機械の使い方と基本技術のマスターまでです。しかし、「樹木、風、土など自然をみる観察眼、路網設計の考え方、機械の取り扱い方など1つ1つの説明が含蓄に富んでいる」、「余裕があって、人生の機微まで感じられる」と、講師の魅力を参加者から伺いました。林業経験がほとんどない参加者に対して基礎技術を教えつつ、林業の奥深さ、愉しさまで伝えられていると感動しました。

自伐（型）林業は単純にマニュアル化できない仕事であり、さまざまな環境条件を自分で判断・選択しなければなりません。都会の企業で働く多くの参加者にとって、身の回りの日常的な仕事とは違って、常に時間感覚を持って判断・選択が迫られる仕事のあり様が格好良く映るのではないでしょうか。もちろん講師陣の個人的な魅力も忘れてはなりません。

経営カウンセリングと修了後の継続的な支援

さらに、参加者の満足度を高めているのが、中嶋代表が研修者の現状と要望に耳を傾け、助言するカウンセリングです。研修参加の動機、どこで林業を始めたいのか、山林確保の有無、地域の森林状況と市場条件、副業の可能性など、アドバイスが続きます。特に、この数年間、全国を歩いて得た情報を元に、自伐型林業を支援する自治体名、相談すべき近くの自伐型林業者の具体名が立て続けに出てくる記憶力、個別具体的な課題に対して複合的な情報を組み合わせた回答には驚きました。中嶋代表によると、「点的な存在だった自伐型林業者がどこでも線で繋げられるようになった」とのこと。実際に、カウンセリングを通じて、移住決意を固めた研修生もいます。

カウンセリングの場には田中さんが同席し、パソコンに相談内容の情報を入力していました。相談内容をデータベース化し、すぐに就業に結びつかない研修生についても継続的に相談できる体制を整えています。こうしたアフターフォローは、「参加者からお金をいただいており、本自伐研修を他の林業研修と差別化するためにも必要」、とのことでした。

技術講習のステップアップと自治体との連携

以上のように、自伐型林業家養成の研修には、向き不向きを判断する体験の場、技能プラス人生観を伝える講師陣、個別カウンセリング、継続的に相談できる体制など、これまでの公的な林業研修とは異なる特徴がありました。これらは林業労働力の養成とは異なり、自立自営

自伐型林業家養成研修　見学レポート

取材した日のカリキュラムは、宿泊施設に隣接する、日本自動ドア㈱の社有林での道づくり研修（講師／岡橋清隆氏）。それと同時進行で、受講者1人1人に、平均30分ほどのカウンセリングが行われていました。カウンセラー役は、中嶋健造氏（自伐協代表）。その横には、受講者たちとのやり取りを丹念に記録している田中新吾氏が控えていました。

この日の受講者は、40歳までに転職を希望するITエンジニア。林業に憧れながら、他業種に就いた30代の男性。田舎暮らしを求めて移住した30代の女性。すでに林業での地域おこしを試みている自伐型林業者。祖父（70代）の住む山間地での自伐を検討している都市在住の父（50代）と息子（30代）など多様です。彼らからの「山林はどうしたら確保できるか」「地域の広葉樹をどう活かせば良いか」などの質問に対し、参加動機や生活背景などの聞き取りをしつつ、時にはパソコンを開いて受講者の地元の山林資源や施業の様子を衛星画像（グーグルアース）で俯瞰しながら、話を進める中嶋氏。自伐型林業支援に力を入れている自治体名、都市との距離や原木市場の有無などから考えられる流通・販路の可能性、近隣地域のキーパーソン、観光業等の副業の選択肢など、全国を回って得た知見や人脈などの豊富なストックを次々と開きながら具体性のあるアドバイスを展開していました。

受講者のカウンセリングを行う中嶋健造氏（左）と田中新吾氏（中央）

の能力を養い、地域参入へと繋ぐ仕組みの工夫ともいえます。

今後の自伐型林業研修の課題として、技能向上を目指す修了生への少人数制でのステップアップ研修の開講、そして自伐型林業者の受け入れを希望する自治体との連携が挙げられました。その2つが実現できれば、自伐型林業をさらに広げる道筋が具体的になると感じました。

研修時の楽しい雰囲気、受講者の真剣な眼差し、そして研修を黙々とサポートする田中新吾さんの姿がとても印象的でした。

奈良県　吉野町　岡橋清隆氏インタビュー編1

岡橋清隆氏に聞く　自伐型林業の人材育成①

信頼され、寄り添う存在へ
――現代版「山守」への期待

旅の記録

吉野林業の代表的林業経営者の1人である岡橋清隆さん。自伐型林業を目指す若者たちの現地指導に年間70日以上も歩いています。経営や道づくり、1人1人へのアドバイスなどを通じて、彼らの独り立ちを支援しています。なぜ吉野林業の創業家である岡橋さんが自伐型林業を支援するのか。

実は、吉野林業と自伐型林業には「山守」というキーワードが共通します。ただし、伝統的山守ではありません。森づくり・道づくりの信頼される技を磨き、地域に住み、高齢の山主さんたちに寄り添って生きる「現代版山守」。そんな存在になってほしいという自伐型への期待が込められています。奈良県の岡橋さんを訪ね、話を伺いました（2017年12月取材）。

講師として自伐型参入希望者の教育活動に取り組む

佐藤　道づくりの講師として、これまで年間70日以上、全国に行かれているそうですが、きっかけは？

岡橋　２０１５（平成27）年の5月に、津和野町（島根県）の地域おこし協力隊の方が、来られたのが最初です。それ以降、あちこちに出向くようになりました。自伐型林業を目指す人たちにとって道付けが、林業で生きていけるかどうかの一番大事なポイントだと理解されているようです。

佐藤　岡橋さんの人生にとっても、急展開だったのでは？

岡橋　そうですね、思ってもいませんでしたが、講師をやらせてもらえて幸せです。私は、大橋慶三郎先生に多くの教えを受けました。自分には、それと同じようなことは、まだ無理やと思うんですけど、受けた恩義を返す気持ちでやっています。

佐藤　研修では、作業道のコース選定もされていますね。

岡橋　路線を見るのは、きついですね。失敗したら、それが道として残るので。台風が来たら心配で、しんどくて、かなわんなという気持ちになります。

佐藤　山の条件はいろいろですが、道づくりで共通して教えていることはありますか。

岡橋　基本は全部同じです。無意味な勾配の道や出材だけを考えた路線は付けてほしくないですね。それと、維持管理のいらない道をつくりなさいと言っています。撫育する自伐型には大橋式の道が必要やと思います。木をたくさん出すと値が下がりますから、少しずつ間伐して出していくというのが一番良いでしょうね。

佐藤　地形にもよるでしょうが、作業道を付ける場合は最低で何haくらいあれば良いですか？

岡橋　1haあれば十分やと思います。仮に5反でも、できんことはないです。面積の広さはあまり関係なくて、重要なのは林道からのアクセスです。

現代の山守への期待
――信頼、寄り添うこと

佐藤　自伐協代表の中嶋健造さんが「自伐型林業は、施業した山林を継続的に責任を持って管理する『山守』である」と言われていました。それを聞いてどう思われましたか？

岡橋　吉野の山守制度とは、ちょっと違うけれど、中嶋さんの考えはるような山守さんがいてくれたら、山主にはええやろうなと思いました。地元に住んでいる人が山を管理するのはええなと。１回の儲けだけを考えて良い木ばかりを伐る間伐とは違い、次も次もその山を任せてもらうという施業ですから、当然、木の伐り方も出し方も丁寧になりますのでね。

佐藤　山を所有していないけれど林業をやりたいという方が多くいることについては？

岡橋　山を持たずに林業をするのは、事業体などの作業員になるしかなかったんですが、それは、Ｉターンで林業をやろうとしている人たちの望むスタイルではなかった。そこへ自伐型林業で山守になるという考え方が出てきた。もちろん、他所から来た人がいきなり山守にはなれないと思います。そこで大事なのは、どうやって地域に溶け込むかなんですが、それは個人の資質に左右されます。しかし、施業で信頼を得ることは努力したらできます。山の価値、個人の財産の評価を上げる努力が山守の仕事ですから、まず施業で山主の信頼を得ることは絶対せないかんことですね。

佐藤　施業の次に必要なことは？

清光林業㈱相談役の岡橋清隆さんと著者

岡橋　地元に深く関わっていくことですね。地方は高齢者が多いですから、その人たちの精神的な支えになって、何かあったらすぐに飛んで行くような存在になってほしいなと。言うなれば、福祉的な役割ですね。山だけの付き合いだったら、いつか、ええ木から抜くようになるかもしれません。でも、そこに人の顔が映っていたらそうはいかんと思います。

佐藤　現代版の山守の福祉的な役割とは、どういうことでしょうか？

岡橋　大きな山主としては境界確定や見回りをしてくれたら、それはありがたいでしょうね。でも、特別何かしなくても、農山村では居るだけで福祉です。例えば、川端君（高知県本山町の元地域おこし協力隊員。本書、高知県本山町編2／201頁で紹介）は、完全な福祉ですね。彼は地元の人に、いろいろなことを教えてもらっていますが、聞かれた相手は嬉しくてしょうがない。何か難しいことをするのではなく、話し相手をする。それが福祉やと思います。

佐藤　自伐型林業が福祉的な役割を担うという視点は新鮮ですね。

小規模ならではの経営優位性とは

佐藤　林業経営といった面からみた自伐の特徴をどのように考えておられますか？

岡橋　今の林業は、近代化というより大型化を目指していますが、日本の山で大型化というのは、リスクが高いと思います。師の大橋慶三郎先生も、肩の荷は軽くしないとだめだと言っていました。一方、山守型、

岡橋清隆さん

吉野林業地で代々山林を経営する清光林業㈱相談役（創業家／所有林1,900ha）。吉野林業再生のためには路網整備が必要と考え、兄の清元氏と共に、1980年頃より大阪府指導林家の大橋慶三郎氏に師事し、自ら道を敷設して技術の研鑽を重ねた。現在、「NPO法人 持続可能な環境共生林業を実現する自伐型林業推進協会」（以下、自伐協）の講師として、全国で道づくりの指導を行っている。

自伐型林業は小型化なんです。大橋式の道があれば、簡単な機械でできるから個人でもできるんですね。そういう森林資源を活用する個人が山村に増えれば、自治体としても人口維持が期待できます。地域によっては、山主さんが自分の所で従業員を抱えてやる時代は終わるんやないかと思います。これからは、自伐型の人をまとめて、作業を任せていくという形になるでしょうね。

佐藤　自伐型林業への期待は大きいですね。

岡橋　日本の林業は、山主による自伐が一番採算の合うやり方やと思います。ただ、所有林を持たない人がいる。そういう人には、自伐型林業という存在が生きてくる。山主さんに金銭的な負担をかけずに、山の木と補助金で経営し、山の価値を高めるのが自伐型林業の人たちで、それがそのまま山守になっていくことを期待しています。大きな山主さんの所に入って行ったら、それで自伐型の人はやっていけると思います。ただその条件としては、山主に金銭的な負担をかけさせない技が必要ですね。

旅の考察ノート

自伐林業をめぐる旅でこれまでさまざまな地域を訪問しましたが、行く先々で岡橋清隆さんの足跡がありました。道づくりの研修を受けた受講者のリスペクト（尊敬）感が強く、いつか、じっくりとお話を伺いたいと思っていました。今回ようやく、その念願がかないました。伝統ある吉野林業の重鎮である岡橋さんが、自伐型林業の何に共鳴して活動されているのかをお尋ねしました。

技術の伝承者としての生き甲斐

第一は、岡橋清隆さんが自伐型林業の研修に熱心な理由です。

きっかけは、島根県津和野町の地域おこし協力隊員への研修でした。協力隊員のほとんどは林業経験がなく、山林を所有していません。林業への就業を条件に地域おこし協力隊員を募集している同町では、協力隊

2年目に、清光林業社有林に隊員を派遣して10日間、その後、1週間の津和野での研修を年に3回実施しています。作業道づくりの技術研修と踏査研修の他、座学で森林経営の講話も行っています。

岡橋さんは、踏査研修をすると作業道が形として残り、雨の度に心配になると言いつつ、2015（平成27）年以降、自伐協での作業道講師として精力的に活動を続けています。北海道から九州まで、全国20カ所をくだらないとのことです。そこには、若者が自伐型林業で生計を立てていくためには道づくりの技術は必須、という信念があります。加えて、技術と経営理念を次の世代に伝えたいという伝承者としての使命感であり、生き甲斐なのだと思いました。

吉野林業の山守制度と自伐型林業の親和性

第二に、私が特に伺いたかったことは、自伐型林業と吉野林業の山守制度とどこで結びつくのかという点です。

山守制度は、吉野地方で歴史的に発達してきた制度です。村内者が植林した山を村外の資産家に販売して、自分は山守となり、資産家から委託を受けて管理を行いました。施業は山守が村内の労働者を雇用して行うのが通例ですので、自ら施業を行う自伐型林業と同じではありません。

しかし、山主さんとの信頼関係を築き、長期にわたって固有の森に関わり続け、その地で暮らす。そこに、山守制度と近年の自伐型林業の親和性があります。Iターンで自伐型林業を目指す若者たちを現代版山守と位置づけて、その育成に熱心に取り組まれています。依頼を受けると全国どこでも出かけて研修を担当している岡橋さんですが、山守さんの世代継承が難しくなっている吉野地方においても現代版の山守を育成したいと模索しています。

福祉という新たな自伐の評価軸

第三に、Iターン者が自伐型林業に参入し、山林を確保するための条件についてです。

作業道の作設と間伐で赤字を出さないような技術力

を磨くというのが第一です。さらに、山主さんとの信頼を得るためには、親身になって話を聞き、時には困っていることを手助けしてやるくらいの関係性を築くことが必要だとのことでした。それは福祉的な意味を持っているのではないかとのこと。林業の話の中で、福祉という言葉が出てきたのがとても新鮮でした。これまで自伐林家を評価する研究者は、環境保全の視点、若者の定住という地域政策視点、地域経済の内部循環の視点などから論じてきましたが、福祉という切り口があったのかと感銘を受けました。自伐（型）林業の新たな評価軸です。

そう考えると、地域に住む自伐型林業の若者たちが高齢所有者の話を聞くのは見守りともいえますし、病院への送り迎えや買い物の手伝い、風呂用薪として間伐材を供給するなど、さまざまなことができそうです。近年、農業分野では農福連携が施策化されてきていますが、現代版の山守＝自伐型林業と福祉関係者がタイアップすると、新しい仕事づくりにも繋がる可能性があります。

昨今、森林所有者の責務を定めて、その責務を果たさないからと所有者から経営権を剥ぎ取るような、北風の政策が提唱されるようになっています。しかし、植林と下刈りに汗と涙を投じて山を育ててきた高齢者に寄り添うような、温もりのある関係づくりと快く施業を任せてもらえるような関係づくり、といった中にも自伐型林業の可能性があるのだと思います。福祉という言葉からあれこれ連想して、考えてみました。

自伐（型）林業の経営的な優位性について

最後に、自伐＝小規模林業の経営的な評価についてです。

岡橋さんは、大規模林業は災害の多い日本ではリスクが高く、荒い作業が広がりつつあると危機感を語りました。自家山林を家族労働力で施業を行ういわゆる自伐林家が一番安定的だと評価しています。そして、大規模森林所有者の場合は、雇用者を抱えて林業経営を行う方向よりも、現代版山守に分散して小型化する方向が経営的に安定するという意見でした。小型化こそが経営リスクを低減し、地域条件に合った堅実な林業だと言い換えることができます。また、林業を目指して移住する若者も労働者としてではなく、自営での生業づくりを目指す傾向が強く、山村人口の維持も期待できるとのことでした。

　このことは、特に役物材を中心に木材価格が下落する中で、山主さんにとっては林業機械や雇用労働費（賃金だけではなく労災関係費）などの固定費を抑えるという意味も持っています。積極投資による規模拡大ではなく、固定費を抑えて堅実経営路線のほうが持続的かどうか、経営問題として継続的に考察して行きたいと思います。そこには、小型とはいえ機械化投資や労働災害のリスクを自伐型林業者がどのように軽減しうるのか、そのための政策支援のあり方など、多くの論点があります。

　吉野林業地では、岡橋さんだけではなく山主さんの中で、山守的な自伐型林業者に分散して委ねたいという動きが始まっています。次節で吉野地域における現代版山守候補の若者の姿を紹介します。

自伐協の作業道講師として全国で精力的な活動を続けている岡橋清隆さん

吉野林業地でも山守的な自伐型林業者に分散して委ねようという意識が芽生えてきている

奈良県　吉野町　岡橋清隆氏インタビュー編２

岡橋清隆氏に聞く　自伐型林業の人材育成②

現代版「山守」を目指す若者たちへの言葉

旅の記録

自伐型林業を目指す若者たちの講師として全国の旅を続ける岡橋さん。彼ら・彼女らの夢、悩みなどに耳を傾け、一方で、地域で生きていくための厳しさを語る岡橋さん。意欲を無駄にせず、成功してほしいという願いがあるからです。

どんな言葉で語りかけているのか。岡橋さんの言葉の奥には、師匠との出会いの記憶が込められていました。前節に続き、岡橋さんから話をお聞きしました。

「林業だけでは飯は食えない」

佐藤　各所で講師をされる際、限られた研修時間の中で、一番何を伝えたいですか。

岡橋　技術的な内容は、２、３日ではとても教えきれないので、私が日頃付けている道がこういうものだということだけは伝えたいですね。研修で大切なのは、技術的なこと以上に、人との繋がりだと思います。皆さんいろいろな方と出会って仲良くなられていますよね。仲間ができることが、これから林業をやる上で生きてくると思うんです。それに私たち（講師）との繋がりもできます。私もいろいろな相談に乗ることができますし、自分に答えられないことは、誰かを紹介することもできます。それが大事やないかと思います。

佐藤　受講生の中には仕事を辞めて、すぐ林業をやりたいと言う方もおられますね。

岡橋　「ちょっと待って、全部ほかすな（放り出すな）、家族とよう相談してよ」と、言いたくなります。これまでも、せっかく（山をやろうと）来てんけども家庭の事情で帰らないといけなくなった人もたくさん見てきました。人生には勢いも大切ですが、もう少し慎重になってもええかなとも思います。僕がいつも言うのは、林業だけでは飯は食えませんよと。これは最初に言わないといかんことです。吉野でも山だけで食うている人はいないですよ。持続可能な山の施業をしても、災害など何かのアクシデントで山を無くすこともあります。山だけに頼っていたらダメなんですね。

大橋慶三郎氏の教え

岡橋　師である大橋先生から、「あんたんところはええ木があって安心しているかもしれんけど、山の木だけに頼った経営をしていたらあかんよ」と、他にも収入の道を見つけろと言われました。大橋先生は、技術以上に林家として生きていくにはどうしたら良いかという、経営を教えてくれた方ですね。

佐藤　岡橋さんが大橋先生に道付けを教えてほしいとお願いされた時に「小農になるなら教えてやる」と言われたと聞きました。

岡橋　それはうちに来られるようになって、ずいぶん経ってからですね。「自作農にならなあかんで」と言われました。僕はその言葉通りに受け止めて、家計の中心にあるものを人任せにしたらダメだと、実際に自分でやらなあかんと思いました。

佐藤　山主さんとして、自ら施業をすることに抵抗を感じませんでしたか？

岡橋　なかったですね。山の経営よりも僕は現場に出るほうが気が楽だったし、変なプライドもなかったし。初めの頃、大橋先生は「あんたらはそこで見とき。やったらあかんで」と言ってました。それが辛かったんです。やらしてほしいのに、じっと見てないといけなくて。でも、ある時期からたまらんようになって先生に黙って道を付けたんです。そしたら後からその道を見て「あっそうか、上手いことできているやないか」と言うんですね。先生は自主的にやるのを待っていたんですわ。それも勉強ですね。

佐藤　岡橋さんが講師をされる時に、大橋先生から学ばれたことが反映されることも多いのでは。

岡橋　うちの山に問題が起きた時、うちの兄貴（清元氏）が大橋先生に電話を入れると、「よっしゃーすぐに見てあげるから待っとき」と言って予定を変更してでも来てくれました。それで、山を見てもらうと「これは心配せんでええで、何とかなる」と言ってもらえて、ものすごく安心したんですね。だから私も同じように、（受講生たちには）何かあったら、すぐに呼べと言っています。

作業道づくりを指導中の岡橋清隆さんと著者

自伐協の研修制度

自伐型林業の技術研修として、チェーンソー（伐木、造材）、搬出、道づくり、林業経営などの指導を行っている。

昨年の研修実績は、全国約34カ所で延べ250日以上、参加者は10～25人／日。

地方自治体や各地の有志団体からの依頼を受けて派遣する講師には、岡橋清隆氏を始め、菊池俊一郎氏（愛媛県）、橋本光治氏（徳島県）、山口祐助氏（兵庫県）など、自伐林家としての高い経験と実績を持つ指導者が名を連ねている。

フォローアップがほしい

1980年代から道付けの指導をされるようになった大橋慶三郎氏。その下で教えを受けた自伐林家たちは「大橋学校」の教え子と言われています。現在、岡橋さん

「岡橋学校」のお弟子さんたち

◆山本成一郎さん（25歳）

出雲市の自伐林家（350ha）の後継者。大学卒業と同時に、岡橋学校で修業を始めて1年目。子供の頃から、尊敬する父の下で山仕事を手伝った経験を持つ。岡橋学校で学んで「自分の家の山で活かせる道付けの技術や判断力をまずつけたい。ゆくゆくは出雲大社で使われるような木を育てたい」。

◆山口能邦さん（37歳）

埼玉県出身。建設業の実家が、ブリケット（人工薪）の製造機を作ったことがきっかけで林業に関心を持つ。林業未経験から研修を始め、他所で施業経験を積みながら、断続的に岡橋学校で研修を続けて4年目。2018年4月から、地元に戻り自伐型林業に取り組む予定。

◆浅川大輔さん（27歳）

吉野の山主である大学の先輩から、「自然環境に触れる仕事が向いているのではないか」と勧められて、今年から山守を目指すようになった。服装は常に和装で通し、「林業だけでなく、着る物や食べる物、住む所などのメンテナンスは自分でできるような自給自足に近い暮らし」を理想としている。

◆山下淳司さん（41歳）

アウトドア（渓流）のガイドをしながら、副業として「山行き（吉野の林業労働者の通称）」を始めて10年目。今年から吉野の山主の下で、新しいタイプの山守として70haの山を預かることとなった。そのために道付けの修業をと岡橋学校へ。「地域資源を活かした副業と林業で、地域に根づく仲間を増やしたい」と自伐型林業への期待も大きい。

の下には4人の若者が研修に来ています。言うなれば「岡橋学校」の生徒たちです。その研修生たちが道付けを行っている現場を見せていただきました。

佐藤　この現場の状況はいかがですか？

岡橋　見えているところだけで道の形にしようとしているから、これでは通行できない道になっています。

佐藤　そういう視点はどうやって身につくのでしょうか？

岡橋　さっきフォワーダで通った時に滑りましたが、そこに違和感を持たないとだめですね。これまで指導した人の中には不器用な人もいっぱいいましたが、最後にはできるようになりました。その自信はありますから、できなくても慌てないことですね。

佐藤　将来的には道づくりだけでなくて、山守となる人材の養成を目指しておられると伺いました。そのためには、技術だけではなくて、交渉力も必要になりますね。

岡橋　それも学んでもらう必要があります。でもここは塾のようにやっているので、「お前はしゃべり方が悪い」といったような縦関係からの指摘はしたくないので、その辺をどうやって教えたらいいのか考えているところです。地域おこし協力隊として自伐型の林業を始めた人などは、社会人経験があるので、その経験を生かしてほしいですね。

佐藤　協力隊の任期を終えて林業者として独立する人も出てきていますが。

岡橋　これからが勝負ですね。彼らのフォローアップ研修を自伐協などでやっていけるといいですね。

旅の考察ノート

全国各地で壊れない作業道づくりを伝授する岡橋清隆さんに会いたいと、吉野の清光林業を訪問すると、個性豊かな若者たちが集まっていました。まさに「岡橋学校」の黎明期、そうしたタイミングでのインタビューになりました。林業を目指す若い人々に何を、ど

う伝えようとしているのかをじっくり伺うことができました。

親身な若者へのアドバイス

岡橋さんの若者たちへのアドバイスは、単に道づくりの技術だけではありません。時には背中を押し、また時にははやる心を抑えるような助言を行っています。自伐型林業が一種のブームとなり、すぐに始めたい、始めたらすぐに儲かるだろうと参入を急ぐ若者も見られるようになっています。そうした場合には、家族との相談を促し、林業以外の収入源を確保して、林業専業になることを避けるように諭しています。

長期スパンの林業には、自然災害や価格変動によって経営環境が大きく変動する可能性があります。できるだけ経営リスクを分散することで、生活を安定化させる、若者の将来を考えた親身なアドバイスだといえます。

常に心に留めて、見守る

路網については、指導して作設した道のことを常に心に留めて、見守るという姿勢が印象的でした。豪雨の後に災害が心配される場合にも、すぐに現場に駆けつけ、安心させてくれた恩師、大橋慶三郎氏の姿から学んだとのことでした。

現在、岡橋さんから作業道開設技術を学んだ若者たちが全国に広がっています。研修の後、参加した若者たちとフェイスブックを通じて、その後も繋がりを保っています。時には画像を送ってもらい、気軽に相談にも乗っているそうです。現代的なツールを用いた見守り方だと思いました。

また、自伐協が実施する研修を通じて、講師との繋がり以上に大切なのが、自伐型林業を志す若者の仲間づくりだということでした。今後は、各地で開催される短期の研修だけではなく、繰り返し練習ができるようにすること。さらに、独立した自伐型林業者が、高い技術を身につけられるようなフォローアップの研修

山口さんと山本さんの２人で開設した作業道で指導する岡橋清隆さん

フォワーダのわずかな横滑りから、勾配修正の気づきを促し、どうしたら良いかを指示

が課題となっています。そうした課題に応えられるように、吉野で長期に作業道づくりを学ぶことができる場として動き出しているのが、通称「岡橋学校」です。

極意を惜しみなく

学校といっても、まだ仕組みが整っているわけではありませんが、すでに岡橋さんから作業道技術を学びたいという若者を受け入れています。前出の山口さんと山本さんは吉野に住んで、清光林業に通っています。今回、２人への指導の現場に立ち会わせていただきました。作業道開設の研修現場は、清光林業が保有する山林と作業道開設を同意されている隣接する私有林です。

研修の講師で全国を飛び回る岡橋さん。留守の間に

2人が開設した作業道をみて、ヘアピンカーブの勾配を修正する箇所と方法について、指導しました。フォワーダのわずかな横滑りから、勾配修正が必要な箇所の気づきを促し、土をどう移動させて均していくと良いかを指示。雨が降った後の水の動きを、山の状況から予想して対処するコツなどを1つ1つ教えていました。

森林づくりと道づくりの極意を惜しみなく、後進に伝えたいという思いが伝わってきました。

新たな山守誕生に向けて

さらに、今回の取材では、技術の研修だけではなく、吉野地方で新しい山守を育てようという動きがあることがわかりました。新たな山守候補に名乗りをあげている山下さんと浅川さんからも話を伺いました。作業道の技術を今年から学ぶという段階ですが、2人ともすでに、吉野地方でも屈指の山林所有者（山旦那さん）と山を預かる話を進めています。

独特の歴史と代々継承される複雑な山守制度がある吉野林業地に、よそ者が参入するのは難しいと思っていました。しかし、吉野地方でも、役物の木材価格が下落した1990年代以降、山守数が激減しています。岡橋家では最盛期に60人をかぞえた山守さんが、現在は2割程度にまで減少しています。そうした中で、新しいタイプの山守さんを養成する必要性が山旦那さんたちにも認識されるようになっているとのことです。

山下さんは、激流で知られる吉野川を舞台にしたラフティングなど、さまざまなアウトドアスポーツを企画・運営する会社を主宰しています。川の源流を辿っていくと山に行き着き、そこでのさまざまな問題に気づき、副業として山仕事を始めていました。川の源である山に関わり、将来的には渓流沿いの山を近自然型の森林にしたいという夢をもっています。

アウトドアでの経験を発信する中で知り合ったのが谷林業の谷茂則さん（43歳）です。約1500haの谷林業の山林を継承し、森の管理と市民に開かれた森の

「岡橋学校」の作業道現場にて（左から４人目が著者）

活用を模索している若手の林業家です。山下さんは、谷林業所有山林のうち五條市にある山林の管理を受け持つ予定です。

　過疎化が進んでいる吉野郡天川村では、谷林業が村の温浴施設の指定管理を受けています。薪ボイラー施設を設置し、「山と温泉共同事業体」という団体を設立。村民に薪を持ってきてもらって、食や健康をテーマとした温浴施設にしたいとのことです。山村の社会課題を解決できるような仕事を創造し、谷林業としても新たな事業の展開を模索しています。

　新たな山守がどのような役割を担うのか、山林所有者と新しい山守さんの間の契約条件など決まっていないことも多い状況です。しかし、山旦那さんの側でも新しい発想で山林を活かす動きが広がっており、自伐型林業者の技術を有する山守さんが求められているということは確かです。吉野林業の新しい胎動を感じつつ、5年後、10年後の4人の活躍する姿をみてみたいと思いました。

　近年、公設の林業大学校設立が相次いでいます。親身な師との出会い、気づきを促すアドバイスの方法、卒業後も相談できる体制など、大いに参考になるのではないでしょうか。

それぞれの自伐（型）林業を

「岡橋学校」で学んでいた山口能邦さんは埼玉県秩父市へ、山本成一郎さんは実家の島根県出雲市へ帰郷し、それぞれの地で自伐（型）林業を始めています。「学校」は、個人名を冠するべきではないとの考えから、「八千代の森」（代表：山下淳司さん）が自伐型林業者の養成を担う、というように現在（2020年（令和2）年3月）は変化しています。「八千代の森」主催の研修は、NPO法人自伐型林業推進協会が主催する自伐型林業家養成校の関西校としても位置づけられるようになっています。

福岡県　八女市編1

「副業＋自伐」の地域人材を育てる①

1人1人の成長伴走型の自伐研修

旅の記録

安全・無災害、林業収入を継続でき（多寡を問わず）、地域の一員としてしっかり根づいてくれる人材となってほしい。各地の自伐（型）研修ではそんな願いが共通しているのではないでしょうか。そうした人材をどう育てるのか。研修手法、仕組みとは。

その答えの一端、ヒントを今回の研修事例から紹介します。福岡県は、県森林環境税での取り組みとして自伐林家育成研修を２０１８（平成30）年度から事業化しています。週末や仕事の合間を活かした副業型の小さな林業で、地域の森林を守る人を育てるというねらいです。８カ月延べ22日間にわたり、マンツーマンで地元講師が伴走して成長を見届ける非常に濃い内容でもあります。

本研修を事業化した福岡県農林水産部林業振興課の三原聡明さん、研修運営者（委託先）であるＮＰＯ法人山村塾の皆さんに話をお聞きしました（２０１９年２月取材）。

自伐林家研修の位置づけ、期待する役割

福岡県では、２００８（平成20）年より森林環境税を導入して荒廃林整備などに取り組んできました。２期

目となる２０１８（平成30）年からは自伐林家育成研修が実施されています。事業を担当する福岡県農林水産部林業振興課の三原聡明さんに話を伺いました。

三原　これまで福岡県森林環境税を活用して整備された森林では、森林の有する公益的機能が回復しつつあります。一方で、森林・林業を取り巻く情勢は依然として厳しく、森林所有者の林業活動だけでは森林が支えられない状態が続いています。

このため、県では、森林の荒廃の未然防止に、地域の森林・林業を支える主体の1つとして注目されている自伐林家の力を活用できないかと考え、２期目の福岡県森林環境税事業の中で、自伐林家の育成に取り組んでいます。具体的には、自伐林家として活動するために必要となる各種技術が習得できる「自伐林家育成研修」の実施に加え、自伐用機材の導入支援などを行っています。

佐藤　福岡県は１９７０年代、80年代は自伐林家がたくさんいらした地域ですが、今回の自伐研修に申し込みをされた方はどういう方が多いですか？

三原　応募された方は、県内全域の22～62歳までの幅広い年齢で、うち6名が女性です。年間の研修日数が、延べ22日間ととても長いので応募があるか不安でしたが、結果的には27名の申し込みがあり、自伐林家への関心の高さを再認識したところです。

佐藤　どういう自伐林業を想定した研修でしょうか？

三原　２０１６（平成28）年に県内の自伐林家の状況を調査したことがありますが、約8割が農業などとの兼業の方でした。ですから専業ではなく、週末や仕事

福岡県森林環境税
自伐林家育成研修の概略

参加資格：県内在住の18歳以上の自伐林家に興味のある人（所有林の有無は問わず）
定員：7名
期間：8月～3月の土日を中心とする延べ22日間（2日間の外部研修を含む）
研修内容（カリキュラム）の概略：刈払機の基礎、チェーンソーの構造、目立て、伐木、林内作業車での搬出、作業道作設実習等
研修実施・運営：県、NPO法人山村塾

の合間に間伐などをして、個人が日々の生活の中で無理なく森林整備に従事することが重要だと思っています。研修もその視点で考えました。研修は定員7名として、しっかりとしたスキル習得のため、マンツーマンに近い指導でカリキュラムを組みました。

左から福岡県農林水産部林業振興課森林再生係の三原聡明さん、著者、森林再生係長の高木悟さん

佐藤　応募した方のうち、森林所有者はいますか？

三原　3ha以上が3名、3ha未満が8名。それ以外は所有林なしです。一番大きい方で10haです。

佐藤　応募者の合否の判断基準は？

三原　自伐林家としての活動計画や資格の有無などで判断しました。

佐藤　予算はどのくらいですか？

三原　平成30年度予算は、自伐林家育成研修が約700万円、自伐用機材（チェーンソー、小型バックホー、林内作業車等）の導入支援が約2000万円です。機械の補助対象は個人ではなく、林研グループに対して行っているので、受講生には研修後に、林研に入ることをお勧めしています。

佐藤　新しいメンバーが増えると林研も活性化してきますね。研修以外で特徴的な取り組みはありますか？

三原　今年から県内の篤林家の方と一緒に「ふくおか自伐型林業経営研究会」という組織を立ち上げました。この研究会では、兼業で自伐林業に取り組んでいる方の経営マインドの育成と、自伐林業が生業として成り立つことを発信していくことを目指しています。メンバーには、稲作やシイタケ、タケノコ等の生産と林業の複合経営を行われている方の他、県の林業技術職員や農業技術職員も参加しています。

佐藤　農業の方と一緒に議論されるのはいいですね。福岡県はお茶やシイタケとの複合経営で自伐林業が成り立ってきましたからね。

三原　最終的な成果としては、自伐林家の所得向上に繋がるマニュアルを作る予定です。そのために先日、林研グループなど各所にアンケートをお願いしたところです。今後は、自伐林業と相性が良い作物は何か、閑散期に何をしたら良いか、効率的な自伐作業のやり方などを検討していく予定です。

講師が目の届く範囲で　みっちり基礎トレーニング

延べ22日間（8カ月）のうち20日間の研修を運営するのが「ＮＰＯ法人山村塾」。長年にわたる林業研修の運営実績と自前の研修拠点を持っています。今回の自伐林家養成研修の運営・指導のリーダー的存在が山村塾事務局長を務める小森耕太さんで、講師の１人でもあります。

佐藤　自伐研修を山村塾で請け負うに至った経緯について教えてください。

小森　10年前に福岡県森林環境税が導入された時に、森林環境税を活用した「森林づくり活動公募事業」という補助事業が始まりました。それに伴い、ボランティア団体向けの安全講習を県が実施することになり、その講習会で山村塾が森林整備に関する安全講習会を年に10回程度行ってきました。その実績と信頼関係があったので、今回の自伐の研修も、山村塾を推していただいたんだと思います。

佐藤　自伐林家の人材育成については、どのようにお考えですか？

小森　中山間地で農業をしている人が林業をやらなくなっているのが地域の課題の1つだと思っています。

自分たちの財産である地域の山に見向きもしてない。ですから、サラリーマンが副業として林業をするというのもいいですが、地域の山で作業をする地元の農林家が増えてほしいと思っています。

また、自伐林家の人材育成事業は、良い話だと思う反面、危ないなとも思いました。安全に作業のできる技術をしっかりと教えないと未熟な技術のままでは死亡災害を招きかねません。もし自伐研修を山村塾がやるとしたら、チェーンソーによる重大事故を絶対に起こさないというような徹底した基礎トレーニングをする場にしたいと思いました。基礎ができてないと、そもそも現場では役に立ちませんから。

佐藤　厳しい姿勢で研修に臨まれたんですね。

小森　最初のガイダンスの時に受講生には、「研修には多額の税金がかかっています。勉強になりました、良い体験でしたというくらいの気持ちなら受けないほうがいい。研修後に伐木の試験（森林管理技術・技術習得制度試験）を受けてください。その試験に通らないなら、山村塾としては修了生とは認めません。試験に合格して初めて修了したと認めます」と言いました。

佐藤　伐木の試験制度とはどういうものですか？

小森　石垣正喜さん（森林保全団体「みどり情報局静岡。通称Ｓ－ＧＩＴ」）の団体が、30年以上前から安全作業のための研修と試験を実践していました。それを全国的な研修・試験制度として取り組み始めたのは２００４（平成16）年頃です。試験制度だけが注目された時期がありましたが、本来の目的は研修です。研修の目標として客観的に技術や知識を測る物差しとして試験を行って育成します。試験は、指導者のためでもあります。指導者の林業経験が10年だ20年だと言っても、その年数は指導者としての質を保証するものではありません。知識や技術があっても指導のスキルとは別です。研修会では、どの指導者も同じことを受講者に教えられないと、人は育たない。僕らは指導方法も徹底的に教わり、メンバーで安全作業についての議論を重ねて教え方のポイントを共有しています。

佐藤　修了生たちのこれからの実践についてはどのようにお考えですか？

小森　県としては、研修後に受講生たちが地域の林研グループに加入して、林研の人たちから林業を学んでほしいと考えているようです。ただ、林研の活動で現場の施業をやっているところが、今はあまりないんじゃないでしょうか。地域の林研に入るという選択肢だけでなく、新しい林研を作ってもいいかもしれません。いずれにせよ、研修後に経験の積める現場が足りてないことが課題だと思っています。

それで、この研修の講師たちで現場を1カ所作ろうかと言っているところです。私を含む講師陣は、GIT九州（チェーンソーでの伐木造材や災害支援活動で、安全に作業ができる人材の育成を目指す任意団体。代表／田仲一成さん）のメンバーで、それぞれが自伐林家や林業事業体の経営者などです。そのメンバーで間伐の事業等を請け負って親方として全体を見ながら、そこに卒業生が2～3年通って実践研修を積めるような場ができないだろうかと考えているところです。

1人1人の成長に寄り添う

山村塾研修施設で受講者が寝食を共にし、講師がほぼマンツーマンで指導する手間をかけた研修ですが、参加者の成長を見ることができる手応えを講師側が感じているとのことです。

佐藤　研修内容で特に大切にしたことは何でしょうか？

小森　一般的な研修では、応用編ばかりが求められて基礎トレーニングの場がないように思います。森林ボランティア団体の指導に行っても、いきなり「かかり木の処理方法を教えてください」と言われたりします。かかり木の処理技術の前の、かかり木にしない、チェーンソーの目立てや、まっすぐ丸太を切るというような基礎訓練をしっかりやることが大事だと思います。そのためにも、今回の自伐研修では講師の目が行き届く範囲ということで研修生を7名にしてもらいました。僕らが普段やっている研修では、1人の講師が担当する受講者数を3～4名にしているので、7名までなら2人の講師で対応できます。他に本業を持つ講師にとってもスケジュール的にも負担になり過ぎないよう考えました。

佐藤　研修も終盤になりつつありますが、振り返っていかがですか？

小森　1人1人が成長する過程を見ることができて、やりがいを感じています。受講生たちのチェーンソー操作フォームは格段に上達しました。操作フォームに限れば、プロでやっている方と比べても引けを取らないと思います。基礎に時間をかけて良かったと思います。それから、研修生はみんな仲が良いと思います。ここ（「えがおの森」）に泊まり、一緒にご飯を作って食べ、時間を長く共有しているので、一緒に頑張ろうという気持ちが生まれているようです。それは卒業後も続くと期待しています。

山村塾事務局長の小森耕太さん

研修拠点の魅力「山村塾」

研修の主要拠点である山村塾は、1994（平成6）年から農業、林業の研修、交流事業継続の実績を持っています（NPO法人化は2013（平成25）年）。合宿施設（旧小学校跡の木造校舎を利用した交流施設）である笠原東交流センター「えがおの森」、研修フィールドの農地や山林、そしてスタッフの3拍子が揃う魅力もこの研修を支えています。山村塾の初代代表・稲作コース担当・椿原寿之さん（農家）、山村塾農林業体験交流施設「四季菜館」館長・椿原まり子さん、現代表・山林コース担当・宮園福夫さん（林家）に話を伺いました。

宮園さんは、お茶と原木シイタケと素材生産（昨年の

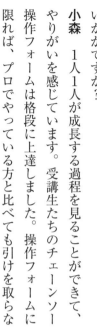

伐出材積100㎥）を行う自伐林家であり、林研グループ「黒木町林業振興会」の会長でもあります。

佐藤　山村塾のスタッフは何人ですか？

小森　フルタイム3名とパート3名です。それに稲作コースを担当する椿原家、山林コースを担当する宮園家、加えて林研の会員、GIT九州のメンバーや近所の方々が協力してくれるので成り立っています。

佐藤　そもそも、山村塾を立ち上げたきっかけは？

宮園　山林コースについては1991（平成3）年の台風で10haの風倒木の被害が出たことがきっかけです。その場所に生協グループのメンバーから、スギ、ヒノキ一辺倒を見直して広葉樹を植えようという話が出ました。でも、植えた後の下刈りはどうするのとなった時に、ボランティアに手伝ってもらおうということになって、山林コースができました。

寿之　我が家とふくちゃん（宮園さん）、事務局の毛利さんの3家族で、農林業の体験を通して都市と農村が交流する活動をやろうと。それで、山村塾がスタートしました。

まり子　任意団体として1994（平成6）年に立ち上げたんですが、1993（平成5）年に米不足の騒動が起こったこともあり、約30組の家族会員が集まりました。

宮園　だけど、台風被害地に植林したケヤキやミズキは、どうしても育たない。それで、九州芸術工科大学（現九州大学）の故・重松敏則教授に相談したら、「ここはケヤキの適地じゃない」と。以来、指導を仰ぐようになりました。

佐藤　その経緯のなかでパッチワークの森づくりが始まったんですね。

小森　はい、台風の被害地での広葉樹の森づくりは非常に難しかったんですね。でも、NPOとして森林保

今回参加（第1期研修）の受講者7名の概略

性別：男性5名、女性2名
年齢：30代4名、40代2名、60代1名
職業：農業、会社員、主婦、公務員退職者など

全にどう貢献できるかと考えている中で群状間伐という手法を知りました。それで、２００７（平成19）年から手入れの遅れたスギ・ヒノキ林で15ｍ四方の皆伐を行って広葉樹を植え、針葉樹と広葉樹がパッチ状に入り混じる森にしていくという事業を始めました。

左から、山村塾農林業体験交流施設「四季菜館」館長・椿原まり子さんと山村塾初代会長の椿原寿之さん

山村塾現代表の宮園福夫さん（左）。自伐林家で林研グループ黒木町林業振興会会長も務める

朝廣先生（朝廣和夫准教授／九州大学大学院芸術工学研究院）に事業の検証のため、照度や植生の遷移などの調査をお願いしています。15ｍ四方の伐採なら、週末などの1泊2日くらいで少人数で作業ができます。小さいエリアなので作業の成果を実感しやすく、森林ボランティアの森林整備手法としても有効だと思っています。取り組むにあたっては、何年もかけて所有者の方たちに説明をして理解をいただきました。

　施業は、山村塾が寄付を募って行い、伐採した木の売り上げは、運賃を引いて山主さんにお返しできたので喜ばれました。15ｍ四方でもヒノキなら4～8万円になりましたから。このパッチワークの森（約4・5

ha）は、椿原さんが住む集落の共有林だったんですが、昨年、共有林全体（約14ha）を認可地縁団体として法人登記しました。手続きは司法書士などを通さず、椿原さんが自分でされました。

佐藤　地域のためにという所有形態ですよね。

寿之　共有林は、もともとは茅場か薪を採るための入会山だったんだろうと思います。でも、ここの集落は田畑が中心の農家なので、ほとんど山への関心がなかったんです。それで市役所に行った時に、認可地縁団体として認められたらその法人で共有林も登記できると教えてもらいました。最大のメリットは、共有林の所有者が代替わりしても、それぞれが登記しなくてもいいということです。ですから、この登記は将来を見据えた時に有効な選択肢の1つだと思います。

小森　山も農地もその地域で暮らす人の仕事のための財産だったと思うんです。でも、他で暮らす農林業をやっていない人が不動産の価値を過大評価して、後々大変になったりしますから。

佐藤　最後に、山村塾の今後の活動についてはどのようなに？

まり子　同じような団体を、全国各地でも立ち上げてほしいと思います。私としては特に食事のあり方、手作りの食事の大切さを伝えていきたいですね。

小森　山村塾に来る人たちは、ここで出される食事が目当てで来ています。山や田や畑で働いて、美味しいものを食べて体を休めるというのは心地良いですからね。

フィールドノート

福岡県の取材で、自治体の自伐支援が市町村だけではなく都道府県にも広がっていることがわりました。「週末林業」と副業としての自伐林業を掲げ、22日間の研修も全て土日に組まれています。

研修実施の主体が山村塾という、農林家主体で設立されたNPO法人であることがミソです。設立6年目に、農業での中山間直接支払いを元手にして、Iターンの事務局長を迎え、被災農地の復興ボランティア、パッチワークの森づくりなど多彩な活動で実績を積んできました。地域の将来を考えた農林家の先見性については後節で考察します。

福岡県　八女市編2

「副業＋自伐」の地域人材を育てる②

多様な副業スタイルを生む　自伐の包容力を活かす

旅の記録

自伐（型）の大きな特色は、副業との組み合わせの相性の良さでしょう。農業、自営業、雇用されて働く就業などとのやりくりに融通が利きやすい点（作業適期、作業量・時間等）が人々を惹きつけるようです。

しかし、稼ぎへの期待だけではなく、仕事自体の魅力、地域環境の向上、生産物（材）の農的利用など、自伐型スタイルには私たちが気づいていない魅力、役割があるのかもしれません。今回の自伐林家育成研修を受講された皆さん、そして伴走者として受講者1人1人の成長を見守ってきた講師の皆さんに話を伺いました。

自伐林家育成研修の受講生7名は、参加動機も今後の展開もそれぞれです。皆さんに話を伺いました。

スギ・ヒノキ材の出荷販売を目指して
―森山 正さん

森山　趣味のキャンプが自由にできる場所が欲しくて、約10年前に畑と山林を隣町に購入しました。所有林はスギ・ヒノキ山とクヌギ山がそれぞれ約1haです。畑にはお茶を植えて、4年前からは自分で製茶して販売しています。クヌギは原木シイタケを栽培して（約1・5万駒）、道の駅などに出荷しています。一方、スギ・ヒノキは、自己流で伐っていたんですが、搬出方法で悩んでいる時に、この研修を聞いて応募しました。

佐藤　材を販売したいということですね。

森山　はい、材を市場に出してみて、労力と実際の売り上げがどのくらいになるのかを知りたいと思っています。伐り出した丸太は道まで出せば、森林組合が取りに来てくれるので、運材は心配してないですが、林内に作業道がないので材の搬出が課題です。今回の研修でバックホーの操作を習ったので、講師の方などにルートの相談をしながら、重機をレンタルして、自分で道を入れようと思っています。

森山 正さん

安定収入への副業を目指して
——亀本真二郎さん

亀本　本業は営業職の会社員ですが、家計をより安定させたいので、週末に畑や山仕事などをして、持続可能な生活をしながら、副収入が得られないかと考えています。林業で月に3〜5万円の収入になればと思います。研修を受けるまでは、木がどう植えられて木材になるかといったことや補助金の仕組みなども知らなかったので勉強になりました。研修仲間とは、ＬＩＮＥ（ＳＮＳサービス）のグループを作って情報共有していて、仲間がいるのが心強いです。

亀本真二郎さん

自然に近い環境で家族と共に
——柴尾　悠さん

柴尾　里山などの自然に近い環境で生

活したいと思って、東京からUターンしました。僕は子供の頃に川でよく遊んでいましたが、それが自分のルーツだと思っています。川に飛び込む時は怖いけど、やると楽しいみたいな感覚を子供たちにも体験させたいと思っています。近々、実家近くに山林と耕作放棄地を購入する予定です。まずは、その周辺の立枯れた木を伐りたいです。

佐藤　研修に対する感想は？

柴尾　命に関わることだから厳しい指導をされる反面、緊張し過ぎると良いパフォーマンスができないので、時々笑いを誘ったり。教え方も学ぶところがありました。それと、チェーンソーを使うことは、人間工学的な要素もあって、スポーツの技術習得と似ていると思いました。山を見る目も変わってきて、漠然と見ていたのが細かく見えて解像度が上がった気がします。

柴尾 悠さん

佐藤　仕事として林業をどう位置づけていますか？

柴尾　本業のWEBの仕事も林業も、地元でやる仕事は社会貢献に繋がるような意義のあることをやりたいなと。一方で収入の部分は、SNSを使って東京などから受注したWEBの仕事を稼ぎとして割り切ってやっていこうと思っています。

第1期研修修了の皆さん

◆**森山正さん（62歳）**：元公務員（教員）。所有林はクヌギ約1ha、スギ・ヒノキ約1ha
◆**亀本真二郎さん（37歳）**：会社員。所有林なし
◆**柴尾悠さん（35歳）**：自営業（WEBデザイン等）。所有林取得予定。
◆**牟田実さん（38歳）**：小石原焼の窯元勤務（事務、庶務）と農業。所有林約0.3ha。
◆**柳瀬弘光さん（38歳）**：梨農家3代目。狩猟や皮革製品づくりも行う。元村会議員。
◆**能美ふみさん（40歳）**：農業、アルバイト。実家は農林家。所有林4ha。
◆**安元陽美さん（42歳）**：農業（農園管理）。子供3人の母。

家の山を自分で手入れしたい
―牟田　実さん

牟田　出身は大分県玖珠町ですが、じいちゃんの山と田んぼを継ぎたくて、10年前から東峰村の祖父母の家で家族と暮らしています。Iターンではなく孫ターンですね。自分の山は自分で手入れしたかったことと、一昨年に豪雨災害（２０１７（平成29）年7月九州北部豪雨災害）を経験し、地域の山の手入れもしたいという思いが強くなってこの研修に参加しました。

佐藤　研修を受講した感想は？

牟田　安全に対する姿勢や技術を学びました。仲間づくりという面でも濃い研修になりました。学んだ技術で、地域の荒れている山を地元の仲間たちと一緒に整備していけたらと思っています。今の主な収入は、小石原焼の窯元で月20日間ほど働いて得ています。それ以外は、田んぼ3反で米を作っています。将来的には農林業を収入の中心にしたいと思っていますが、どうやって山でお金を稼ぐかがこれからの課題です。

牟田 実さん

柳瀬弘光さん

地域の山を何とかしたいという思いで
―柳瀬光弘さん

柳瀬　今は、梨農家をメインに狩猟や皮革加工をやっています。目指しているのは、山仕事などもっとさまざまな仕事ができる「百姓」です。これまでは、地元の山が荒れているのが気がかりで、ずっと悶々としていました。でも今回、その解決に繋がる技術と知識を得ることができて充足感があります。できれば、ステップアップして特殊伐採や架線集材などもできるようになりたいですね。

父と一緒に山仕事を
―能美ふみさん

能美　父が林業をやっていて所有林もあるし、私が家を継ぐようになりそうなので、父と一緒に山で作業ができるようになりたくて研修を受けました。父は、山に入ると厳しく教えてくれます。先日も一緒に山に行って伐倒しましたが、受け口が上手くなったと言われました。これからは、まずは混み合っている家の山を練習がてら整備したいと思います。地元には父が主催している里山保全団体もあって、若い方や女性もいるので、一緒にやっていけたらと思います。

山の手入れで出た材を炭素循環農法に利用
―安元陽美さん

安元　3年ほど前に、無農薬、無肥料でお米や野菜をつくる農園のパート職員に採用されました。それから農業を始め、最近は農園の近くの田んぼと畑を個人的に7反ほど借りたので、朝からお昼まで農園を、昼からは自分が借りた田畑をやっています。自分の田畑では、炭素循環農業に取り組んでいます。チップや草などを投入する、無農薬、無肥料のシンプルな農法です。里山を整備して伐った木や竹をチッパーで粉砕したものを炭素材として農地に入れています。チッパーにかけられない幹部分は薪にしています。

佐藤　昔の木場作みたいなやり方ですね。木と木の間に蕎麦などを作って、草刈りを農業のためにやることで林業の下刈りも兼ねていました。

能美ふみさん

安元 陽美さん

安元　私は里山が荒れているのが悲しいので、その保全がしたいし、それが農業とコラボできる林業に繋がるといいなと思います。今回の研修で回を重ねるごとに、自分の技術がステップアップしているのを感じましたし、道付け作業も山が変わっていくのがはっきりわかるので面白いです。ユンボ操作もチェーンソー伐倒もどっちも好きです。私が楽しそうに田んぼや山で働いているのを見て、高校生の息子がだんだん農林業に関心を持ち始めているようで嬉しいです。

作業道作設の指導をされた2人の講師、横尾さんと吉元さんにも話を伺いました。

講師の視点　基本を忠実に学ぶ良さ
―横尾新二さん（新誠木材代表）

佐藤　作業道の講師をされていますが、教え方が丁寧ですね。

横尾　普段から、森林作業道作設オペレータの指導者として、九州各地の森林組合などのオペレータの指導をしています。今回の受講生は、重機操作の経験がほとんどない人たちなので、教えたとおりにやりますし、素直で、わからないことも聞いてくるので、きちんとしたものが伝わっていると感じます。

佐藤　作業道作設技術として小規模林業用にアレンジして教えているところはありますか？

横尾　ありますね。お金をかけないやり方であったり、排水の仕方もさまざまだし、伐開幅も地主さんの考えが反映されるし。その条件ごとのやり方があることを受講生に理解してもらいたいと思います。

佐藤　研修後の受講生についてはどのように思っておられますか？

横尾　このまま卒業しても業としてはまだまだなので、ある程度まではプロの技術に近づけてやりたいですね。ですから、彼らが卒業してからフォローアップの場を作ろうと考えています。チェーンソーは1つ間違えば命に関わりますので、危険を察知できるところまでは、しっかり教えたいと思います。

講師の視点　フォローアップで成長を支援
―吉元俊憲さん（不二納事代表）

佐藤　彼らを指導してどのように感じておられますか？

吉元　安全面や林業経営としては、まだまだなので、心配する気持ちはあります。でも、覚えもいいですから心配している以上に、すごく楽しみでもあります。ですから、今回の研修で終わるのではなく、我々講師陣がフォローアップを行って、今後もいろいろなコミュニケーションが取れればいいなと思います。

佐藤　今回の受講生のように、山を持たない若い人たちが林業に取り組もうとしていることをどのように感じておられますか？

吉元　本当に意外です。我々も彼らのような人たちと接して、勉強していかないといけないと思っています。彼らは我々と知り合ったことが楽しいと言ってくれていて、それが嬉しいですね。

講師の視点
山の技術を持つ地域人材がいることの安心感
―小森耕太さん（NPO法人山村塾事務局長）

今回の研修の中心となって指導を行った小森さんに、自伐林業の意義についてどのようにお考えか伺いました。

小森　僕が黒木町（現・八女市）に移住したばかりの頃に、大きな台風が来たことがありました。倒木で道路がふさがれて大変だなと思っていたら、道の各所からチェーンソーの音が聞こえ始

横尾新二さん

吉元俊憲さん

め、重機を持ち込む人もいて、半日ほどで片づけてしまいました。やはり、山を熟知し、山作業の技術を持っている人が地域にいるのは心強いと感じました。所有者が山の施業を委託する時も、請け負う人が地元の人なら、施業内容が自分の生活にも関わってくるので、より丁寧になると思います。例えば、作業道を付けた時の排水もそうですし、人の目のつきやすい林道沿いに、ツツジやヤマザクラなどの花の咲く木を植えたりされているのも目にします。自伐や自伐型だと、そういう地域への配慮が自然と出てくるように感じます。

農林業者の視点　新たな自伐参入者の役割
——宮園福夫さん（NPO法人山村塾代表）

宮園さんは中山間地域に暮らす農林業経営者です。新たな自伐参入者の可能性について話を伺いました。

佐藤　森林所有者たちが自伐型林業に取り組みたいと考えている若者を信頼して、自分の山を任せることはあると思いますか？

宮園　森林所有者の世代交代や不在村化が進んでいる状況からすると、あり得ると思います。自分たちの世代では、都市の若者が農林業を志すことはあまり考えられなかったけれど、今回、研修に来ている子たちを見ても、価値観が変わって多様化しているなと感じています。もちろん、簡単に林業で食べて行けるとは思っていません。ただ、研修に参加している人の中には、定年前に山を買ってシイタケやお茶の販売をするまでになった人もいます。僕らは売るところが弱いけれど、彼らは売り方も上手くて、そういう強みもあり

宮園福夫さん
（NPO法人山村塾代表）

ますからね。

旅の考察ノート

福岡県における自伐林家の先駆性と山村塾

意外に思われるかもしれませんが、福岡県は民有林の人工林率が7割を超え、全国1位の佐賀県に次いで高い県です。しかも、両県ともに分収造林を進める県出資の造林公社はありません。民有林の人工林化を農林家が自家労働力と自己資本で行うことができた地域だったのです。その背景には、北部九州の木材需要が大きかったことに加えて、農業基盤の安定がありました。八女地域はその典型的な地域です。戦後、米の反収増加と共に、お茶やシイタケ、竹材（有明海の海苔養殖用）、筍、花き、果物など多様な換金作物がありました。

そして、八女地域は１９７０年代に農林家が自力で間伐を始めた地域として知られています。福岡県内の農業機械メーカーが林内作業車を開発したことで、家族での素材生産を可能にしました。拡大造林の時期も早かったことから、造林を担った大正および昭和一桁生まれ世代（自伐第一世代）とその後継者世代（自伐第二世代）が、自伐林家として素材生産を担いました。今もほとんどの農林家に林内作業車があります。

しかし、１９８０年代後半には多くの農林産物の価格が下落していきます。１９９１（平成３）年には台風被害がこの地を襲いました。針葉樹一辺倒ではない新しい森づくりや棚田保全の活動をボランティアの力も借りて、という発想で、２戸の農林家（椿原さんと宮園さん）が中心になって１９９４（平成６）年に山村塾を設立しました。先駆的な取り組みといえます。

山村塾は農林家主体の団体というのが大きな特徴で、25年の活動実績があります。多くの支援者、研究者、そして小森さんという移住者を事務局長に迎え、国内外のボランティアの受け入れ、パッチワークの森づくり、豪雨災害地の支援など多彩な活動を展開してきました（詳細は、ＨＰ http://sansonjuku.com/）。八女市旧黒木町の笠原地区の住民にとって、旧笠原東小学校校舎「えがおの森」を活動拠点とする山村塾はなくてはならない存在になっています。

自伐研修効果を上げる場の力と講師の魅力

福岡県は２０１８（平成30）年度、自伐林家育成の研修を開始するにあたって、この山村塾に研修委託を行いました。森林ボランティアへの技術指導の実績が評価されてのことです。加えて、受講生にとって、山村塾が研修を担当することは、地域に根ざしたＮＰＯ活動実践の場で研修ができることを意味します。講師も交えて飲食を共にできます。

山村塾の活動拠点となる旧笠原東小学校校舎「えがおの森」

代表の宮園さんは自伐林家でもあります。地域の中で自伐林家が活躍している姿も身近で見ることができる、というのは研修生のモチベーションになります。こうした「場」の存在は、研修効果を上げるために重要です。

取材時は、横尾さんと吉元さんが担当している作業道研修を見学しました。コミュニケーションを大事にしながら、研修生３～４人を１人の講師が教える体制です。厳しくも丁寧で、１人１人のレベルに応じた指導で、受講生にも好評でした。伴走者という言葉がぴったりの関係が築かれていました。

技術指導のバラツキをなくす技術認証

研修内容と受け入れ人数は、県の担当者と山村塾の小森事務局長が何度も打ち合わせを行って決定しました。年間７名（２０１９（令和元）年度から10名）に絞って、研修延べ日数22日間のうち、ロープワークを含む伐倒技術研修に13日、作業道研修に4日を充てています。伐倒技術に力を入れているのは、安全に木を伐倒できてこそ自伐林業者だ、という小森さんの考えが貫かれています。

宮園代表によると、以前、森林ボランティアを対象としたチェーンソー研修を行った際、講師によって説明や実演がバラバラで、受講生が戸惑ったことがあったそうです。その時、人を育てるには、講師間で統一した基準や指導法が必要だ、と感じたとのこと。そこで、チェーンソーワークの基本マニュアルを作り、審査制度を整えているＳ－ＧＩＴ（前節371頁参照）での研修制度を取り入れ、技術指導のバラツキをなくすようにしました。横尾さん、吉元さんもＧＩＴ九州の仲間です。

受講生１人１人のレベルに応じた厳しくも丁寧な指導

自伐（型）林業参入者の多様な目的と地域への想い

「週末林業」「副業林業」を前面に出して、自伐林家育成を県の森林環境税事業として取り組んだ福岡県の担当者は、受講生が集まるのかを心配したとのこと。そこに27名の応募者があり、志望動機などを中心に7名が選定されました。

今回の取材では、２０１８（平成30）年度の研修生1人1人から話を伺うことができました。各人の目的はそれぞれで多様ですが、①林業1本ではなく本業との組み合わせでライフスタイルの確立を目指している、②地域の荒れた農地や里山を整備したいという想い、③森林所有は小面積か無所有、といった点が共通しています。特に、地域貢献の意欲が多く聞かれたのが印象的でした。

移住者である小森事務局長の経験と実感でもある、山村では自伐（型）林業者が災害時に力を発揮し、景観の保全にも役割を果たしているという指摘は、地域貢献意識が強い若者に説得力があります。

講師側にも刺激的な自伐林家育成研修

今後、7名が地元で活躍するためには、林業技術のステップアップと共に施業地の確保が不可欠です。講師の方々もその点は強く認識されていて、フォローアップ研修を行い、施業地確保の相談にも乗っていきたいということでした。そして、熱心な受講生の姿は、講師を奮起させるという相乗効果があることもわかりました。

左から横尾さん、著者、吉元さん

福岡県の林研活動のリーダーでもある宮園さんからは、本取材前にも何度かお話を伺ったことがあります。経営の柱であるお茶とシイタケ、そして木材も価格が下落して経営的に厳しいことや、後継者は地域に残らないという話が中心でした。しかし、今回の取材では、若者の価値観の変化と自伐（型）林業への期待を聞くことができました。

自伐指向の若者の姿は、自信をなくしていた第二世代の自伐林家を元気にさせる。自分の子息に継承ができない場合には、自伐型林業者に山を委せる。そうした動きが、自伐林業のメッカだった福岡でも始まる予兆を感じる、そうした取材になりました。

高知県 四万十市編1

自伐型林業　自立・持続への進化を探って①

小規模の優位性を活かし、山主さんと歩むビジネススタイル

旅の記録

自伐型林業は、手入れが届かない森の整備、定住化による地域社会への寄与など、その役割が本書の紹介から見えてきました。では、自伐型林業の持続には何が必要なのでしょうか。7年間の実践を経て、これまでの失敗や、多くの先輩たちの指導を糧に、自伐型林業の自立・持続を追い求めている宮崎聖さん。そこには利益を出す工夫や、顧客である山主さんからの信頼獲得、地域社会への貢献などによる事業価値の向上など、持続経営原則に共通する姿勢が窺えます。宮崎さん、同じく四万十市内で自伐型林業を実践する谷吉勇太さん・梢さんご夫妻、中平光高さん、そして宮崎さんの顧客山主でもあり、一緒に作業をされる武石清志さんに話を伺いました（2019年5月取材）。

利益を出せる技術力こそ持続の土台

宮崎さんは、7年間の自伐型林業実践を振り返り、利益が出せず（日当換算収入が1万円未満）、山主へも還元できず、補助金に頼りすぎたことを失敗の原因と捉えています。続く人たちにも同じ失敗を繰り返してほ

しくない。そのためには、技術を磨き、利益を出していく、その徹底こそが次の10年に繋がると考えています。

佐藤　自伐型林業を始めて7年目と、他の方より先行しておられますが、後に続く人たちの取り組みをどうご覧になっていますか？

宮崎　彼らの話を聞くと、あまり深く計画せずに補助申請をして、補助金を使った道の敷設作業が施業の中心で、収入の8割以上が補助金。しかも、収入を日当換算すると1万円前後で、材の代金の1、2割程度しか山主さんに返してないという状況のようです。これでは本人たちも食っていけないし、次の仕事は取れなくなって先細りの状態になります。

佐藤　課題はどこだとお考えですか？

宮崎　一番は技術力です。特に、木を伐るスピードといったチェーンソー技術であったり、材の単価を上げる造材技術の問題です。ですから、まずはチェーンソーの技術です。僕は、菊池さん（菊池俊一郎氏／愛媛県林業研究グループ連絡協議会会長。愛媛県西予市編2／135頁参照）の指導を受けて造材を工夫するようになりました。おかげで当初と比べて今なら造材技術だけで、材の販売価格を倍くらいにはできるようになりました。

佐藤　技術を上げるためには何が必要でしょうか？

宮崎　自分にノルマを課す必要があります。僕は自分の日当を1・5万円に設定しています。もし、造材でミスをするとノルマに達することができない。自分の技術を測る物差しとしてノルマは必要です。

佐藤　7年を振り返って、失敗も踏まえて、後進に伝えたいことは？

宮崎　補助金に必要以上に頼り過ぎるなと、みんなには言っています。僕も最初は道付けを中心にやっていました。僕らが最初に補助金を利用して道を付けた時は、申請した距離を期限までに付けることに必死で、一気に尾根まで付け、途中で止めておこうという判断ができませんでした。補助金頼みになると、簡単な所にばかり道を付けたり、補助金のスケジュールに合わせた仕事をして、適切な時期に適切な作業ができないこともあります。補助金の期限に追われて山を荒らしかねない。ですから、僕は今は作業を請ける時はまず、補助金なしでできる方法はないかと考えます。それが自立に繋がりました。それと、技術を学ぶには時間がかかるので焦るなと言いたいです。

佐藤　先を読む力や俯瞰する力が必要ということですね。

宮崎 聖さん（40歳）

四万十市佐田町出身。大学卒業後、家業の製材・福祉施設工場の仕事に従事。約10年前に会社倒産後、木工やカヌーインストラクター業に取り組み、7年前より自伐型林業との複合経営を目指す。3年前から、菊池俊一郎氏（愛媛県林業研究グループ連絡協議会会長）の林業指導を受けるようになり、補助金に頼らない林業を学ぶようになる。以来、木工製作を経営の中心（収入の9割）としつつ、自伐型林業に取り組んでいる。

本年中には、10年前に手放した所有林を買い戻し、自伐型から自伐林家としての次の歩みを始める。高知県林政産業振興計画評価委員、高知県小規模林業推進協議会の副会長等を務めている。

過剰投資にならない道の規格

小規模経営で利益を出す基本の1つが、過剰投資を避け、コストダウンを図るということでしょう。作業道の規模、使う機械の選択がとりわけ重要だと宮崎さんは強調します。

佐藤　道付けについてはどのように考えていますか？

宮崎　私の経営スタイルとして、林内作業車を使った作業システムを考えています。林内作業車なら幅は狭くていいし、コストも1000円／m以下で充分にやれる。僕は1haくらいの山なら、林内作業車での作業システムにして、道の補助金も取らずにコストをかけずにやるのがいいと思います。

佐藤　作業システムにあった道の選択が必要だということですね。

宮崎　最初から道ありきの施業ではなく、この木を出すためには道が必要だねとなった時に道を付けたほうがいい。道を入れなくても搬出できる山に、わざわざ補助金を使って道を入れなくてもいいのではないかと思うような事例を見かけることもあります。僕は180mで道の補助申請をして、実際には倍の360mを付けました。でも人によっては、申請した距離より1mでも長く付けたら損だという考えになり、もう5m付けたら木が出せるのにという感覚がなくなったりするようです。

宮崎聖さん（左）と著者

補助金に頼りすぎない

佐藤　助成は必要ですが、技術を高めるために活用すべきだと。

宮崎　技術を高めて一人前になるまでの補助だと考える必要があります。今の状態では、補助金が下がった段階で収益は下がるばかり。そこを脱出するには、技術を上げて、伐出してお金にするという林業をやらないといけない。僕を指導してくれた講師の方たちは、そのことを最初から言っていたなと、後になって気づきました。木を伐出して稼げて、補助金はなくても十分やれるという考え方や技術がないと本当の林業にはならない。全国いろいろな所に研修などに行きますが、ここは木が悪いとか補助金がないとか、みんな言いますが、林業技術さえあれば、そんな条件はクリアできると思います。

佐藤　それは、今後の自伐型林業の展開を示す言葉ですね。

売り方の工夫で売り上げアップを

利益が出せる自伐型には売り方の工夫が欠かせません。売り先、中間土場の利用、価格交渉などできることがいろいろありそうです。

宮崎　売り先が近くにないとよく聞きますが、それならば中間土場を作ればいいと思います。うちから一番近いパルプの市場は、6000円／t。一方、運搬に1時間以上かかりますが宗田節（鰹節の一種）用の薪として売れば、1・2〜1・3万円／tです。でもみんな近いほうに持って行く。だから今年は、宗田節用の薪の中間土場を作ろうと考えています。

佐藤　地域産業としての宗田節を守る必要もありますからね。

宮崎　うちの近くのバイオマス発電所は、材の代金をその場で現金で払ってくれます。やっぱり現金だと持って行こうという気持ちになりますね。だから中間土場を作るなら、単価は安いけど現金払いと、高いけど月払いと、どちらもあっていいかなと思っています。

山主さんにしっかり返すことが次の仕事へ繋がる

山を所有しない自伐型では、施業地をどう確保するか、どう山主さんの信頼を得るか、そこが経営持続のカギとなります。

佐藤　宮崎さんが自伐を始めた頃、山主さんたちは、若い人の応援だから材の代金は返さなくてもいいと言われていたと伺いました。

宮崎　それに甘えていた最初の考え方が間違っていたと思います。だから今、僕が後輩たちに教えているのは、「補助金を必要以上に取るな、山主さんにしっかり返すように、補助金に頼り過ぎた道は付けるな」ということです。それを徹底するようになって、僕には、施業依頼がたくさん来るようになりました。

佐藤　高いレベルの施業ができているんですね。

宮崎　今度僕が請け負った山は、所有者の方がお金にしたいので裏山を1反ほど伐ってほしいという所でした。出しやすい場所の皆伐ですが、スギの単価が1万円いかないような木の山です。でも、補助金をもらわずに、自分の日当1・5万円を確保した上で、山主さんには最低1反で25万円は返すという見積もりを出しました。その施業をした結果、25万円を山主さんにお返しでき、林緑部に立木の一部（全体の3割弱）を残すことができました。そうした計算でやることで、自分の足りない技術など、全てのことがよくわかるようになります。そのくらいの技術がないと林業で食べていけない。林業の労働災害の発生率は他産業の10倍以上といった危険な仕事なので、無理してやるべきではないと思います。

林内作業車での作業を前提にした作業道

佐藤　地域の信頼を得る、山主に返す、良い材をきちんとつくるといったことで、自伐型として地域に根づくことができるということですね。

宮崎　はい、その地域の林業のプロより上の技術がないとそれはできないということですね。

移住して自伐型林業に取り組む方にとっては、施業地の確保が最大の課題です。技術力に加え、地域とのより良い関係づくりなども必要となってくるようです。東京から移住して自伐型に取り組む谷吉梢さんとご主人の勇太さんに話を伺いました。

佐藤　最近の林業の仕事はいかがですか？

梢　子供を出産後に、ユンボに乗ったら、体力が落ちていて驚きました。施業については、裏山の木を伐ってというような単発の依頼はあるんですが、固定で毎年入れるような、THE自伐型林業と言えるような山を今探しているところです。やはり山を確保することが課題ですね。私たちのような移住者がやらせてほしいと言ってもなかなか難しいですね。

勇太　今、施業依頼の話を進めている約３haの山があります。境界の確定や搬出路の許可のお願いに山主さんの所に行き始めています。現場から5分くらいの所に製材所があるので材を直販したいと思っています。

左から谷吉梢さん、勇太さんご夫妻

> **谷吉（旧姓・秋山）梢さん・谷吉勇太さん**
>
> 東京都出身の梢さんは、大学時代の四万十川での川下りがきっかけで、「田舎で働き隊（地域おこし協力隊の前身）」として四万十市に移住。四万十市出身の勇太さんは、大学卒業後、自然体験施設でのガイド等に従事。現在、夫婦で四万十川でのカヌー等のツアーガイドを行う「with RIVER（ウィズ リバー）」を経営しながら、冬期を中心に２人で自伐型林業を行っている。

佐藤　やはり、夏場はカヌーガイド、冬は林業をということですか。

梢　はい。カヌーは天気に左右されて経営的には不安定なので冬の林業は大事ですね。今の収入はカヌーが大きいですが、この仕事は若いうちだけなので、年齢と共に山に重みを移したいと思います。

勇太　もともと林業を始めたのは、川の変化に気づいて、ヨシノボリなどの魚や川エビがすごく減って、山の影響だと思ったからです。ですから、カヌーのお客さんにも山仕事の話をして、四万十川の環境のためには林業が大切という話をします。

山主さんと共に
―自伐型林業の価値を高めていく

自伐型林業と山主さんとのより良い関

係とは。そのヒントを与えてくれるのが武石清志さん（69歳）と宮崎さんの関係です。宮崎さんへ施業を依頼したところ、作業道がなく収穫できないとあきらめていた山林から収益を上げることができ、嬉しい驚きだったそうです。

佐藤　宮崎さんが武石さんの山を請け負うことになった経緯は？

宮崎　僕らが自伐研修をしていた山の横に武石さんの畑があって、それで「木がお金になるがや。うちの山も見てくれ」と武石さんに声をかけられて。

武石　うちの山の間伐をしたいと事業体にも相談したんですが、川が手前にあるから無理だと言われて、しょうがないと諦めていたんです。でも聖君に見てもらったら、小さい川だから洗い越しにして、道を付けて入って行けると言われたんです。川を越えて行けるなんて思ってなかったのに、簡単に入れたでしょう。搬出も林内作業車で、すごく木が出てくるし。その木がお金になるからね。ほとんどの地元の人は知らないんだと思う。僕らは、架線集材じゃないとできないと思い込んでいたから。あのくらいの道であんな小さな機械でたくさん出せてね。だから、目から鱗みたいな感じでね。

宮崎　道は、1・6m幅の林内作業車用の道として付けました。

武石　その山は自分で植えて50年余り経って、遠くから眺めることしかできないと諦めておったけど、行ってみたら木が大きくなっていて、「こんだけ太ったか」と嬉しくて木を叩いたんです。お金にはならないと諦めていたけど。嬉しゅうてね。

宮崎　武石さんとは、山で一緒に作業をしています。枝払いとか林内作業車の操作とか、武石さんはサクサク動ける人だから。それと、僕が木を伐っている間に武石さんはスギ葉を集めています。昔からの販売ルートがあって、スギの葉を由良半島の真珠養殖の種付け用に出荷しています。木1本から2～3束取れて、1800円／束になるそうです。

武石　木を切るとおがくずが飛んでヒノキの良い香り

がして、それが大好きで。それでお金がもらえるからええね。手入れをしておけば将来に残るし。山は好きだから退職したら僕も自分で山をやりたいという気持ちがあったのでね、足腰が立つうちは何とか自分の山をきちんとやっていきたいと思っています。もう止めようと思いながらも今年もクヌギを４５０本植えました。15年したらシイタケ原木になるからね。

宮崎　そのクヌギは、僕が伐れたらいいなと思います。

佐藤　自伐型林業が、諦めていた山主さんのやる気を起こしたんですね。自伐型林業の可能性についてはどうお考えですか？

武石　1人で50 haくらい山を所有して規模を拡大していくべきだと思います。僕も若かったらやってみたいという気持ちもあるけど。聖君は、将来的に山はお金になると思うかい？

宮崎　なります。体力は落ちてくるでしょうが技術も上がるし、木は太りますから。道が整備された所有林を自伐でやるなら、年収５００万円はいくと思います。

佐藤　将来的には宮崎さんに山の管理を任せる可能性は？

武石　僕の息子らはやらないから、結果的にはそうなると思います。

宮崎　武石さんのお孫さんに僕が山仕事を教えますよ。

　施業方法、森づくりについて山主さんへ提案するアドバイザー役も宮崎さんは務めます。

武石清志さん

武石清志さん（69歳）

　四万十市在住、元郵便局員。所有林約15ha。15歳の頃より植林等の山仕事の手伝いをした経験を持つ。

佐藤　武石さんの山の選木は任されているんですか？

宮崎　武石さんは、あれもこれも伐ろうと、伐りたくてしょうがない感じです。でも僕はただの請け負いでやっているわけではないので、３割伐るような林業はしたくないので、そこは話をしています。

佐藤　所有者さんと一緒に作業もして、同じ方向性を持って施業をするところが、単なる請け負いではなくて自伐型なんですね。

宮崎　僕らは地域づくりの林業でもあるので、それができないならやる意味がないと思っています。

宮崎さんが購入予定の山林

山の価値を見極める購入

持続する経営を目指し、山林の所有という先を見据えた投資活動を選択する自伐型経営者もいます。固定した収入源を持つこと、税制、財務面など経営的な強みがあるからです。宮崎さんもその１人です。

宮崎　60年生の３反の山を林地も含めて30万円で買う予定です。全部伐ったら１００万円になる山ですね。山主さんからは、奥にある栗山に軽トラで入りたいと言われたので、補助金を活用して２ｍ幅で、しっかり締めこんで道を付けました。尾根まで道を続けていく予定でしたが、伐開して空くと倒木になりそうだったので、途中で止めました。この状態まで整備すれば、自由自在に間伐できますね。

佐藤　後々の自由度を高める山づくりということですね。ところで、山を買う際の相場はありますか？

宮崎　だいたい50年生なら50万円／haくらいかな。それに搬出しやすさといった条件で変わります。山を50万円で買ったら、売り上げが２００万円は欲しいですね。相続の際に山を処分したいという話はたくさんあります。老人介護の仕事をしている人からも、売りたいとか寄付したい高齢者がいるという話がたくさん来ます。

佐藤　山を次々と購入されていますが、奥さんに怒られませんか？

宮崎　伐ったらお金になる山だから怒られないです。この林地の先にも小面積でバラバラと良い山がいくらでもあります。やればお金になるんですがね。

宮崎さんから自伐型林業の指導を受けている中平光高さん（38歳）も山林購入には積極的です。

佐藤　管理している山の面積は？

中平　自分の家の山は2haで、任されているところを含めると8haくらいです。将来的には40～50haは欲しいですね。自分でいろいろ山に入って行って、いいなと思う立木を買っています。林地も良いところがあれば買おうと思っています。在庫がたまってきているので、伐ったらすぐお金になる状態にはなっています。

佐藤　山はどうやって集めていますか？

中平　最初の頃、自分の家の山で作業をしていたら、隣接する高齢の所有者の方から、うちの山もやってくれと言われて。そうやっていると、祖父の繋がりで、孫が林業を始めたと言うと、皆さんから声を掛けられるようになって。それと山に行くのは好きなので、良い木があるなと思ったら、役場に行って所有者を調べて交渉することもあります。もちろん、最初は山を見ても全然わからなかったんですが、宮崎さんと一緒に山に入るようになって、この木はいいね、この山はいいねと言われて。今まで一緒くただった山が、良い山、お金になる山と、お金にならない山との区別がつくようになりました。

佐藤　自伐型の難しさはどこにあると考えています？

中平　地域との接点がない人が山を探すのは難しいと思います。僕はすごく恵まれていて、祖父や親戚の繋がりもあります。地元で生きてきた地域からの信頼もあります。地元の山に詳しい近所のおじちゃんと一緒に山に行って、どこに良い木があるのかといった情報ももらえます。それに僕は身体的にも林業に向いているし、やれば実益になるし、何よりやっていて楽しいです。

佐藤　どういうところが楽しいですか?

中平　ダイナミックで、しかも、地に足を付けてしっかり働いている感覚があるし、山に対する信頼感というか、作業をやった分だけ山がますます良くなりますから。伐出技術があるなら、今の時代、投資先としては銀行に貯蓄するよりも、山に投資したい。目に見えて自分の貯金が増えている感じがするし、野山を駆け巡ったり、作業自体が楽しいですね。

中平光高さん

中平光高さん（38歳）

大学卒業後、四万十町に戻り、学習塾やインターネット情報サイトの運営などを行う。四万十町の回覧板で自伐推進事業を知り、2年前より自伐型林業に取り組む。高知県が行っている「小規模林業アドバイザー派遣等事業」（次節で紹介）を活用して、宮崎さんの指導を受けて林業技術を磨いている。

フィールドノート

四万十川で観光地にもなっている佐田の沈下橋近くのコテージに、初めて宮崎聖さんを訪ねたのは、2013（平成25）年3月でした。それまでは山林を所有せずに自伐なんてあり得るのか?と思っていましたが、宮崎さんに会って初めて、自伐型林業に可能性を感じました。それから6年。技術を高め、自伐型林業のあり方について思索を深めた姿がありました。山主の武石さんからの信頼も厚く、地域に根ざした自伐型林業の進化過程を見ることができました。

高知県　四万十市編2

自伐型林業　自立・持続への進化を探って②

小規模経営スタイルを伸ばす支援方法とは

旅の記録

顧客である山主さんの信頼を獲得し、経営を持続できる自伐型林業。そこに求められる技術は「施業ができる」レベルではなく、「利益を継続できる」水準です。加えて、自らの商品（技術サービス等）、材の営業販売、資金管理、投資（山林取得等）、地域人脈づくりなどを体系づけて実践できる経営能力も求められます。どう学ぶかは簡単ではありません。

宮崎聖さんたちの事例が教えるのは、実地で、指導者から学ぶアドバイザー現地指導の学習効果です。高知県では、アドバイザーによる現地指導など、小規模

林業を支援する総合的施策が講じられています。宮崎さん、中平光高さん、そして小規模林業支援制度を主管する高知県林業振興・環境部 森づくり推進課チーフの大野幸一さん、主査の山中夏樹さんに話をお聞きしました。

アドバイザーから実地で学ぶ

利益を出せる技術をどう習得するか。宮崎さん自身は、菊池俊一郎さん（本書、愛媛県西予市編／127頁に登場）から直接教えを受けて伐倒・造材技術を磨いてきたように、身近な指導者との出会いが大きなポイントとな

るようです。

佐藤　中平さんが自伐型林業に関心を持ったのは、3年程前に四万十町の広報を回覧板で見てということですが、どうやって林業技術は学びましたか？

中平　最初にやった山は、僕が生まれた時に祖父が植えた山で、営林署（当時）に出ていた89歳の祖父に教わりながら、材も鳶を使って2人で出しました。それから、地元のＮＰＯ団体の方に教えてもらったり、高知県立林業大学校の研修にも参加しました。それでも全然経験が積めなくて。それで、高知県のアドバイザー制度（後述）を活用して宮崎さんに来てもらって所有林を見てもらいました。

宮崎　僕もこの制度を使って、橋本光治先生（403頁参照）に道付けの指導をしていただきました。経験豊富な指導者に自分の山で指導をしていただける、非常に素晴らしい制度だと思います。

中平　うちの山は作業道が路面洗掘された状況だったので、宮崎さんに3〜4回指導に来ていただき、重機の使い方などを一緒にやりながら道の修繕の指導を受けました。それから、これからの作業プランを立ててもらい、次に指導に来られるまでにやっておいて、見てもらって手直ししました。

佐藤　一緒に作業をやることも多かったですか？

中平　はい、宮崎さんがされている施業現場に呼んでもらって手伝いをしながら、実益を兼ねて実際の作業の様子を勉強させてもらいました。宮崎さんが管理されている山に初めて自分で１００ｍほど道を付けさせてもらい、自分でもできるんだと自信が持てて、それが良かったですね。それがなかったら今のようにはできなかったと思います。今年は、補助金をできるだけ使わずに、時間単位での収益を考えながら、1本1本単価計算をして、造材をきちんとやる技術を磨いていきたいと思います。

指導を受けた自伐型林業者が今度は指導者となって新規参入者を指導する水平展開が広がっています。

佐藤　宮崎さんは最初に橋本光治さんから林業を学ばれたんですね。

宮崎　はい、道づくりや山の見方や経営方針、人づくりなどの林業の基本を学びました。橋本先生は伐倒も造材も技術のあるすごい人だなと思います。僕が林業を始めたばかりの頃、僕が施業を委託された山は、貧相な木しかないとみんなが思っていました。でも、橋本先生だけは、「これはお金になる山だね」と言われました。実際伐ったら良い収入になりました。今なら僕も収益を見積もれますが、当時は見る力がなかったですね。それとこの間、山口祐助さんの山を見て驚きました。なだらかで道も付けやすい１００年生のヒノキの山でした。山口さんは、NextGreen 但馬（ワーカーズコープ主催の林業研修生によって２０１３（平成25）年に設立された自伐型林業グループ）のメンバーに自分の山の間伐を任せていて、補助金も木の代金もメンバーの収益にして良いとされているそうです。山口さんは、林業技術も高いので、施業方法などに悩んでいる林業仲間には、山口さんの近くで習うといいと勧めています。

佐藤　今では、宮崎さんがいろいろな人に指導をしていますね。

宮崎　宿毛市の地域おこし協力隊のメンバーや地元の移住者とかに教えています。補助金に頼り過

宮崎聖さんと著者

橋本光治さん（徳島県那賀町）

約100haを所有する専業林家。1978（S53）年に森林経営を引き継ぎ、1983（S58）年より大橋慶三郎氏（大阪府指導林家）の指導を得て、所有林に作業道の開設を始める。自力で高密度の作業道を敷設し、家族で自伐林業を行っている。2016年農林水産祭「内閣総理大臣賞」受賞。

山口祐助さん（兵庫県篠山市）

約180haを所有し、高密度の路網を整備して施業を行う自伐林家（群馬県みなかみ町編1／284頁参照）。

ぎた林業ではなく、造材の工夫など、木を伐出して収益を出す林業ということを教えています。今までいろいろな人に教えてみましたが、山歩きさえできない人もいたりと、誰でも林業ができるわけではないです。最初は技術がないので、その分を若さや体力で補うことができる人でないと林業に就くのは厳しくなりますね。アウトドアガイドなどをやっている人はリスクマネジメントができるので、そういう人は林業向きだと感じます。

副業型の小規模林業を育成

自伐型などの小規模林業事業者を育成する総合的な支援を高知県では実施しています。その受け皿となる高知県小規模林業推進協議会が設立されており、自営業者（自伐型林業者、自伐林家）、一人親方、林研グループ員などが会員となっています。支援策は、技術力向上に向けた人材育成、事業地確保、間伐・作業道の補助、林業機械レンタル、安全対策などの政策がパッケージされた充実ぶりです。

佐藤　まず、高知県小規模林業推進協議会について教えてください。

大野　高知県小規模林業推進協議会（以下、小規模協議会）は2015（平成27）年1月に45名の会員で設立され、2015（平成27）年度末には203名、2018（平成30年）3月末で519名の会員です。会員資格は特になく、会には森林組合長や、市町村役場の方や新聞記者の方も入っています。その中で実際に林業をやられている方は6割くらいでしょうか。年々会員は増えつつあり、地域的には幡多地域や佐川町が活発です。組織は、県内6地域で構成されていて、会長は中嶋健造さんです。協議会事務局は県が担当し、勉強会やホームページでの広報等も行っています。

佐藤　小規模林業推進の対策も話し合われているのですか？

大野　年に3回会合を開いて意見交換を行っています。施策メニューのご紹介や情報交換などをしています。「小規模林業だより」という会報も年に3回発行し、協議会の開催内容や会員さんを取材した内容、助

高知県の単独事業として実施している
小規模林業に関する支援制度（2019（H31）年度）

〈道具〉
・自伐林家等林業機械のレンタル【5,215千円】
〈間伐・作業道等〉
・※みどりの環境整備支援交付金（造林事業の嵩上げ）【25,150千円】
・※緊急間伐総合支援事業費（搬出間伐や作業道開設支援）【76,000千円】
〈技術力向上〉
・※林業大学校研修事業費（短期過程研修業務等委託）【33,301千円】
・小規模林業総合支援事業費（副業型林家育成支援事業費）【1,800千円】
〈事業地〉
・小規模林業総合支援事業費（林地集約化支援事業）【1,382千円】
〈安全対策・その他〉
・小規模林業実践アドバイザー派遣等事業費【6,124千円】
（アドバイザー派遣、先進地現地研修支援、実践現場安全点検パトロール、安全装備導入促進、傷害総合保険加入促進、蜂刺され対策促進）
・小規模林業総合支援事業費（林業体験ツアー開催支援）【600千円】
※は高知県森林環境税を活用する事業

成金についても紹介しています。

佐藤　小規模林業者への支援事業について教えてください。

大野　既存の施策も活用し、チェーンソー等の資機材は国の多面的機能支払交付金を活用したりと、道具、間伐、技術といったいろいろなメニューがあります。特に小規模林業向けに特化したのが、県単事業の「小規模林業総合支援事業」です（表参照）。

佐藤　「小規模林業総合支援事業」は、小規模協議会の設立以降に作られた県単事業ですね。「小規模林業総合支援事業」の「副業型林家育成支援事業」（県単：1800千円）は、どのような内容ですか？

山中　市町村が開催する間伐や伐木、作業道等の研修に対する2分の1の補助です。研修を実施した市町村は佐川町、本山町、宿毛市です。宿毛市はこの事業で、宮崎聖さんを講師として呼ばれているようです。

佐藤　宮崎さんは、アドバイザー制度を活用して中平さんの指導をされたとのことでしたが。

山中　2015（平成27）年度から実施している「小

規模林業実践アドバイザー派遣等事業」です。自分の施業地に知識に精通した講師の方をお呼びして教えていただくという事業です。その際の謝金（上限2万4000円／人日＋旅費）を補助しています。利用は、小規模協議会の会員になられることが条件です。このアドバイザー派遣の利用が一番増えています。「小規模林業実践アドバイザー派遣等事業」の中の「アドバイザー派遣」と「先進地現地研修支援」の2つの事業の2018（平成30）年度の実績は合わせて47件です。「小規模林業総合支援事業」は市町村経由ですが、「小規模林業実践アドバイザー派遣等事業」だけは、直接会員に対して行っています。

大野　小規模林家の方の主体性を重視し、アドバイザーの先生も自分たちで選んでいただいています。

佐藤　他に人材育成についてはどのような事業がありますか？

大野　高知県林業大学校には短期課程（1日～1ヵ月程度）がありますので、小規模林業の方はそちらの研修で対応していただいています。

佐藤　「小規模林業総合支援事業」の「林地集約化支援事業（1382千円：市町村が行う集約化の費用を2分の1補助）」の実績について教えてください。経営計画の30haの区域計画に入らない所を拾い上げておられますね。そこはすごく大事だと思っています。

山中　2016～2018（平成28～30）年度の市町村の集約化団地の実績は、本山町〈木能津地区17・307ha〉、佐川町〈尾川地区29ha、加茂地区14ha、斗賀野地区29・97ha〉、いの町〈槙地区5・23ha〉です。

佐藤　高知県では、間伐率が3割以下でも補助対象になると聞いたのですが？

大野　高知県は全国に先駆けて、2003（平成15）年に森林環境税を導入しておりますので、「緊急間伐総合支援事業」や「みどりの環境整備支援交付金」といった、国の間伐率3割以上という基準には当たらない事業を設けています。

佐藤　「緊急間伐総合支援事業」での作業道開設の実績は？

大野　作業道は、2000（平成12）年頃から森林施業を幅広く進めていく上で、２m幅の狭い道や洗い越しを作るというようなことに対しても県単でやっていました。

山中　幅員によって補助額は異なりますが、例えば、1・5m（幅員2m未満）だと500円／mで、これに市町村によっては上乗せで補助をしている所もありますので、会員さんによってはこの倍額くらいの補助を受けています。作業道の2018（平成30）年度の実績は80件で、うち小規模協議会の会員の申請は33路線。33路線に2m幅も含まれています。

佐藤　道を付けただけで材を出してないというようなことはありませんか。

山中　2年以内に間伐してというような条件がありますので、道を付けただけというのはないと思います。

佐藤　安全装備や傷害保険の加入の推進などの実績は？

山中　2018（平成30）年度実績で、安全装備は16名、傷害保険が10名ですね。鉢刺され1名です。傷害保険は、掛け捨て保険のみで、補助金の制度上、4月1日から3月31日までの期間の保険しか対象になりません。一般的な生命保険でもその契約期間さえ適合していたらご利用できます。掛け金の上限が2万7000円で、補助は2分の1です。

佐藤　「自伐林家等林業機械のレンタル（5215千円）」は県単事業ですね？

山中　林業機械のレンタルは、バックホーや林内作業車などを6カ月以内の期間、費用の2分の1の範囲で補助しています。対象は会員の方になります。

佐藤　佐川町などは、この補助に上乗せされているのですか？

山中　佐川町はバックホーなどの林業機械を独自でリースして、それを地域の小規模林家さんに5000円／日で再リースしていて、町の独自事業です。

佐藤　今後の課題や展開については？

山中　施業地の確保が課題ですね。

大野　佐川町は、集落に集約化の推進員さんを設定して町ぐるみで推進しています。そういう佐川町さんの取り組みが徐々に広がっていくのではないかと思います。

山中　佐川町も宿毛市も、地域おこし協力隊に林業専従分野を設けて、自伐型林業者として育成して定住していただくというコンセプトを持ってやられています。

大野　自伐型林業も1人の作業には限界がありますから、そういう取り組みで仲間ができるかというのは重要だと思います。

左から高知県林業振興・環境部 森づくり推進課主査の山中夏樹さん、著者、チーフの大野幸一さん

旅の考察ノート

本自伐の旅を始めて、思いもかけず3年以上が経ち、さまざまな地へ足を運ぶことができました。旅の終わりは、当初から、四万十市へ、宮崎聖さんを訪ねたいと思っていました。予想通り進化＝深化した自伐型林業者の姿を見ることができました。

林業技術を極め、山主さんに寄り添う

自伐型林業者として先駆者となる宮崎さんは、伐倒・造材技術を菊池俊一郎さん、山の見方や作業道作設の技術を橋本光治さんから学び、林業技術を磨き続けてきました。今では、山林の条件に合う施業方法を選択し、山主さんに提案できるまでになっていました。自分の所得を確保しながら、いかに顧客＝依頼主である森林所有者に還元するのかを常に考えています。

還元するためには、伐倒と造材の技術を高めるこ

と、施業地に合わせた搬出の仕方とそれに合わせた道の規格にすることが重要だと考えています。伐りすぎず、できるだけ幅員を抑えた作業道で過剰投資を避け、技術力と売り方（納期や販売先）の工夫で収益を上げています。

所有者の武石清志さんからは、収入を得られたことへの驚きと喜びと共に、宮崎さんと一緒に作業する楽しさを伺うことができました。第二世代の自伐林家再興ともいえる動きです。武石さんの息子さんは林業を継ぐことは考えておられないとのことですが、後は宮崎さんに安心して託せられます。また、「将来、武石さんのお孫さんに（宮崎さんが）技術を教えます」という話は現実化するかどうかは別にして、山の守り手として山主さんに寄り添う姿を間近にみた思いがしました。山主さんとのあたたかな信頼関係が築かれています。

宮崎さんは、地域で頼りにされる存在になり、委託したいと相談も来るようになっています。家の近くの山林3反程度の小規模な伐採要望なども多く、大規模事業体では採算に合いません。小回りの利く小規模な自伐林業の強みでもあります。

補助金制度に振り回されない

収益を確実に上げていく技術を身につけるには、補助金制度に振り回されない、という点も宮崎さんの話で強調された点です。補助金ありきでは、その制度に合わせた施業しかやらなくなります。補助金制度に振り回されると、その山林には必要のない規格の道を作る、逆に補助金申請分の長さを開設することがノルマとなる、あるいは本来はさらに延長すべきなのに申請分だけしか作らないことにもなるといいます。そうなると本末転倒だと、自伐型林業の後輩たちにもアドバイスをしています。

まずは理想の森づくりのために、その山林でどのような施業をすべきなのかを見極めてから、使える補助金があれば使うこともある、程度の節度のあるスタンスです。そのバランスを追求するストイックさが、自伐型林業者として成長する鍵ではないでしょうか。

山の守り手として山主さんに寄り添う宮崎さん

これが、自立であり、自伐林業の真骨頂である自分の頭で考え、「自由自在」の森づくりを確保するために必要なのだと思いました。さらに、宮崎さんは条件が良い山林の購入も進めていました。自家山林の購入は立木在庫として、また四万十川が見える山林の購入では、デッキを作って川釣りやキャンプをする場にしたいと、まさに「自由自在」の森づくりを構想していました。

自伐（型）林業者自立のための行政支援のあり方

自立的な自伐（型）林業者を育成するための行政支援について、高知県の施策は、他県や市町村でも大いに参考になります。都道府県の森林環境税事業を使途とした自伐林業支援の事業として、福岡県が林業の基本技術を学ぶ集合研修と小規模機械等の助成を２０１８（平成30）年度から開始していました（福岡県八女市編１／367頁参照）。高知県では、表に記載のように、さらに多様な小規模林業支援のメニューがあります。

中でも人気なのが、アドバイザー派遣の事業です。宮崎さん自身、事業を利用する側であるとともに、最近ではアドバイザーとして中平さんや宿毛市の地域おこし協力隊員の指導を行っています。四万十市など高知県西部の幡多地域はヒノキが主体の地域です。これまでの宮崎さんの経験をより現場に即し、応用した形で指導しています。

中平さんは、町の広報で知ってアドバイザー制度を利用しましたが、実は、野球少年時代から憧れの存在として宮崎聖さんの名前を知っていたとのこと。その先輩から学べることの嬉しさも伺いました。偶然ではありますが、人と人を繋げる役割を果たした県の事業だということがわかりました。

地域への責任感と災害への備え

さて、本書では、30歳代を中心に若手自伐型林業者の地域貢献意識の高さを度々紹介してきました。宮崎さん、谷吉勇太さん・梢さん夫妻、中平さんからも共通して、地域への思いを伺うことができました。特に、清流四万十川を守るという思いが強く、川に土砂が流れ込むような施業への危機感を持っていました。

さらに、宮崎さんの話では、災害に備えるということを常に念頭においた選択がなされていることも印象的でした。四万十川があふれて民宿として利用しているコテージが被災した経験があります。想定される南海トラフ地震での川の逆流と集落の孤立を乗り切ること、さらには四万十市市街地が被災した場合の被災者受け入れも想定した準備の必要性が強調されました。

将来のために危険をできるだけ除くというのは、林業者故の発想ではないでしょうか。こうした若者の存在は地域にとって非常に頼もしいことだと思いました。

旅の終わりに

第5章にて、3年以上に渡る自伐の旅を振り返ることにしていますが、旅の考察ノートはこれにて終了いたします。さまざまな地域で自伐（型）林業が広がっていること、その可能性と多面的な役割、個々人の魅力について読者の皆さんにお伝えできていたら嬉しいです。

集落に1人ずつでも自伐（型）林業者が存在するようになると、日本の農山村はもっと豊かに、もっと楽しくなる、と私自身、旅を通じて確信しました。

第5章

自立·持続への進化を探って「自伐林業の旅」を振り返る

旅の視点

月刊「現代林業」で２０１６（平成28）年９月から足かけ３年半にわたって、自伐林業の旅を続けてきました。17地域の自伐（型）林業の現場へ赴き、日々、山に向き合う方々、また自伐（型）林業を支援する方や行政の方々から話を伺ってきました。私自身、３年以上も連載することになろうとは予想していませんでした。それぞれの地で出会った皆さんの姿や言葉が思い出されます。訪問したそれぞれの地域で自伐（型）林業の新たな模索があり、地域での役割や未来への可能性を知ることができました。

本書では、自家山林を自家労働力中心で施業を行う、いわゆる自伐林家だけではなく、「自伐型林業」といわれる地域を固定して森林所有者から施業や管理を受託している小規模林業者を含めて考察してきました。両者を指す場合には、自伐（型）林業と記しました。

考察の視点として重視したのは次の３点です。第一に、自伐（型）林業者を第一世代から第三世代に分けてその世代の群像を明らかにしようとしたことです。世代ごとの位置づけは後述しますが、そのことによって時代や社会の変化を考えながら、自伐の位置づけを考察するように心がけました。

第二に、組織や制度の取り組みの紹介だけではなく、個人がそれぞれの局面において何をどのように判断し、人生の選択をしてきたのか。その生き様を大いに語っていただいたことです。

第三に、自伐（型）林業者だけではなく、関係する人々へもインタビューを行ったことです。例えば、ご家族、講師や師匠、仲間、委託者である山主さん、材の出荷先、応援企業、森林組合、ＮＰＯ法人、行政職員などです。できるだけ地域の林業や社会の特徴を把握し、そこでの自伐（型）林業の役割を多面的に論じることを心がけました。そのため、17地域の訪問で２００名以上の方々に話を伺いました。

自伐（型）林業の世代論

第一の視点として挙げた世代論について、説明して

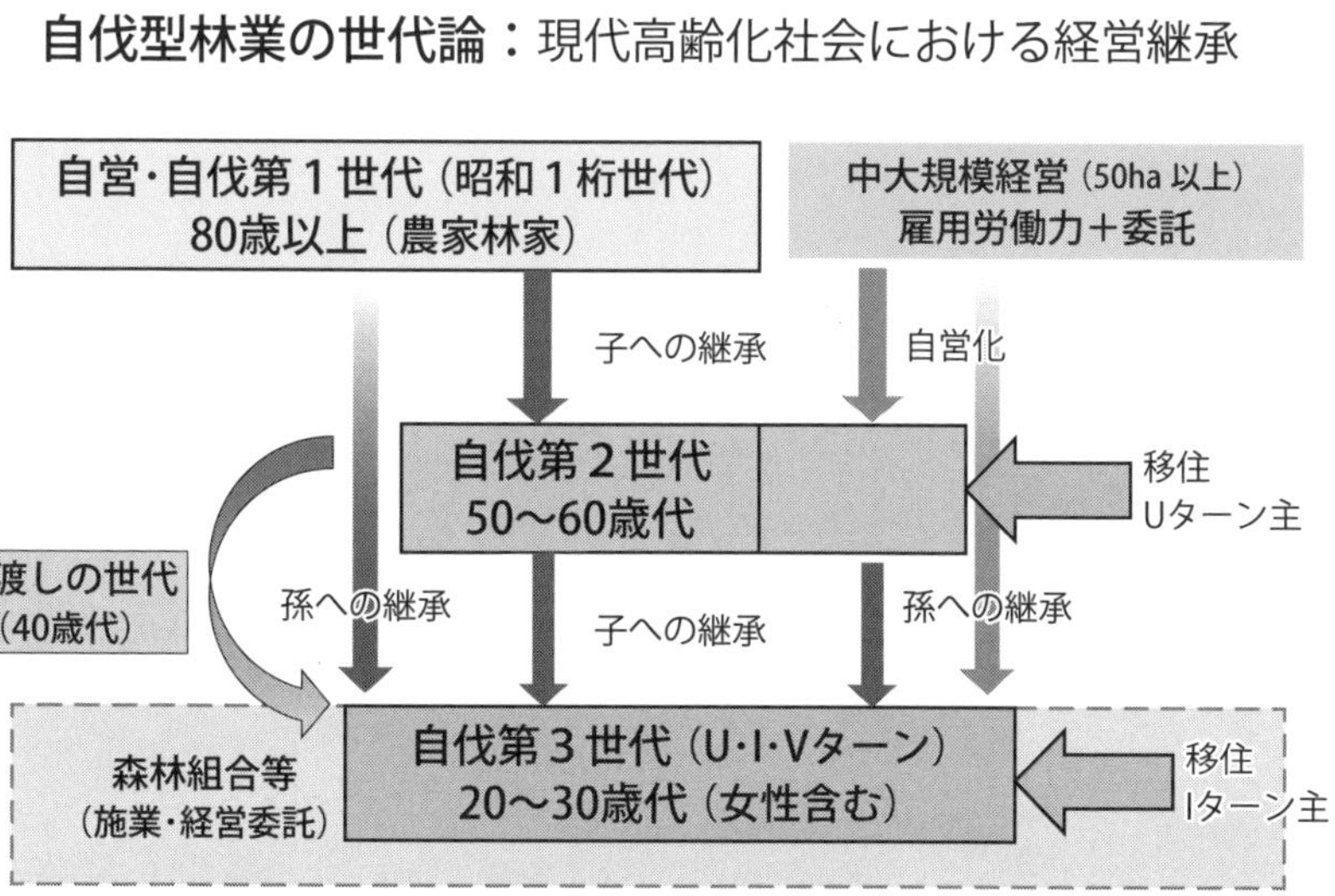

図　自伐（型）林業の世代論

おきたいと思います。家族経営の小規模な林業が可能になったのは、戦後になってからです。チェーンソーと林内作業車が普及した１９７０年代に一気に広がりました。戦後の拡大造林を担った世代でもある第一世代（大正から昭和一桁生まれ世代で、現在80歳以上）、その子供世代になる第二世代、孫世代になる第三世代です。それら世代の関係を図式化したのが図になります。図に記載の年齢は概ねであり、その前後も含めて考えてください。

自伐（型）林業者の群像

⑴自伐（型）林業を志向する第三世代の登場とライフスタイル

まずは、ほとんどの地域で出会った、第三世代にあたる20～30歳代の若者たちの自伐（型）林業を志向する姿です。親から子へ、子から孫へと代々続く林家後継者の姿を静岡市林業研究グループの事例では紹介し、都市の住民や企業に向けて森林管理の大切さと地域材利用をアピールする活動の訴求力の強さを紹介しました（本書、静岡県静岡市編1・2／32～47頁）。熊本県の水俣市では、第二世代の吉井和久さんが集落営農法人を立ち上げ、移住者を雇用しながら、集落の山林も管理する仕組みを模索していました（熊本県芦北町・水俣市編3／76～84頁）。鳥取県智頭町では、Ｕターンの自伐林家後継者が移住者と共に団体（智頭ノ森ノ学ビ舎）を立ち上げ、技術を学び合う姿がありました（鳥取県智頭町編1／175～183頁）。岡山県新見市でも、農林家の後継者がリーダーとなって移住者の仲間と一緒に団体（（一社）人杜守）を立ち上げ、大学生に対する本格的な林業インターンシップを実施していました（岡山県新見市編2／318～330頁）。

一方で、市町村が定住促進のために自伐型林業を位置づけ、第三世代の自伐型林業を推進している事例もありました。高知県本山町（高知県本山町編1／193～200頁）や宮城県気仙沼市（宮城県気仙沼市編3／271～282頁）、群馬県みなかみ町（群馬県みなかみ町編2／294～306頁）などです。市町村を後押ししている制度が総務省の地域おこし協力隊制度です。自伐型林業での就業を条件に地域おこし協力隊を募集し、本山町では任期終了後、「山番 有限責任事業組合（ＬＬＰ）」を設立し、町内定住に繋がっていました。山主さんからの施業委託も増え、頼られる存在になっています。さらに、そうした第三世代の自伐型林業者参入を促進しているのが、ＮＰＯ法人持続可能な環境共生林業を実現する自伐型林業推進協会（中嶋健造代表、以下、自伐協）の存在です。埼玉県飯能市では自伐協が企業（日本自動ドア㈱、㈱アースカラー）とタイアップして定期的に研修を実施し、北海道と東北では自伐協の地域推進組織が研修を企画していました。飯能の研修では、複数の修了生が関東から島根県津和野町に移住して、地域おこし協力隊として自伐型林業に就業をしていました。本山町、気仙沼市、みなかみ町では自治体が自伐協に委託する形で、研修が実施されています。

このように各地に第三世代の自伐（型）林業者の姿がありました。就業の特徴として共通していたのは、農山村で新たなライフスタイルを模索し、さまざまな自営的な仕事と組み合わせやすい仕事として自伐

（型）林業が選択されていることです。それは季節や時間単位で収穫が限定される農業とは異なり、木材の伐採が年単位で融通性があるという特質故です。組み合わせる仕事としては、農業の他に、木工、カヌーやラフティングなどのアウトドアガイド、ウェブデザインなどのＩＴ関係、地域づくりや震災復興支援などのＮＰＯ活動などさまざまでした。積極的に副業を創る取り組みも見られました。特に、自動ドアのメンテナンスと自伐型林業の組み合わせを奨励する企業の存在は、意表を突かれる発想でした（埼玉県飯能市編１・２／332～348頁）。

また、この世代に共通していたのは、環境保全や、地域貢献できる仕事をしたいと考え、自伐（型）林業を選択したという発言です。長い時間感覚をもって自分で考えながら仕事をする、自伐林業自体の愉しさを語る若者の姿が多かったのも印象的でした。

山林を所有していない自伐型林業者からも、植林した世代への敬意や次世代への継承のための施業をしたい、という声が多数聞かれました。自伐型林業の場合、山主さんとの関係構築が必要で、還元の仕方（立木価格の設定やお金以外の方法などでの還元）については、地域や技術レベルによって異なりました。自伐型林業の先駆者ともいえる高知県四万十市の宮崎聖さんからは、山主さんに還元するためには、技術向上や木材販売の工夫という課題が指摘されたところです（高知県四万十市編１／389～400頁）。

⑵次世代への継承を使命とする第二世代

次に、第二世代についてです。この世代の自伐（型）林業への参入は、①林家の子弟で、オイルショック後の１９７０～80年代に就業したタイプ、②近年、定年退職後に就業したタイプに分けることができます。

前タイプ①の場合、親世代から自営林業中心だった後継者だけではなく、自分の世代で自伐林家になった方々からも話を伺いました。親世代は自分では林業作業をすることなく、雇用労働力や森林組合等への施業委託で林業経営していた中大規模層の林家の中で自分の世代で自ら自家山林の施業を始めた方々です。出雲市の山本和正さんがその典型です（島根県出雲市編1／85～93頁）。奈良県の岡橋清隆さん（奈良県吉野町　岡橋清隆氏インタビュー編1・2／349～366頁）や兵庫県の山口祐助さん（群馬県みなかみ町編1／283～293頁）といった自伐協の講師も同様です。自伐の旅で最初に訪ねた福井市の八杉健治さん（福井県福井市編1・2／156～174頁、2019（平成31）年3月に逝去）もそうでしたが、伐倒や道づくりの技術を若者へ伝える活動に熱心に取り組まれている姿が思い起こされます。移住者の若者を温かく迎え入れ、体得してきた技術を惜しみなく次の世代に伝える。技術継承のために全国を飛び回る自伐協の講師陣の足跡が各地で見られました。

一方、後者の②の定年後就業タイプとしては、宮城県気仙沼市の「八瀬・森の救援隊」の皆さんの活動を挙げることができます（宮城県気仙沼市編1／255～262頁）。地域で管理する分収林を間伐し、東日本大震災後の復興のために設立されたバイオマス施設に供給していました。福井市や岡山県新見市などでも定年後に自家山林を手入れする第二世代の姿がありました。これまでの人生経験を活かしながら、林業を愉しみ、そして地域への貢献という思いが共通していました。地域おこしにはこの世代の活躍が欠かせません。退職者向きの林業労働安全教育の必要性も感じました。

(3)孫世代を温かく見守る自伐第一世代

その上の世代になる第一世代は、大正または昭和1桁生まれで、戦後の拡大造林を担った世代でもあります。すでに80歳を超えておられ、直接インタビューができたのは、鳥取県智頭町の現役山番の田中潔さん（鳥取県智頭町編2／184～192頁・2020（令和2）年12月8日御逝去）と岐阜県恵那市旧串原村の三宅明さん（岐阜県恵那市編3／227～235頁）でした。過疎化した地域に第三世代の自伐（型）林業者が登場したことを、孫を見守るように喜ぶ姿がありました。

この世代の多くは第三世代の人々のインタビューで山主さんとして語られる世代です。すでに亡くなった山主さん（第一世代）方でも、預かった山の様子や譲ってもらった林業道具から第一世代に思いを馳せる第三世代からの言葉もありました（福井県福井市編2／165〜174頁、高知県本山町編2／201〜209頁、岐阜県恵那市編2／218〜226頁）。また、第三世代の中には、福岡県東峰村の牟田実さんのように、祖父母の山を継ぎたくて移住したという方にも出会いました（福岡県八女市編2／377〜388頁）。

住民基礎台帳を基にした人口動態の統計では、都会から農山村への移住Iターンとして把握されますが、縁のない地域への移住ではなく、祖父母（第一世代）のところへ戻る、近年「孫ターン」や「Vターン」と称される動きです（※）。高知県四万十市の中平光高さんもUターン後、祖父から技術と地域の所有者を紹介してもらいながら、自伐型林業を始めていました（高知県四万十市編2／401〜411頁）。お祖父さんの嬉しさが伝わってくるような話でした。つまり、第二世代が少なく過疎化が進んだ地域でも、第二世代を飛び越えて、第一世代から第三世代へという継承もありうるということは、新しい発見でした。

※岩元泉（2015）124頁を参照のこと。

⑷個が際立つ第二世代と第三世代の橋渡し役世代

上記の第一〜第三世代には含まれない、第二世代と第三世代を繋ぐ橋渡し役として位置づけたのが、静岡市の鈴木英元さん（静岡県静岡市編3／48〜57頁）、北海道白老町の大西潤二さん（北海道白老町編1・2／107〜126頁）、愛媛県西予市の菊池俊一郎さん（愛媛県西予市編1〜3／127〜153頁）です。バブル経済の頃に信念と覚悟をもって自伐（型）林業を始めた、個が際立った方々です。

鈴木さんは、周りの森林所有者から管理委託を受けて森林を面として持続的に経営する方針です。架線系と車両系の集材を組み合わせ、地域の森林管理を担う事業体へのステップアップを模索していました。大西さんは、薪と炭のインターネット通販を開拓し、アンテナショップの直販と合わせ、地域に雇用を産み出しています。資源循環のために広葉樹二次林の択伐施業と道作りを実践し、さらに北海道における自伐型林業の普及も牽引していました。菊池さんは、28haの自家山林を徹底的に活かす方向で、チェーンソー造材と林内作業車での搬出を極めていました。アーボリスト（樹護士）の国際資格を取得し、愛媛県林業研究グループの会長として、また自伐協の講師として活躍。林業の労働安全対策の重要性を熱く語っていただきました。

三者三様で、方向性が異なるように見えますが、与えられた場所の条件を最大限活かすために、自分自身で道を拓くという点、第三世代の兄貴的な存在として地域のリーダーとしての存在感は共通していました。

自伐林家、自伐型林業のある農山村の暮らし
～多面的な視点からの評価～

(1) 集落の未来を灯す自伐（型）林業者

本書では、世代別に特徴を把握するだけではなく、特に第三世代の自伐（型）林業者の方々が農山村地域の中でどのような役割を果たしているのかについても注視して、インタビューを行ってきました。産業という側面だけをみると、素材生産量への寄与度や生産性で事業体を評価することが多いですが、それでは自伐（型）林業を矮小化することになります。自伐（型）林業は多間伐長伐期、あるいは主伐でも小面積、法面の高さと幅員を抑えた壊れない道づくりといった施業を志向している場合が多く、環境に負荷を与えず、次世代に繋ぎたいという言葉が多くありました。さらに、多面的な視点から自伐（型）林業をみていく必要を痛感したのは、ご自宅に泊めていただき、夜更けまで話を伺った岐阜県恵那市の三宅大輔さんのインタビューでした（岐阜県恵那市編1～3／210～235頁）。

集落内の山林約70 haを40人の所有者から委託を受け、林業と狩猟、民泊業で生計を立てています。小規模所有林で手がつけられなかった里山の整備が進み、また狩猟で農作物への獣害被害が減ったと高齢者から喜ばれていました。伐採した材を使った家を集落内に建てることで、植林した高齢者の方に植えて良かった、と形で示したいとのことでした。加えて、大輔さんは継続が危ぶまれていた伝統的なヘボ祭りを継承し、運営を担い、海外への情報発信も行っていました。ユニークな山村文化の継承者でもあります。大輔さん自身はUターン者ですが、地元者と移住者を繋ぐ役割も担っています。旧串原村では小学生が増えるまでに

なっており、自伐型林業者が定住・関係人口を増やす一役をかっていました。

こうした取り組みは集落の高齢者の農業生産の意欲や老人会活動を活性化させ、生き甲斐づくりにも繋がっていました。少々感傷的な表現ですが、自伐型林業者の存在が集落の未来を灯したといえるのではないでしょうか。

自伐協講師の岡橋清隆さんからは、高齢の山主さんに寄り添う自伐型林業者には福祉的役割があるとの指摘がありました（奈良県吉野町　岡橋清隆氏インタビュー編1／349〜356頁）。同氏は、自伐型林業を目指す若者に対して、作業道の技術普及だけではなく、森林所有者の話し相手となり、金銭面だけではなく信頼される「現代版山守」となるように指南しています。それを体現していたのが、旅の最後に訪れた高知県四万十市の宮崎聖さんと山主の武石清志さんとの関係です。山主さんへの立木価格の経済的な還元と同時に、それ以上に、強い信頼関係が構築されていました（高知県四万十市編1／389〜400頁）。

⑵自伐グループが地域に活力をもたらす

第三世代の自伐型林業者の登場は、林研グループの活性化と共に（静岡県静岡市編1／32〜39頁）、若者たちが自ら林業技術を学ぶための組織を立ち上げ、そのことが地域に活力を生み出していることもわかりました。例えば、「智頭ノ森ノ学ビ舎」は、自伐林家のUターン者と移住者が一緒に技術を学び、機械の共同購入や事務作業を共同化、オウレンなどの特用林産物の勉強会などの取り組みを行っていました（鳥取県智頭町編1／175〜183頁）。

ユニークだったのは、群馬県みなかみ町の「リンカーズ」で、役場職員を中心に自伐研修組織が立ち上げられていました（群馬県みなかみ町編2／294〜306頁）。地域課題を解決するためには、基礎自治体において横の連携が不可欠です。同じ山で作業経験のあるリンカーズメンバーの存在は横連携を容易にしているのではないかと感じました。

(3)災害時に地域の安全を守る

自伐の旅では、図らずも、複数の地域で災害との関係で自伐（型）林業の重要性が語られました。特に、東日本大震災で甚大な被害を受けた宮城県気仙沼市では、復興のシンボルとして自伐型林業が位置づけられていました。被災経験からエネルギー自給の重要性を痛感し、温浴施設への熱供給とガス化発電施設が復興計画に盛り込まれていました（宮城県気仙沼市編1／255～262頁）。

福岡市八女市では、地域振興の核ともなっているNPO法人山村塾の事務局長（現・理事長）の小森耕太さんから、実際の台風被災時の経験を基に、地元にチェーンソーや重機を所有し、使える自伐林家の活躍が語られました（福岡県八女市編2／377～388頁）。自伐林業者の存在が地域の安全・安心や景観保全にも寄与しているのです。

また、林業就業を応募条件としている高知県本山町の取材では、地域おこし協力隊員が消防団員として活躍していること、そうすることで地域との信頼関係が築きやすいとの指摘もありました。

このところ3年連続で大雨特別警報が発動され、自然災害が激甚化しています。農山村にチェーンソーとバックホーを使える自伐（型）林業者が存在するようになると、災害列島である我が国において、減災や早期復旧に繋がるのではないでしょうか。

自伐（型）林業者を支える人々と組織

以上のように、自伐（型）林業の多面的な役割が確認できた旅でしたが、同時に、さまざまな支援組織との連携や行政の施策に位置づけられることで支えられていることもわかりました。

(1)自伐協の多彩な活動で自伐型林業が広がる

第一に、第三世代の参入経緯の項でも紹介したように、全国組織である自伐協による講演会や研修会、市町村支援が自伐型林業者の参入に大きな役割を果たしていました。講演会はいつも若い人でいっぱいです。また、講演会の様子は適宜ユーチューブやネットテレビなどで配信されており、自伐型林業の普及に力を発揮しています。埼玉県飯能市の取材では、移住希望者に対する経営相談を実施し、当ＮＰＯの中嶋健造代表が自ら地域や山林の確保についての個別相談を行っていました（埼玉県飯能市編2／340～348頁）。現在、自伐協は地域推進組織の設立を推進しており、東北と北海道の活動を紹介しました。東北では、東日本大震災以降、復興支援のＮＰＯ法人に勤めていた三木真冴さんが東北・広域森林マネジメント機構（自伐協の東北担当）の事務局長に就任し、被災3県の自伐（型）林業を推進しています。単なる復旧に終わらず生業を創っていくことが真の復興に繋がる、そのための自伐型林業という意見はとても説得力がありました（宮城県気仙沼市編2／263～270頁）。

⑵各地のＮＰＯ法人等の地域づくり団体による支援

第二に、地域づくりのＮＰＯ法人等が自伐（型）林業者の支援活動を行っていることも多くの地域でみられました。静岡市では、㈱玉川きこり舎が静岡市林研とタイアップして、林業をアピールするためのインパクトのある写真や企画展示を行い、林業と静岡市民を繋ぐユニークな活動を展開していました（静岡県静岡市編1／32～39頁）。福岡県八女市旧黒木町のＮＰＯ法人山村塾は米づくり、森づくりを都市住民と共に行いながら、人工林中心の地域の山でパッチワークの森という形で広葉樹を導入し、豊かな生態系の森づくりを目指していました。その活動に地域の自伐林家も関わり、２０１８（平成30）年度からは福岡県からの委託事業で自伐林家養成の技術研修を担っていました（福岡県八女市編1／367～376頁）。

ＮＰＯ法人ふるさと創生（熊本県阿蘇市、熊本県芦北町・水俣市編3／76～84頁）とＮＰＯ法人奥矢作森林塾（岐阜県恵那市旧串原村、岐阜県恵那市編3／227～235頁等）は、県職員ＯＢや森林組合職員ＯＢが活躍するＮＰＯ法人でした。自伐（型）林業者が個人で行うにはハードルが高い森林経営計画の策定や補助金申請用務の支援を行っていました。小林太朗さんが代表を務める奥矢作森林塾は、森林支援業務の他に、地域で空き家となっている古民家をリフォームして移住者とマッチングする活動を行っています。8年間で24戸、66名の移住定住の実績を上げていることに驚きました。移住者の多くが家と一緒に農林地を購入し、里山保全活動グループもできていました。

(3)森林組合との協力で進む地域の森林整備

第三に、森林組合による自伐（型）林業の支援についてです。ともすると、反目するように捉えられることもある森林組合と自伐（型）林業者です。しかし、事例で取り上げた森林組合は、組合事業を円滑化する、あるいは組合員からの要望として材の有利販売、という位置づけで自伐（型）林業者との関係を大切にしていました。

特に、和歌山県の小規模森林組合であり、自伐型林業の推進を組合目標に掲げる、みなべ川森林組合参事の松本貢さんの話は森林組合のあり方を考える上でとても参考になります。特産である梅の生産農家の農閑期の仕事づくり、また備長炭の原料であるウバメガシ資源の持続を考え、択伐施業を推進するために、自伐推進を森林組合として取り組んでいます。また、炭には使わないシイノキと針葉樹間伐材の素材・薪生産を進めるために、町役場に掛け合い、温浴施設へ薪ボイラーを導入していました（和歌山県みなべ町編1／236～244頁）。

一方、高知県の本山町森林組合、岐阜県恵那市の恵南森林組合、岡山県の新見市森林組合は作業班や民間事業体では高性能林業機械の稼働率の関係で非効率になる施業地は自伐（型）林業者に委託するという棲み分けをした形で、自伐（型）林業者を支援していました（高知県本山町編1／193～200頁、岐阜県恵那市編2／218～226頁、岡山県新見市編1／307～317頁）。地域住民からすると自宅横の林地の手入れや特殊伐採ができる自伐（型）林業者は地域を守る担い手として評価されています。

福井県の美山町森林組合と島根県出雲地区森林組合では、自伐林家が生産した材の有利販売に力を入れていました（福井県福井市編1／156～164頁、島根県出雲市編2／94～106頁）。

また、森林組合としては痛手かもしれませんが、恵南森林組合では自伐型林業者や旧町村の森林施業をまとめるNPO法人などで活躍する人材輩出という点でも役割を果たしていることが判りました（岐阜県恵那市編2／218～226頁）。

⑷川下の企業や設計士とタイアップしたユニークな自伐（型）林業の支援

自伐（型）林業者を支援する企業との関係は非常にユニークな事例に出会うことができました。

最も意外な結びつきだったのが、日本自動ドア㈱が社有林を使って自伐協の研修を開催し、自伐型林業者の養成に力を入れていることでした。正社員雇用が難しい農山村で、自動ドアのメンテナンス事業と自伐を組み合わせたい、という吉原二郎社長の話はとても説得力がありました（埼玉県飯能市編1／332～339頁）。企業の単なるCSR活動にとどまらない相互の実利を備えたネットワークの形成といえます。

東日本大震災での未曾有の被害の復興に立ち上がるために、地域エネルギーで地域内循環の経済をという目標で小規模ガス化発電事業を引き受けた気仙沼地域エネルギー開発㈱の高橋正樹社長の話には迫力がありました（宮城県気仙沼市編3／271～282頁）。

自伐（型）林業者にとって、具体的にいかに材を販売するかが重要です。「自伐材」として差別化できれば、独自ルートと独自の価格設定で取り引きが可能です。そのことを痛感したのが、「熊本の山の木で家をつくる会」を立ち上げた設計士の古川保さんのインタビューでした。市場流通では手に入らない長さと質の材を自伐林家と継続的に取り引きし、熊本の気候風土に合った伝統的構法の家づくりが可能となっていました。設計士と自伐林家を繋ぐためには、製材工場（岩本倫明社長）の技術力が必要であり、技術者のネットワークの重要性も痛感しました（熊本県芦北町・水俣市編2／67～75頁）。

広がる行政の自伐型林業支援策

(1)市町村の移住・定住策としての自伐林業支援

本書では、自伐（型）林業を振興する市町村の担当者の方々にも多く登場していただきました。市町村職員は周知のように、林業専門職ではない方がほとんどです。しかし、自伐（型）林業担当の職員の方々がとても楽しそうに話される姿が思い出されます。過疎化に悩む市町村にとって、移住・定住という目に見える成果を自伐（型）林業支援が生んでいるからだと感じました（高知県本山町編1／193〜200頁）。

訪問した市町村の多くが自伐（型）林業の研修を企画し、道づくりの補助かさ上げ等を実施していました。特に、重要な施策だと指摘したのは、自伐グループの間伐材を認証してバイオマスFIT材として受け入れ可能にするような制度を作った気仙沼市（宮城県気仙沼市編3／271〜282頁）、移住者が山林を確保できるように山林バンク制度を立ち上げた智頭町（鳥取県智頭町編2／184〜192頁）の取り組みです。

森林環境譲与税の市町村への配分と共に2019（平成31）年度から始まっている「森林経営管理制度」を構築する上で、市町村が自伐（型）林業を支援することも必要ではないでしょうか。市町村によるさまざまな自伐（型）林業の支援策は、第1章（14頁）で紹介したので参考にしてください。

(2)市町村の総合政策の中に位置づける

移住・定住策としてだけではなく、自伐（型）林業を自治体の総合戦略に位置づけていたのが群馬県みなかみ町でした。利根川源流域の生態系保全に向けたユネスコエコパークの認定と持続的な地域づくりの中に、自伐（型）林業を位置づけることで、役場内、町内のさまざまな主体の参加と連携で自伐（型）林業が盛り上がっていました（群馬県みなかみ町編1・2／283〜306頁）。

(3)都道府県に広がる自伐林業支援

本書では、都道府県の施策にも自伐（型）林業支援が広がっていることも紹介しました。小規模林業推進協議会を設立して支援策を展開している高知県（高知県四万十市編2／401～411頁）の他にも、福岡県では県の森林環境税事業として副業型の自伐林家育成の研修制度を2018（平成30）年度から始めていました（福岡県八女市編1／367～376頁）。多彩なメニューを有する高知県の事業の中で、最も人気があったのがアドバイザー派遣の事業でした。実際の現場でどう路網を設置し、どう伐採・搬出するのか、悩む自伐型林業者の自立を促す事業として注目されます（高知県四万十市編2／401～411頁）。

一方、支援策が必ずしも自伐（型）林業者を成長させることになっていない、という点が菊池俊一郎さんや宮崎聖さんから指摘されました（愛媛県西予市編2／135～143頁、高知県四万十市編1／389～400頁）。行政側もそうですが、自伐（型）林業者も補助金に振り回されないというスタンスが重要だと感じました。

自伐林業の本質

全国の自伐（型）林業の現場を訪ねて、改めて再認識したのは、我が国の気候風土の多様性と複雑さです。その地域、地域に合わせた林業があり、置かれた条件の中で、環境への負荷をできるだけ小さくして、その地に合わせた林業を考え、実践することが重要なのだと感じました。その実践者がまさに、自伐（型）林業者であり、自伐林業の本質でもあります。制度や補助金規定に振り回されず自分の頭で考える林業であり、投資を少なく、副業でもできる規模故に、持続的だといえます。

また、小規模な林業ということは共通していても具体的な施業のあり方（間伐率、作業道の幅員、搬出方法などの作業システム）は、所有や施業面積、地質、気候風土によって異なります。現場現場によって異なるということが、第三世代の自伐（型）林業者の多くの声として出てきた林業の愉しさにも繋がります。智頭町の大谷訓大さんの言葉を借りると、「時間と空間のバランスを考えながらデザインできる面白さ」（鳥取県智頭町編1／175～183頁）です。それを愉しめる自伐（型）林業は農山村の魅力を高めます。少々大上段になるかもしれませんが、災害列島と呼ばれる日本という国で、持続的に人々が農山村で生きていくためにも必要な林業のあり方だと確信しました。

おわりに ―謝辞―

大学で現役教員をしながら、月刊誌のシリーズをお引き受けして継続できるのか、当初はとても不安でした。しかし、「読んでいますよ」という声、また行く先々で「自伐は面白い！」と断言できる素敵な方々との出会いに後押しされながら続けてきました。こうした機会を与えてくださり、また本音で語っていただいた取材先の皆さまに感謝申し上げます。

本書の執筆で特にお世話になった方を上げさせていただきます。一般社団法人全国林業改良普及協会の白石善也氏には、執筆構成や表現などで適切なアドバイスをいただきました。同協会のライターであり、同じ年生まれ、同じ福岡県出身の森順子さんには、全ての取材に同行し、事前の日程調整から、レンタカーの運転、取材記録（テープ起こし、写真撮影）、そして会話部分の原稿作成、事後確認まで全般にわたって担当いただきました。大変お世話になりました。

また、書籍化にあたって、全国林業改良普及協会の中山聡専務理事、岩渕光則編集制作部次長にはタイトルや章構成で助言いただきました。同協会スタッフの吉田憲恵さんには、校正で大変お世話になりました。記して御礼申し上げます。

最後に、私事になりますが、家族にもこの場を借りて感謝の意を述べさせていただきます。自伐をめぐる旅では、土日の取材も多く、執筆が深夜になることもありましたが、いつも応援してくれました。夫・佐藤浩司、義母・和子、長男・旬、次男・英斗、母・八尋寛子へ、ありがとうございました。

佐藤　宣子

本書各章の初出一覧

福井編（前編）集落の力が自伐を伸ばす　「現代林業」2016年9月号
福井編（後編）集落の力が自伐を伸ばす　「現代林業」2016年10月号
鳥取県 智頭町編（前編）新しい自伐林業の胎動　「現代林業」2016年11月号
鳥取県 智頭町編（後編）新しい自伐林業の胎動　「現代林業」2016年12月号
静岡編（前編）「山と地域を守るための林業」を伝える　「現代林業」2017年1月号
静岡編（中編）「つなぐ役割」を担う　「現代林業」2017年2月号
静岡編（後編）「守る役割」を担う　「現代林業」2017年3月号
高知編（前編）Iターン自伐型の社会学　「現代林業」2017年4月号
高知編（後編）Iターン自伐型の経営学　「現代林業」2017年5月号
熊本編（前編）地域ビジネスモデルとしての自伐型①　「現代林業」2017年6月号
熊本編（中編）地域ビジネスモデルとしての自伐型②　「現代林業」2017年7月号
熊本編（後編）自伐スタイルを次世代へ繋ぐ工夫　「現代林業」2017年8月号
埼玉県 飯能市編（前編）企業・社会が注目する自伐型仕事スタイル①　「現代林業」2017年9月号
埼玉県 飯能市編（後編）企業・社会が注目する自伐型仕事スタイル②　「現代林業」2017年10月号
岐阜県 恵那市編（前編）自伐推進で山村地域の再生・持続へ①　「現代林業」2017年11月号
岐阜県 恵那市編（中編）自伐推進で山村地域の再生・持続へ②　「現代林業」2017年12月号
岐阜県 恵那市編（後編）自伐推進で山村地域の再生・持続へ③　「現代林業」2018年1月号
和歌山県 みなべ町編（前編）備長炭産地の持続に向けて①　「現代林業」2018年2月号
和歌山県 みなべ町編（後編）備長炭産地の持続に向けて②　「現代林業」2018年3月号

奈良県 岡橋清隆氏インタビュー編（前編）自伐型林業の人材育成①「現代林業」２０１８年４月号
奈良県 岡橋清隆氏インタビュー編（後編）自伐型林業の人材育成②「現代林業」２０１８年５月号
宮城県 気仙沼市編（前編）自伐型林業で地域エネルギー事業を推進①「現代林業」２０１８年６月号
宮城県 気仙沼市編（中編）自伐型林業で地域エネルギー事業を推進②「現代林業」２０１８年７月号
宮城県 気仙沼市編（後編）自伐型林業で地域エネルギー事業を推進③「現代林業」２０１８年８月号
島根県 出雲市編（前編）「この地」を生かす林業経営の探求「現代林業」２０１８年９月号
島根県 出雲市編（後編）「この地」を生かす林業経営の探求「現代林業」２０１８年10月号
北海道編（前編）補助金に頼らず雇用10名、自伐林業の経営力①「現代林業」２０１８年11月号
北海道編（後編）補助金に頼らず雇用10名、自伐林業の経営力②「現代林業」２０１８年12月号
愛媛県 西予市編（前編）どう磨く 自伐で利益を出す知恵と技「現代林業」２０１９年１月号
愛媛県 西予市編（中編）どう磨く 自伐で利益を出す知恵と技「現代林業」２０１９年２月号
愛媛県 西予市編（後編）どう磨く 自伐で利益を出す知恵と技「現代林業」２０１９年３月号
群馬県 みなかみ町編（前編）人・自然共生のまちづくりで自伐型林業「現代林業」２０１９年４月号
群馬県 みなかみ町編（後編）人・自然共生のまちづくりで自伐型林業「現代林業」２０１９年５月号
福岡県 八女市編（前編）「副業＋自伐」の地域人材を育てる「現代林業」２０１９年６月号
福岡県 八女市編（後編）「副業＋自伐」の地域人材を育てる「現代林業」２０１９年７月号
岡山県 新見市編（前編）自伐林家、森林組合、民間事業体連携で地域内分業を「現代林業」２０１９年８月号
岡山県 新見市編（後編）自伐林家、森林組合、民間事業体連携で地域内分業を「現代林業」２０１９年９月号
高知県 四万十市編（前編）自伐型林業 自立・持続への進化を探って「現代林業」２０１９年10月号
高知県 四万十市編（後編）自伐型林業 自立・持続への進化を探って「現代林業」２０１９年11月号
自立・持続への進化を探って「自伐林業の旅」を振り返る「現代林業」２０１９年12月号

参考文献

安藤嘉友（1982）「大規模伐出業の停滞と家族協業型伐出業の形成」『林業経済研究』No.101、48～53頁

遠藤日雄（2018）『「複合林産型」で創る国産材ビジネスの新潮流　川上・川下の新たな連携システムとは』全国林業改良普及協会

深尾清造編（1999）『流域林業の到達点と展開方向』九州大学出版会

古島敏雄（1967）『土地に刻まれた歴史』岩波書店

藤森隆郎（2003）『新たな森林管理～持続可能な社会に向けて～』全国林業改良普及協会

藤森隆郎（2010）『林業改良普及双書　No.163　間伐と目標林型を考える』全国林業改良普及協会

藤山浩（2015）『シリーズ田園回帰：田園回帰1%戦略：地元に人と仕事を取り戻す』農山漁村文化協会

飯田繁（1975）『林業経営双書10　造林～その歴史と現状～』林業経営研究所

飯國芳明・程明修・金泰坤・松本充郎編（2018）『土地所有権の空洞化～東アジアからの人口論的展望』ナカニシヤ出版

岩崎正弥・高野孝子（2010）『地域の再生12　場の教育～「土地に根ざす学び」の水脈～』農山漁村文化協会

岩元泉（2015）『現代日本家族農業経営論』農林統計出版

柿澤宏昭（2018）『日本の森林管理政策の展開～その内実と限界～』日本林業調査会

紙野伸二（1962）「家族経営的林業の経営上の問題点」『林業経済』No.170、1～7頁

片山傑士・佐藤宣子（2016）「「地域おこし協力隊」制度による林業への新規参入者の特徴と受入自治体の支援策」『九州森林研究』No.70、7～10頁

菊地満（1989）「森林資源の危機と大山林経営の現段階～岩手県山形村の広葉樹資源問題～」『林業経済研究』No.115、1～14頁

興梠克久（1996）「『担い手』林家に関する一考察：宮崎県諸塚村を事例に」『林業経済』49（7）：2～21頁

興梠克久（2015）「自伐林家論の再構成と新しい集落営林」『山林』1569、2～9頁

黒田迪夫編著（1979）『農山村振興と小規模林業経営』日本林業技術協会

小田切徳美（2014）「農山村は消滅しない」岩波新書

正木隆（2018）『森づくりの原理・原則～自然法則に学ぶ合理的な森づくり～』全国林業改良普及協会

餅田治之・遠藤日雄編（2015）『林業構造問題研究』J-FIC

中嶋健造編著（2015）『New自伐型林業のすすめ』全国林業改良普及協会

根本杏子・興梠克久（2015）「新しい集落営林への道程～静岡県の自伐林家グループの事例～」『山林』1570、60～67頁

日本創世会議・人口減少問題研究会（２０１４）「ストップ少子化・地方元気戦略」（http://www.policycouncil.jp/pdf/prop03/prop03.pdf）（２０１９年８月18日閲覧）
日本林業技術協会編（１９７２）『林業技術史第１巻 地域林業編上』日本林業技術協会
中村明（２０１０）『日本語　語感の辞典』岩波書店
酒井秀夫（２００９）『作業道ゼミナール　基本技術とプロの技』全国林業改良普及協会
堺正紘編著（２００３）『森林資源管理の社会化』九州大学出版会
佐藤宣子・興梠克久（２００６）「林家経営論」（林業経済学会編『林業経済研究の論点〜50年の歩から〜』日本林業調査会所収）、２３３〜２６８頁
佐藤宣子・興梠克久・家中茂編著（２０１４）『林業新時代〜「自伐」がひらく農林家の未来〜』農山漁村文化協会
佐藤宣子（２０１６）「２０００年代以降の森林・林業政策と山村〜森林計画制度を中心に〜」（藤村美穂編著『村落社会年報52』農山漁村文化協会所収）、31〜58頁
松井武敏・安藤慶一郎監修（１９６８）『串原村誌』串原村
関根佳恵（２０１９）「『国連　家族農業の10年』が問いかけるもの〜『持続可能な社会』への移行〜」『ARDEC』61（http://www.jiid.or.jp/ardec/ardec61/ard61_key_note3.html）（２０１９年12月20日閲覧）
小規模家族農業ネットワークジャパン編（２０１９）『農文協ブックレット　よくわかる国連「家族農業の10年」と「小農の権利宣言」』農山漁村文化協会
森林施業研究会編（２００７）『主張する森林施業論　22世紀を展望する森林管理』J-FIC
田代洋一（２０１１）『シリーズ地域の再生5　地域農業の担い手群像〜土地利用型農業の新展開とコミュニティビジネス〜』農山漁村文化協会
田代洋一（２０１２）『農業・食料問題入門』大月書店
田畑保・大内雅利編（２００５）『戦後日本の食料・農業・農村第11巻　農村社会史』農林統計協会
上垣喜寛（２０１６）「地域づくりを担うひとびと：山をめざす若者たち」『ハリーナ』34、３〜５頁
横尾正之（１９６０）『解説・林業の基本問題と基本政策』農林漁業問題研究会

愛媛県の取材で。左から菊池俊一郎さん、
著者、高知県の宮崎聖さん

著者

佐藤 宣子 さとうのりこ

1961年福岡県生まれ。九州大学大学院農学研究科林業学専攻博士課程修了。
大分県きのこ研究指導センター研究員、九州大学農学部助手、同助教授などを経て、2007年より九州大学大学院農学研究院教授。2017年4月より2021年3月まで九州大学農学部附属演習林長を兼務。専門は、森林政策学、山村社会論。

主な著作

『日本型直接支払に向けて』(編著書、日本林業調査会、2010年)『林業新時代~「自伐」でひらく農林家の未来』(共編著、農山漁村文化協会、2014年)

主な社会活動

NPO法人九州森林ネットワーク理事長、2022年1月まで総務省過疎問題懇談会委員、宮崎県森林審議会委員。2022年6月現在、九州森林学会長、熊本県林業大学校エグゼクティブアドバイザーなどを務める。

取材・編集協力　森 順子

デザイン　野沢 清子

地域の未来・自伐林業で定住化を図る

技術、経営、継承、仕事術を学ぶ旅

2020年7月30日　初版発行
2022年7月5日　第2刷発行

著　者　佐藤 宣子

発行者　中山　聡

発行所　全国林業改良普及協会

〒107-0052　東京都港区赤坂1-9-13三会堂ビル
電話　03-3583-8461（販売担当）
　　　03-3583-8659（編集担当）
FAX　03-3583-8465
e-mail　zenrinkyou@ringyou.or.jp
Webサイト　http://www.ringyou.or.jp/

印刷・製本所　松尾印刷株式会社

Printed in Japan　ISBN978-4-88138-390-2

一般社団法人全国林業改良普及協会（全林協）は、会員である都道府県の林業改良普及協会（一部山林協会等含む）と連携・協力して、出版をはじめとした森林・林業に関する情報発信および普及に取り組んでいます。
全林協の月刊「林業新知識」、月刊「現代林業」、単行本は、下記で紹介している協会からも購入いただけます。
http://www.ringyou.or.jp/about/organization.html
〈都道府県の林業改良普及協会（一部山林協会等含む）一覧〉